高等职业教育建筑室内设计专业精品教材

室内装饰施工技术

主　编◎陈　佳　周景斌
副主编◎马金萍　张美妮
参　编◎康凯泽　赵怿茗　楚芳芳

中国轻工业出版社

图书在版编目（CIP）数据

室内装饰施工技术 / 陈佳，周景斌主编. —北京：中国轻工业出版社，2022.12

ISBN 978-7-5184-4139-6

Ⅰ. ①室… Ⅱ. ①陈… ②周… Ⅲ. ①室内装饰—工程施工 Ⅳ. ①TU767

中国版本图书馆CIP数据核字（2022）第170760号

责任编辑：陈　萍　　责任终审：李建华　　整体设计：锋尚设计

策划编辑：陈　萍　　责任校对：吴大朋　　责任监印：张　可

出版发行：中国轻工业出版社（北京东长安街6号，邮编：100740）

印　　刷：三河市国英印务有限公司

经　　销：各地新华书店

版　　次：2022年12月第1版第1次印刷

开　　本：787×1092　1/16　印张：20.5

字　　数：480千字

书　　号：ISBN 978-7-5184-4139-6　定价：59.80元

邮购电话：010-65241695

发行电话：010-85119835　传真：85113293

网　　址：http://www.chlip.com.cn

Email：club@chlip.com.cn

如发现图书残缺请与我社邮购联系调换

220203J2X101ZBW

参考文献

［1］ 高炜斌，主编. 高分子材料分析与测试［M］. 北京：化学工业出版社，2009.

［2］ 曾幸荣，主编. 高分子近代测试分析技术［M］. 广州：华南理工大学出版社，2007.

［3］ 马德柱，等. 高聚物的结构与性能［M］. 北京：科学出版社，1995.

［4］ 潘文群，主编. 高分子材料分析与测试［M］. 北京：化学工业出版社，2004.

［5］ 王加龙，主编. 合成材料测试员［M］. 北京：化学工业出版社，2008.

［6］ 杨中文，等. 塑料实用测试技术［M］. 北京：印刷工业出版社，2011. 1.

［7］ 夏偕田，等. 检测实验室管理体系建立指南［M］. 北京：化学工业出版社，2008.

［8］ 中国计量出版社. 实验室资质认定评审准则［M］. 北京：中国计量出版社，2008.

［9］ 全国塑料标准化技术委员会石化塑料树脂产品分会，编. 塑料基础标准和通用方法［M］. 2 版. 北京：中国标准出版社，2005.

［10］ 马毅林. 实用验收抽样指南［M］. 北京：中国标准出版社，1993. 4.

［11］ 方国治，等. 塑料制品疵病分析与质量控制［M］. 北京：化学工业出版社，2012. 7.

［12］ 朱招男，等译. 塑料实用性能试验手册. 上海：上海科学技术文献出版社，1988. 3.

［13］ 李迎，等. 用转矩流变仪测量高分子材料的流变特性［J］. 塑料科技，2002（6）：43-45.

［14］ 李贵阳，等. 塑料热变形温度测试影响因素研究［J］. 合成材料老化与应用，2010，39（1）：17-20.

［15］ 廖秋慧，等. 热塑性塑料流动性能测定方法的研究［J］. 工程塑料应用，2004，32（3）：56-58.

［16］ 张耀光，等. 熔体流动速率仪的发展与应用［J］. 工程塑料应用，2007，35（5）：67-68.

［17］ 刘荣仲，等. 用红外光谱鉴定塑料成分［J］. 塑料科技，2008，36（6）：72-78.

［18］ 王玲. 人工加速老化试验方法评述［J］. 涂料工业，2005（4）：51-56.

［19］ 张怀志，等. 影响塑料拉伸试验结果的因素［J］. 工程塑料应用，2005（10）：51-55.

［20］ 周彦豪，等. 塑料性能测试中一些问题的探讨［J］. 工程塑料应用，2003，31（7）：39-43.

［21］ 邵鸿飞，等. 阻燃材料测试与表征方法概述［J］. 工程塑料应用，2008，36（1）：69-73.

［22］ 李春旺. 维卡软化点热变形温度微机控制系统的设计与实现［J］. 工业控制计算机，2001，12（2）：52-55.

前言

改革开放政策带来了我国建筑室内装饰行业的兴起，并使之保持了近40年的高速持续发展。在过去的40年中，建筑室内装饰行业在我国国民经济发展中发挥了重要作用，其发展变化的过程，真实反映了我国经济的发展速度和人民生活水平的提高。随着社会和科学技术的发展，装饰的内容和装饰服务的对象越来越广，涉及的行业和学科领域也更加广泛，因此，“建筑室内装饰工程”是一个综合性很强的多学科相结合的边缘性学科。本课程着重研究室内装饰施工技术的内在规律，培养学生掌握先进的施工方法和工艺，对于保证建筑室内装饰工程的质量、促进建筑室内装饰行业的健康发展有着重要的意义。

本教材是建筑室内设计专业的核心课程“室内装饰施工技术”配套用书，同时也适用于室内装饰工程管理、工程造价、环境艺术设计等相关专业及行业人员学习。全书编写依据工学结合、任务驱动、理实一体的教学模式，并融合课程思政元素，按照室内装饰行业岗位能力要求设计教学内容，完善、系统地培养学生自主学习、思考、沟通、决策的能力，使学生具有团队协作精神、工匠精神和安全责任意识。通过本课程的学习，学生可掌握室内装饰施工项目的施工方法、材料要求、机具选用、工艺流程、施工技术要点和质量验收标准与检验方法等基本知识，能够根据施工图纸和施工对象的特点、规模、环境、机具设备和材料供应等情况，制定合理的施工方案，学生可具备从事室内装饰施工项目技术指导、施工监理和质量验收管理的能力。

本教材根据《建筑装饰装修工程质量验收标准》等相关国家标准，结合目前建筑装饰装修行业发展现状，共设计了建筑室内装饰工程施工的基本概念、抹灰工程、吊顶工程、隔墙与隔断工程、楼地面工程、门窗工程、饰面板（砖）工程、涂饰工程、裱糊与软包饰面工程、细部工程，共10个项目。编写具体分工为：项目3、项目4由陈佳编写；项目1由周景斌编写；项目5由马金泮编写；项目6和项目7中任务1至任务4由张美妮编写；项目7中任务5和任务6及项目8由康凯泽编写；项目9和项目10由赵怿茗编写；项目2由楚芳芳编写。在此，特别感谢陕西麦浪装饰工程有限公司技术总监张波、杨凌品构装饰工程有限公司设计总监张腾飞提供技术支持。

本教材在编写过程中参考并引用了相关文献资料和书籍的部分内容，并得到了许多专家和朋友的帮助和支持，在此，表示衷心的感谢。由于编者水平有限，疏漏之处在所难免，敬请广大读者批评指正。

陈佳

2022年8月

目录

01

项目1

建筑室内装饰工程施工的基本概念

知识目标

1 了解建筑室内装饰工程的特点以及建筑室内装饰工程施工的特点。
2 熟悉建筑室内装饰工程中常用的名词术语。
3 掌握建筑室内装饰施工的定义。
4 掌握建筑室内装饰工程在设计、材料、施工等方面的基本规定。
5 掌握住宅室内装饰工程在施工、防火、环境污染控制等方面的基本规定。

技能目标

1 了解建筑室内装饰工程的特点，能够运用专业术语从实用性、技术性、经济性、艺术性等方面对建筑室内装饰工程进行系统介绍。
2 能够运用所学知识，对建筑室内装饰工程在项目预算、方案设计、材料选购、现场施工、工程监理等方面进行技术资料撰写或技术指导。
3 通过学习建筑室内装饰工程的基本理论、基本方法，能够为以后学习各分项工程的施工打下良好的基础。

思政目标

1 建筑工程包括建筑结构和水、电、暖、通信设备等多方面的工程，而建筑装饰工程作为建筑工程的深化和再创造，必然与建筑、结构、设备等方面有着密切的联系。例如，建筑室内装饰施工中需要改变建筑结构或在结构构件上开洞或取舍，必然影响到建筑结构，所以规范规定不得在结构上任意开洞或取舍，如必须改变时，应进行计算核实；如野蛮施工则有可能造成建筑主体结构的损坏，从而造成群众生命财产安全的重大损失，因此，本项目将从建筑室内装饰工程施工的建筑性、规范性与严肃性入手，培养学生把群众利益放在首位，遵纪守法、爱岗敬业的职业道德品质。

2 建筑室内装饰工程是对建筑空间的再创造，其主要任务是保护建筑主体结构，完善建筑的使用功能和美化建筑物。建筑室内装饰工程的良好发展契合了在中国特色社会主义新时代条件下，人民日益增长的美好生活需求与不平衡不充分的发展之间的矛盾。本项目将从人民日益增长的美好生活需求出发，教育学生通过自己的努力，为人民群众创造更好的人居环境。

任务1
建筑室内装饰工程的基本知识

一、建筑室内装饰工程的内涵

建筑装饰工程是现代建筑工程的有机组成部分，是现代建筑工程的延伸、深化和完善，其定义是为了保护建筑物的主体结构、完善建筑物的使用功能和美化建筑物，采用装饰装修材料或装饰物对建筑物的内外表面及空间进行各种处理的过程。建筑装饰工程包含建筑外部装饰工程和建筑室内装饰工程两部分，通常情况下，建筑外部装饰工程在土建阶段由建筑施工方完成，建筑室内装饰工程由室内装饰企业完成。

本书着重讲解建筑室内装饰装修工程，其包含以下几个方面的内涵。

1．保护建筑物的主体结构

建筑主体结构不仅要有足够的强度和刚度，还要有足够的耐久性。当它直接受到大气环境侵袭（如雨雪、冷热温差等）、腐蚀性气体或液体侵蚀或者使用过程中的荷载、撞击、摩擦等，都会迅速老化，从而引发建筑使用寿命的缩短。因此，建筑室内装饰装修的目的是通过装饰装修构造在建筑内部主体结构的外表面形成装饰保护层，使其免遭破坏，从而延长建筑的使用寿命。

2．完善建筑物的使用功能

在某些情况下，建筑师设计的建筑内部使用功能具有较强的概念性，并不能满足建筑使用者对建筑物的使用需求；其具体使用功能需要经过室内设计师的再设计才能更加符合使用者的要求。以酒店建筑为例，建筑师设计的重点是建筑的外观、宏观的空间关系和功能的布局，如：中庭、楼层、交通组织、出入口、建筑物各空间之间的功能关系、大型建筑设备的配置配备；室内设计师则需要设计具体的酒店大堂、休闲娱乐区、餐厅、会议室、健身房、游泳池等，甚至不同类型客房的布置、界面的美化、识别标志的设计等详细功能的细化设计。经过了这样的细化设计，建筑物的使用功能才能得到进一步完善。

除此之外，建筑室内装饰装修工程还有一个重要的任务就是改善室内人居环境。在完善建筑外部装饰使用功能的前提下，建筑室内装饰还应满足照明、保温、隔热、隔声、防火、防潮、防腐、通风、防静电等方面的要求。虽然在建筑设计时建筑师对这些已经有所考虑，但他们的考虑和采取的技术手段是初步的；在此，继续以酒店建筑为例，酒店客房首先要满足照明、通风，其次要保证房间温度舒适，最后在室内设计与施工时对于隔声隐私也应特别注意，也只有经过了这一系列的具体的设计工作，整个酒店空间才可以交付竣工并投入正常使用。

3. 美化建筑物

建筑物作为一个整体，通常意义上，建筑师往往只完成了一部分的工作——建筑形式和建筑结构，也就是说建筑师主要完成的是建筑的框架和建筑的外观形象，而这个阶段的建筑美是不完整的。建筑的室内形象同样是建筑整体形象的一个有机组成部分，这个部分的形象设计需要室内设计师来完成，他们的主要任务就是通过装饰装修手段，使建筑物的内部空间和界面形象更加趋于完美。

二、建筑室内装饰工程的特点

（一）建筑室内装饰工程的主要特点

随着建筑室内装饰行业的迅速发展，建筑室内装饰工程呈现出以下特点和发展趋势：

1. 涉及多个行业

建筑室内装饰不仅涉及人文、地理、环境艺术和建筑知识，而且还与建筑装饰材料及其他各行各业有着密切的联系，如建筑室内装饰材料涉及林业、五金、化工、轻纺等，建筑室内装饰工程中设备涉及电梯、中央空调、网络、监控等，这些材料和设备都涉及了多行业，这些都与装饰工程的质量和装饰的档次息息相关。

2. 技术与艺术结合

建筑工程本身就是建筑与艺术结合的产物，而作为深化和再创造的建筑室内装饰，就更需要技术与艺术的有机结合。任何装饰都是通过材料来体现的，而材料的质量和档次又离不开现代技术，正确应用这些材料又与设计和施工技术人员所具有的知识及技术含量，如人文意识、设计理念超前意识和变化规律等有关。这些使得建筑装饰的复杂性、综合性更为突出。因此，建筑室内装饰是技术与艺术进一步完美结合的复杂的过程。

3. 具有较强的周期性

建筑工程是百年大计，而建筑装饰却随着时代的变化具有时尚性，尤其是建筑室内装饰，其使用年限远远小于建筑结构。我国建筑工程的耐久年限一般为50～100年，而装饰的使用年限仅5～10年，国外一般不超过5年。随着我国全面进入小康社会，在建筑室内装饰方面，不提倡“新三年旧三年，修修补补又三年”的做法，要充分体现其先进性和超前性，以满足人们对建筑室内装饰的高标准和对社会主义新时代美好生活的向往。

4. 工程造价差别大

建筑室内装饰工程的造价空间非常大，从普通装饰到超豪华装饰，由于采用的材料不同，其造价相差甚远，所以装饰的效果受造价的控制。

（二）建筑室内装饰工程施工的主要特点

1. 建筑室内装饰工程施工的建筑性

建筑室内装饰工程是建筑工程的有机组成部分，而非单纯的艺术创作，建筑室内装饰工程施工的首要特点是具有明显的建筑性。

与建筑有关的所有建筑装饰工程的施工操作，都不能只关注装饰艺术的表现而漠视对主体结构的维护和保养。《中华人民共和国建筑法》第四十九条规定："涉及建筑主体和承重结构变动的装修工程，建设单位应当在施工前委托原设计单位或者具有相应资质条件的设计单位提出设计方案；没有设计方案的，不得施工。"这一条规定限制了建筑装饰工程施工中随意凿墙开洞等野蛮施工行为，保证了建筑主体结构安全适用。

就建筑装饰设计而言，首要目的是完善建筑及其空间环境的使用功能，即在满足建筑物功能的前提下，进而追求艺术效果；作为建筑设计的继续、深化和美化，应该是以现代装饰新材料、新技术和新工艺为基础的高档次建筑艺术设计。对于建筑装饰工程施工，则必须是以保护建筑结构主体及安全使用为基本原则，进而通过科学合理的装饰构造、装饰造型等饰面具体操作工业达到工程目标。

2. 建筑室内装饰工程施工的规范性

建筑室内装饰工程施工是对建筑工程主体结构及其室内空间的再创造，不是单纯的美化处理，而是一种必须依靠合格的材料与构配件等，通过科学合理的构造做法并由建筑主体结构予以稳定支撑的工程。因此，一切工艺操作和工艺处理均应遵照国家颁发的有关施工和验收规范；所用材料及其应用技术应符合国家及行业颁布的相关标准。

对于一些重要工程和规模较大的装饰项目，应按国家规定实行招标、投标制；确认装饰施工企业和施工队伍的资质水平与施工能力；在施工过程中应由建设监理部门对工程进行监理；工程竣工后应通过质量监督部门及有关方面组织严格验收。

3. 建筑室内装饰工程施工的严肃性

建筑室内装饰工程施工是一项复杂的生产活动，长期以来，其施工状况一直有工程量大、施工工期长、耗用劳动量多和占建筑物总造价高等特点。近年来，随着建材工业的迅速发展、施工条件的不断改善、施工机具的不断创新以及商品住宅精装现房的出现，建筑室内装饰工程的施工现状已有较大改善，但是随着人们对物质生活和精神文化生活水平要求的提高，对装饰工程的质量要求也大大提高，因此，迫切需要的是建筑室内装饰行业从业人员在生产活动中的严肃态度和细致的工作作风。

由于建筑室内装饰工程大多数是以饰面为最终效果，所以许多处于隐蔽部位而对于工程质量起着关键作用的项目和操作工序很容易被忽略，或是其质量弊病很容易被表面的美化修饰所掩盖，如大量的预埋件、连接件、铆固件、焊接件、骨架杆件、饰面的基面或基层处理，防火、防腐、防水、防潮、防虫、绝缘、隔声等功能性与安全性的构造和处理等，包括钉件的规格、质量，螺栓及各种连接紧固件的设置、数量及埋入深度等。如果在操作时采取应付敷衍的态度，甚至偷工减料、偷工减序，势必会给工程留下质量隐患。

4. 建筑室内装饰工程施工管理的复杂性

建筑室内装饰工程的施工工序繁多，每道工序都需要具有专业知识和技能的人员担当技术骨干。此外，施工操作人员中的工种也十分复杂，包括水、电、暖、卫、木、玻璃、油漆、金属等几十个工种。对于较大规模的装饰工程，加上消防系统、音响系统、保安系统、通信系统等，往往有几十道工序。这些工种和工序交叉、轮流或配合作业，容易造成施工现场的拥挤和混乱，不仅影响工程的进度和质量，严重时还会造成工程事故。

为保证工程质量、施工进度和施工安全，必须依靠具备专业知识和经验的施工组织管理人员，以施工组织设计为指导，实行科学管理，使各工序和各工种之间紧凑衔接，人工、材料和施工机具调度协调；管理人员应熟悉各工种的施工操作规程及质量检验标准和施工验收规范，及时监督和指导施工操作人员的施工操作；同时，还应具备及时发现问题和解决问题的能力，随时解决施工中的技术问题。

5. 建筑室内装饰工程施工的技术经济性

建筑室内装饰工程的使用功能及其艺术性的体现与发挥，所反映的时代感和科学技术水准，特别是在工程造价方面，在很大程度上受装饰材料以及现代声、光、电及其控制系统等设备的制约。在20世纪90年代以前，建筑主体结构、安装工程和装饰工程的费用分别占总投资的比例大约为50%、30%、20%，现在则变为30%、30%、40%。有的国家重点工程、高级宾馆、饭店及公共设施等，装饰工程的费用已占总投资的50%以上。

随着人们对建筑艺术要求的不断提高，装饰新材料、新技术、新工艺和新设备的不断涌现，建筑室内装饰工程的造价还将继续提高。因此，必须做好建筑室内装饰工程的预算和估价工作，认真研究工程材料、设备及施工技术、施工工艺的经济性，严格控制工程成本，加强施工企业的经济管理和经济活动的分析，努力提高经济效益和工程质量，以保证我国现代建筑室内装饰行业的健康发展。

三、建筑室内装饰工程的基本要求

建筑室内装饰工程施工是一项技术性要求很高的工作，施工人员必须具有以下相应的基本素质，才能担当施工的重任。

（一）对建筑室内装饰工程施工人员的要求

1. 具有一定的美学基础

建筑室内装饰是工程与艺术、美学的完美结合，不仅要求表面的造型和色彩等媒介所创造的视觉效果，还要求包括美学表现、平面构成及其装饰表现等综合内容而构成的整体效果。因此，室内装饰工程技术人员不仅要掌握装饰构图、造型、色彩等美学概念，而且对建筑与装饰表现技术也要熟知。

2. 具有识图绘图的能力

图纸是工程技术的语言，是施工中的依据和标准。在施工过程中，技术人员要向工人进行图纸技术交底，根据图纸中的要求指导施工，结构简单的部分应能够绘制草图。图纸应当及时提供，图纸不全或不详的部分要及时绘制补齐。

3. 熟悉工程设计与构造

建筑室内装饰设计是人们运用美学原则、空间理论等来创造美观实用、舒适空间环境的一种手段。对于施工人员来说，不了解设计与构造的内容就不能正确理解设计的构思意图，更无法实现设计意图。因此，施工人员要把设计变为实现效果的桥梁，只有熟知建筑室内装饰工程设计与构造的内容，才能从整体上考虑装饰的最终效果，创造出更为理想的空间环境。

（二）对建筑室内装饰工程施工质量的要求

1. 耐久性要求

建筑室内装饰工程的耐久性，主要指相关室内装饰构造的耐久性，其包含两个方面的含义：一方面是使用上的耐久性，指抵御使用中的损伤、性能减退等；另一方面是装饰装修质量的耐久性，包括粘接牢固和材质特性等。

2. 牢固性要求

牢固性包括各室内装饰面的面层与基层连接方法的牢固性、装饰装修材料本身应具有的足够强度及力学性能。只有选择恰当的连接材料或装饰构造，按照合理的施工工艺或工序进行操作，才能保证装饰装修工程的安全牢固。

3. 经济性要求

装饰装修工程的造价往往占土建工程总造价的30%左右，个别要求较高的工程可达50%以上，因此，其经济性要求非常重要。除了通过简化施工、缩短工期取得经济效益外，装饰装修材料的选择是取得经济效益的关键。

四、建筑室内装饰工程与相关工程的关系

建筑室内装饰工程作为建筑工程的深化和再创造，与建筑、结构、设备等各方面有着密切的联系。

1. 建筑室内装饰与建筑的关系

建筑室内装饰是对建筑物内部界面的装扮和修饰，因此对建筑要有一个准确的理解和认识，如对建筑的属性、艺术风格、建筑空间性质和特性、建筑时空环境的意境和气氛等应有较好的把握。建筑室内装饰是再创造过程，只有对所要进行装饰的建筑有了正确的理解，才能做好装饰工程的设计和施工，使建筑艺术与人们的审美协调一致，从而在精神上给人以艺术享受。

2. 建筑室内装饰与建筑结构的关系

建筑室内装饰与建筑结构的关系有两个方面：一是建筑结构给建筑室内装饰再创造提供了充分发挥的舞台。装饰在充分发挥结构空间的同时又保护了建筑结构。二是建筑室内装饰与建筑结构矛盾时的处理，结构是传递荷载的构件，在设计时充分考虑了其受力情况，要经过计算而确定。装饰需要改变结构或在结构构件上开洞或取舍，必然影响到建筑结构，所以规范规定不得在结构上任意开洞或取舍，如必须改变时，应进行计算核实。

3. 建筑室内装饰与设备的关系

建筑室内装饰不仅要处理好装饰与结构的关系，还必须认真解决好装饰与设备的关系，如果处理不合理，必然影响建筑装饰空间的处理，同时也影响设备的正常运行和使用。特别是装饰工程，大部分是界面处理，因此与建筑设备中的空调、水暖、监控、消防、强电、弱电、管线及照明设备等各方面的协调配合必须处理好。

4. 建筑室内装饰与环境的关系

建筑室内装饰虽然能给人们提供一个良好的生活、学习、工作环境，但如果选择的材料和施工工艺不当，也会造成环境的二次污染，有时甚至出现伤亡事故。因此，装饰施工必须严格执行国家规范，避免因装饰材料选择不当或因工程勘察、设计、施工过程等造成室内环境污染。

近年来，国内外对室内环境污染进行了大量研究工作，已经检测到的有害物质达数百种，常见的有10种以上，其中绝大部分为有机物，主要源于各种人造板材、涂料、胶黏剂等化学建筑装饰材料。这些材料在常温下会释放出许多有害、有毒的物质，造成室内空气污染。因此，必须控制这些有害物质在空气中的含量，以达到国家的环保标准。如《民用建筑工程室内环境污染控制规范》（GB 50325—2020）对室内用水性涂料游离甲醛的含量提出了控制限量，如表1-1所示。

表1-1 室内用水性涂料游离甲醛限量

测定项目	限量	
游离甲醛/（mg/kg）	水性涂料	其他水性腻子
	≤100	

五、建筑室内装饰工程的施工范围

建筑室内装饰工程的施工范围几乎涉及所有的建筑物，即除了建筑物主体结构工程和部分设备工程之外的内容，包括以下几个方面。

1. 按建筑物的不同使用类型划分

建筑物按不同的使用类型，可划分为民用建筑（包括居民建筑和公共建筑）、工业建筑、农业建筑和军事建筑等。其中绝大多数建筑装饰都集中在各类住宅、宾馆、饭店、影剧院、商厦、医院、写字楼等工业与民用建筑上。随着国民经济的发展，为满足农业生产及工程技术要求，装饰工程已经渗透到农业建筑和军事建筑。

2. 按建筑装饰工程施工部位划分

建筑装饰工程的施工部位是指能够引起人们注意或与之接触能给人以美的享受的建筑部位，总体上可分为室内和室外两大类。建筑室外装饰部位有外墙面、门窗、屋顶、檐口、入口、台阶、建筑小品等；室内装饰部位有内墙面、顶棚、楼地面、隔墙、隔断以及室内灯具、家具陈设等。

3. 按建筑室内装饰施工满足建筑功能划分

建筑室内装饰施工在完善建筑使用功能的同时，还追求建筑空间环境效果。如国家大剧院交响乐厅的室内装饰，经过了精确的声学计算，墙面每处倾斜与弯曲的设置都应用声学原理；电子工业厂房对洁净度要求非常高，必须用密封的门窗和整洁明亮的墙面，吊顶装饰、顶棚和地面上的送风和回风口位置，都应当满足洁净的要求；还有建筑门窗、室内给排水与卫生设备、暖通空调、自动扶梯与观光电梯、采光、音响、消防等，许多以满足使用功能为目的的装饰施工项目，必须将使用功能与装饰有机结合起来。

4. 按建筑装饰施工的项目划分

国家标准《建筑装饰装修工程质量验收标准》（GB 50210—2018），将建筑装饰施工项目划分为抹灰工程、外墙防水工程、门窗工程、吊顶工程、轻质隔墙工程、饰面板工程、饰面砖工程、幕墙工程、涂饰工程、裱糊与软包工程、细部工程，基本包括了装饰施工必须涉及的项目。但对于相对独立的建筑装饰施工企业，在工程实际施工的过程中，需要完成的装饰施工内容和需要接触的装饰施工领域，常常会超出这个范围而涉及其他方面。

六、建筑室内装饰施工技术现状及发展趋势

现代建筑室内装饰本身涉及行业的多元化和科技的边缘性，使建筑室内装饰从建筑业中逐渐分离出来，形成一个相对专业的建筑室内装饰行业。我国建筑室内装饰行业40年的发展历程，是在原来传统装修的基础上，不断创新施工工艺和研发装饰材料的过程。

进入21世纪后，我国建筑室内装饰行业学习先进国家的经验，装饰工艺不断推陈出新，部分工艺已接近国际先进水平，如背栓系列、石材干挂技术、组合式单体幕墙技术、点式幕墙技术、金属幕墙技术、微晶玻璃与陶瓷复合技术、木制品集成技术、石材地面整体研磨技术等。

近年来，部分产品生产工厂化、施工现场装配化的出现，是建筑装饰行业的第三次革命。越来越多的工业产品直接在装饰工程上进行装配式施工，如金属材料装饰、玻璃制品装饰、复合性材料装饰、木制品集成装饰等技术的应用，带来了装饰工程施工本质的变化，产品精度高，工程质量好，施工工期短，施工无污染，且具有鲜明的时代感。目前，我国已将环保列为装饰工程的三大主题之一，各种相关环保材料也得到迅速发展。

我国建筑室内装饰行业施工技术正处于先进施工方式与落后施工方式、新工艺技术与老工艺技术并存的过渡期。现代建筑室内装饰行业施工技术发展趋势及国家要求施工技术发展的总方向是：节能高效，绿色环保，以人为本。在今后若干年内，建筑装饰行业的施工技术将向着全新的工厂化和装配化方式发展，在很短的时间内我国建筑装饰行业的施工水平将取得极大提升。

任务2

建筑室内装饰工程的基本规定

根据国家标准《建筑装饰装修工程质量验收标准》(GB 50210—2018)，建筑室内装饰工程应遵循以下几个方面的基本规定。

一、设计方面的基本规定

(1)建筑装饰装修工程应进行设计，并应出具完整的施工图设计文件。

(2)建筑装饰装修设计应符合城市规划、防火、环保、节能、减排等有关规定。建筑装饰装修耐久性应满足使用要求。

(3)承担建筑装饰装修工程设计的单位应对建筑物进行了解和实地勘察，设计深度应满足施工要求。由施工单位完成的深化设计应经建筑装饰装修设计单位确认。

(4)既有建筑装饰装修工程设计涉及主体和承重结构变动时，必须在施工前委托原结构设计单位或者具有相应资质条件的设计单位提出设计方案，或由检测鉴定单位对建筑结构的安全性进行鉴定。

(5)建筑装饰装修工程的防火、防雷和抗震设计应符合现行国家标准的规定。

(6)当墙体或吊顶内的管线可能产生冰冻或结露时，应进行防冻或防结露设计。

二、材料方面的基本规定

(1)建筑装饰装修工程所用材料的品种、规格和质量应符合设计要求和国家现行标准的规定，不得使用国家明确淘汰的材料。

(2)建筑装饰装修工程所用材料的燃烧性能应符合现行国家标准《建筑内部装修设计防火规范》(GB 50222—2017)和《建筑设计防火规范》(GB 50016—2014)的规定。

(3)建筑装饰装修工程所用材料应符合国家有关建筑装饰装修材料有害物质限量标准的规定。

(4)建筑装饰装修工程采用的材料、构配件应按进场批次进行检验。属于同一工程项目且同期施工的多个单位工程，对同一厂家生产的同批材料、构配件、器具及半成品，可统一划分检验批对品种、规格、外观和尺寸等进行验收，包装应完好，并应有产品合格证书、中文说明书及性能检验报告，进口产品应按规定进行商品检验。

(5)进场后需要进行复验的材料种类及项目应符合本标准各章的规定，同一厂家生产的同一品种、同一类型的进场材料应至少抽取一组样品进行复验，当合同另有更高要求时应按合同执行。抽样样本应随机抽取，满足分布均匀、具有代表性的要求，获得认证的产品或来源稳定且连续三批均一次检验合格的产品，进场验收时检验批的容量可扩大一倍，且仅可扩大一次。扩大检验批后的检验中，出现不合格情况时，应按扩大前的检验批容量重新验收，且该产品不得再次扩大检验批容量。

（6）当国家规定或合同约定应对材料进行见证检验时，或对材料质量发生争议时，应进行见证检验。

（7）建筑装饰装修工程所使用的材料在运输、储存和施工过程中，应采取有效措施防止损坏、变质和污染环境。

（8）建筑装饰装修工程所使用的材料应按设计要求进行防火、防腐和防虫处理。

三、施工方面的基本规定

（1）施工单位应编制施工组织设计并经过审查批准。施工单位应按有关施工工艺标准或经审定的施工技术方案施工，并应对施工全过程实行质量控制。

（2）承担建筑装饰装修工程施工的人员上岗前应进行培训。

（3）建筑装饰装修工程施工中，不得违反设计文件擅自改动建筑主体、承重结构或主要使用功能。

（4）未经设计确认和有关部门批准，不得擅自拆改主体结构和水、暖、电、燃气、通信等配套设施。

（5）施工单位应采取有效措施控制施工现场的各种粉尘、废气、废弃物、噪声、震动等对周围环境造成的污染和危害。

（6）施工单位应建立有关施工安全、劳动保护、防火和防毒等管理制度，并应配备必要的设备、器具和标识。

（7）建筑装饰装修工程应在基体或基层的质量验收合格后施工。对既有建筑进行装饰装修前，应对基层进行处理。

（8）建筑装饰装修工程施工前应有主要材料的样板或做样板间（件），并应经有关各方确认。

（9）墙面采用保温隔热材料的建筑装饰装修工程，所用保温隔热材料的类型、品种、规格及施工工艺应符合设计要求。

（10）管道、设备安装及调试应在建筑装饰装修工程施工前完成；当必须同步进行时，应在饰面层施工前完成。装饰装修工程不得影响管道、设备等的使用和维修。涉及燃气管道和电气工程的建筑装饰装修工程施工应符合有关安全管理的规定。

（11）建筑装饰装修工程的电气安装应符合设计要求，不得直接埋设电线。

（12）隐蔽工程验收应有记录，记录应包含隐蔽部位照片。施工质量的检验批验收应有现场检查原始记录。

（13）室内外装饰装修工程施工的环境条件应满足施工工艺的要求。

（14）建筑装饰装修工程施工过程中应做好对半成品、成品的保护，防止污染和损坏。

（15）建筑装饰装修工程验收前，应将施工现场清理干净。

任务3

住宅装饰工程的基本规定

《住宅装饰装修工程施工规范》（GB 50327—2001）中，对住宅装饰装修工程的施工基本要求、材料和设备基本要求、成品保护以及防火安全、防水工程等，均作了明确规定。特别是住建部2011年1月26日公布实施的中华人民共和国住房和城乡建设部令第9号《住房和城乡建设部关于废止和修改部分规章的决定》对建设部原第110号令《住宅室内装饰装修管理办法》进行修改后，对于进一步加强住宅室内装饰装修管理、保证装饰装修工程质量和安全、维护公共安全和公共利益、规范住宅室内装饰装修施工，并实施对住宅室内装饰装修活动的管理，具有十分重要的现实意义。

一、施工方面的基本规定

（1）施工前应进行设计交底工作，并应对施工现场进行核查，了解物业管理的有关规定。

（2）各工序、各分项工程应进行自检、互检及交接检。

（3）施工中，严禁损坏房屋原有绝热设施，严禁损坏受力钢筋，严禁超荷载集中堆放物品，严禁在预制混凝土空心楼板上打孔安装埋件。

（4）施工中，严禁擅自改动建筑主体、承重结构或改变房间主要使用功能，严禁擅自拆改燃气、暖气、通信等配套设施。

（5）管道、设备工程的安装及调试，应在建筑装饰装修工程施工前完成；必须同步进行时，应在饰面层施工前完成。装饰装修工程不得影响管道、设备的使用和维修。涉及燃气管道的装饰装修工程必须符合有关安全管理的规定。

（6）施工人员应遵守有关施工安全、劳动保护、防火、防毒的法律法规。

（7）施工现场用电应符合下列规定：

①施工现场用电应设立临时施工用电系统。

②安装、维修或拆除临时施工用电系统，应由电工完成。

③临时施工供电开关箱中应当装设漏电保护器。进入开关箱的电源线，不得使用插销连接。

④临时用电线路应避开易燃、易爆物品堆放地。

⑤暂停施工时应切断电源。

（8）施工现场用水应符合下列规定：

①不得在未做防水的地面蓄水。

②临时用水管不得有破损、滴漏。

③暂停施工时应切断水源。

（9）文明施工和现场环境应符合下列要求：

①施工人员应衣着整齐。

②施工人员应服从物业管理或治安保卫人员的监督、管理。

③应控制粉尘、污染物、噪声、震动等对相邻居民、居民区和城市环境的污染及危害。

④施工堆料不得占用楼道内的公共空间，不得封堵紧急出口。

⑤室外堆料应当遵守物业管理的规定，避开公共通道、绿化地、化粪池等市政公用设施。

⑥不得堵塞、破坏上下水管道、垃圾道等公共设施，不得损坏楼内各种公共标识。

⑦工程垃圾宜密封包装，并堆放在指定的垃圾堆放地。

⑧工程验收前应将施工现场清理干净。

二、材料、设备的基本要求

（1）住宅装饰装修工程所用材料的品种、规格、性能应符合设计要求及国家现行有关标准的规定。

（2）严禁使用国家明确淘汰的材料。

（3）住宅装饰装修所用的材料应按设计要求进行防火、防腐和防蛀处理。

（4）施工单位应对进场主要材料的品种、规格、性能进行验收。主要材料应有产品合格证书，有特殊要求的应有相应的性能检测报告和中文说明书。

（5）现场配制的材料应按设计要求或产品说明书制作。

（6）应配备满足施工要求的配套机具设备及检测仪器。

（7）住宅装饰装修工程应积极使用新材料、新技术、新工艺、新设备。

三、成品保护

（1）施工过程中材料运输应符合下列规定：

①使用电梯运输材料时，应对电梯采取保护措施。

②搬运材料时要避免损坏楼道内顶、墙、扶手，楼道窗户及楼道门。

（2）施工过程中应采取下列成品保护措施：

①各工种在施工中不得污染、损坏其他工种的半成品、成品。

②材料表面保护膜应在工程竣工时撤除。

③对邮箱、消防、供电、电视、报警、网络等公共设施应采取保护措施。

四、防火安全的基本要求

1. 一般规定

（1）施工单位必须制定施工安全制度，施工人员必须严格遵守。

（2）住宅装饰装修材料燃烧性能的等级要求，应符合现行国家标准《建筑内部装修设计防火规范》（GB 50222—2017）的规定。

2. 材料防火处理

（1）对装饰织物进行阻燃处理时，应使其被阻燃剂浸透，阻燃剂的干含量应符合产品说明书的要求。

（2）对木质装饰装修材料进行防火涂料涂布前，应对其表面进行清洁。涂布至少分两次进行，且第二次涂布应当在第一次涂布的涂层表面干燥后进行，涂布量应大于或等于500g/m^2。

3. 施工现场防火

（1）易燃物品应相对集中放置在安全区域内，并应有明显的标识。施工现场不得大量积存可燃材料。

（2）易燃易爆材料的施工应避免敲打、碰撞、摩擦等可能出现火花的操作。配套使用的照明灯、电动机、电气开关应有安全防爆装置。

（3）使用油漆等挥发性材料时，应随时封闭其容器。擦拭后的棉纱等物品应集中存放，且远离热源。

（4）施工现场动用电气焊等明火时，必须清除四周以及焊渣滴落区的可燃物质，并设专人进行监督。

（5）施工现场必须配备灭火器、砂箱或其他灭火工具。

（6）严禁在施工现场吸烟。

（7）严禁在运行中的管道、装有易燃易爆物品的容器和受力构件上进行焊接和切割。

4. 电气防火

（1）照明、电热器等设备的高温部位靠近A级材料或导线穿越B2级以下装修材料时，应采用岩棉、瓷管或玻璃棉等A级材料隔热。当照明灯具或镇流器嵌入可燃装饰装修材料中时，应采取隔热措施予以分隔。

（2）配电箱的壳体和底座宜采用A级材料制作。配电箱不得安装在B2级以下（含B2级）的装修材料上。开关、插座应安装在B1级以上的材料上。

（3）卤钨灯灯管附近的导线应采用耐热绝缘材料制成的护套，不得直接使用具有延燃性绝缘的导线。

（4）明敷塑料导线应穿管或加线槽板加以保护，吊顶内的导线应穿金属管或B1级PVC管保护，导线不得裸露。

5. 消防设施保护

（1）住宅装饰装修不得遮挡消防设施、疏散指示标志及安全出口，并且不得妨碍消防设施和疏散通道的正常使用；不得擅自改动防火门。

（2）消火栓门四周装饰装修材料的颜色应与消火栓门的颜色有明显的区别。

（3）住宅内部火灾报警系统的穿线管、自动喷淋灭火系统的水管线，应用独立的吊管架固定，不得借用装饰装修用的吊杆和放置在吊顶上固定。

（4）当装饰装修重新分割了住宅房间的平面布局时，应根据有关设计规范，针对新的平面调整火灾报警探测器与自动灭火喷头的布置。

（5）喷淋管线、报警器线路、接线箱及相关器件一般宜暗装处理。

五、室内环境污染控制

（1）根据国家标准《住宅装饰装修工程施工规范》（GB 50327—2001）规定，控制的室内环境污染物为氡、甲醛、氨、苯和挥发性有机物。

（2）住宅装饰装修室内环境污染控制除应符合《住宅装饰装修工程施工规范》（GB 50327—2001）外，还应符合《民用建筑工程室内环境污染控制标准》（GB 50325—2020）等现行国家标准的规定。设计、施工时应选用低毒性、低污染的装饰装修材料。

（3）对室内环境污染控制有要求的，可按有关规定对以上两条内容全部或部分进行检测，其污染物浓度限值应当符合表1-2的要求。

表1-2　　住宅装饰装修后室内环境污染物浓度限值

室内环境污染物	浓度限值
氡/（Bq/m^3）	≤200
甲醛/（mg/m^3）	≤0.08
苯/（mg/m^3）	≤0.09
氨/（mg/m^3）	≤0.20
总挥发有机物TVOC/（Bq/m^3）	≤0.50

国家标准《民用建筑工程室内环境污染控制标准》（GB 50325—2020）规定的室内环境污染物浓度限值低于《住宅装饰装修工程施工规范》（GB 50327—2001）的规定，因此，应以GB 50325—2020规定为准。

六、防水工程

1. 防水工程的一般规定

此部分内容适用于卫生间、厨房、阳台的防水工程施工。

(1)防水施工宜采用涂膜防水。

(2)防水施工人员应具备相应的岗位证书。

(3)防水工程应在地面、墙面隐蔽工程完毕并经检查验收后进行;其施工方法应符合国家现行标准、规范的有关规定。

(4)施工时应设置安全照明,并保持通风。

(5)施工环境温度应符合防水材料的技术要求,并宜在5℃以上。

(6)防水工程应做两次蓄水试验。

(7)防水涂料的性能应符合国家现行有关标准的规定,并应有产品合格证书。

2. 施工要点

(1)基层表面应平整,不得有松动、空鼓、起砂、开裂等缺陷,含水率应符合防水材料的施工要求。

(2)地漏、套管、卫生洁具根部、阴阳角等部位,应先做防水附加层。

(3)防水层应从地面延伸到墙面,高出地面100mm;浴室墙面的防水层不得低于1800mm。

(4)防水砂浆施工应符合下列规定:

①防水砂浆的配比应符合设计或产品的要求,防水层应与基层结合牢固,表面应平整,不得有空鼓、裂缝和麻面起砂,阴阳角应做成圆弧形。

②保护层水泥砂浆的厚度、强度应符合设计要求。

(5)涂膜防水施工应符合下列规定:

①涂膜涂刷应均匀一致,不得漏刷;总厚度应符合产品技术性能要求。

②玻纤布的接茬应顺流水方向搭接,搭接宽度应不小于100mm;两层以上玻纤布的防水施工,上下搭接应错开幅宽的1/2。

任务4
建筑室内装饰工程施工标准

一、建筑室内装饰等级及施工标准

1. 建筑装饰等级标准

一般根据建筑物的类型、性质、使用功能和耐久性等因素，综合考虑确定其装饰标准，相应定出建筑物的装饰等级。通常情况下，建筑物的等级越高，其整体装饰标准和等级也高。结合我国国情，考虑到不同建筑类型对装饰的不同要求，划分出三个建筑等级，如表1-3所示。但是建筑装饰等级划分目前已不符合当前社会发展水平，仅可作为参考，让装饰施工从业人员了解建筑室内装饰是有等级的。特别是在设计政府主导的公共建筑室内装饰工程时，要参考相关规定。

表1-3 建筑装饰等级

建筑装饰等级	建筑物类型
一级	高级宾馆、别墅、纪念性建筑物、大型博览建筑、交通与体育建筑、一级行政机关办公楼、高级商场
二级	科研建筑、高校建筑、普通博览建筑、观演建筑、交通建筑、体育建筑、广播建筑、医疗建筑、通信建筑、酒店、行政机关办公楼
三级	中小学建筑、幼托建筑、生活服务性建筑、普通行政机关办公楼、普通居民住宅建筑

2. 建筑装饰施工标准

在国家标准《建筑装饰装修工程质量验收标准》（GB 50210—2018）中，对于建筑装饰工程各分项工程的施工标准作了详细规定，对材料的品种、配比、施工程序、施工质量和质量标准等都作了具体说明，使建筑装饰工程具有法规性。

除此之外，各地区根据地方的特点，还制定了一些地方性的标准。在进行建筑装饰施工时，应认真按照国家、行业和地方等标准所规定的各项条款操作与验收。

二、建筑室内装饰施工的任务与要求

（一）建筑室内装饰施工的主要任务

建筑室内装饰施工的主要任务是按照国家、行业和地方有关的施工及验收规范，完成装饰工程设计图纸中的各项内容，即将设计人员在图纸上反映出来的设计意图，通过施工过程加以实现。

为了使建筑室内装饰在一定的条件下取得最好的装饰效果，这就要求设计人员对建筑装饰的工艺、构造、材料、机具等有充分的了解，施工人员还应对装饰设计的一般知识有所了解，明确设计意图，并对设计中所要求的材料性质、来源、配比、施工方法等有较深的理解，精心施工，并做好施工后的服务。

（二）建筑室内装饰施工的一般要求

1. 对材料质量的要求

装饰材料在装饰总预算中占比约70%，因此，正确合理地使用装饰材料和配件是确保工程质量、节约原材料以及降低工程成本的关键。随着建筑装饰行业的迅速发展，装饰材料品种繁多，新型材料不断涌现，质量差异很大。因此，施工时应按照设计要求进行选用，材料供应部门必须按照设计要求供应，并应附有相关产品合格证书；建设、设计、监理、施工等单位应加强材料检验工作，发现质量不合格的装饰材料应拒绝使用。材料在运输、保管和施工过程中，均应采取措施，防止损害和变质。

2. 施工前的检验工作

为确保装饰工程质量达到国家标准和设计要求，在装饰工程施工前，对已完成的部分或单位工程的结构工程质量，必须进行严格检查和验收；如采取主体交叉作业，在装饰施工插入早的情况下，应对结构工程分层进行检查验收；对旧建筑进行装饰工程施工时，拟进行装饰的部位应根据设计要求进行认真清理和处理。装饰工程应在基体或基层的质量检验合格后，才能进行施工。

3. 装饰施工顺序安排

装饰工程工序繁多，工程量大，所占工期比较长（一般占工程总工期的30%~40%，高级装饰甚至占工程总工期的50%~60%），占建筑物总造价的比例比较高（一般装饰工程占30%，高级装饰工程占总造价的50%以上），因此，妥善安排装饰工程的施工顺序，对加快施工进度、确保工程质量、降低工程成本具有特殊的意义。

根据现代建筑装饰的施工经验，一般可按下列流水顺序进行作业：

（1）按自上而下的流水顺序进行施工，是待主体工程完成以后，装饰工程从顶层开始到底层依次逐层自上而下进行。这种流水顺序有以下优点：

①可以使房屋在主体工程结构完成后进行，有一定的沉降时间，从而可以减少沉降对装饰工程的损坏。

②屋面完成防水工程后，可以防止雨水的渗漏，确保装饰工程的施工质量。

③可以减少主体工程与装饰工程的交叉作业，便于进行组织施工。

但是采取这种施工工序时，必须在主体结构全部完成后，装饰工程才能安排施工，不能提早插入进行，这样就会拖延工期。因此，一般高层建筑在采取一定措施之后，可分段自上而下进行施工。

（2）按自下而上的流水顺序进行施工。为防止雨水和施工用水渗漏对装饰工程的影响，一般要求在上层地面工程完工后，方可进行下层的装饰工程施工。按自下而上的流水顺序进行施工，在高层建筑中应用较多，其主要优点是：总工期可以缩短，甚至有些高层建筑的下部可以提前投入使用，及早发挥投资效益。但这种流水顺序对成品保护要求较高，否则不能保证工程质量。

（3）为避免天气原因影响工期，加快脚手架的周转时间，给组织施工安排留有足够的回旋余地，一般采用先做室外装饰再做室内装饰的方法。在冬季施工时，则可先做室内装饰，待气温升高后再做室外装饰。

（4）室内装饰工程各分项工程的施工原则上应遵循以下顺序：

①抹灰、饰面、吊顶和隔断等分项工程，应待隔墙、钢木门窗框、暗装管道、电线管和预埋件或预制混凝土楼板灌缝等完工后进行。

②钢木门窗及玻璃工程，根据地区气候条件和抹灰工程的要求，可在湿作业前进行；铝合金、塑料、涂色镀锌钢板门窗及其玻璃工程，宜在湿作业完成后进行，如果需要在湿作业前进行，必须加强对成品的保护。

③有抹灰基层的饰面板工程、吊顶工程及轻型花饰安装工程，应待抹灰工程完工后进行，以免产生污染。

④涂料、刷浆工程以及吊顶、罩面板的安装，应在塑料地板、地毯、硬质纤维板等地面的面层和明装电线施工前以及管道设备试压后进行。

⑤裱糊与软包工程，应待顶棚、墙面、门窗及建筑设备的涂饰和刷浆工程完工后进行。

（5）顶棚、墙面与地面装饰工程施工顺序，一般有以下两种做法：

①先做地面，后做墙面和顶棚。这种做法可以减少大量的清理用工，并容易保证地面的质量，但应对已完成的地面采取保护措施。

②先做顶棚和墙面，后做地面。这种做法的弊端是基层的落地灰不易清理，地面的抹灰质量不易保证，易产生空鼓、裂缝，并且地面施工时，墙面下部易遭污损。

上述两种做法，一般宜采取先做地面，后做顶棚和墙面的施工顺序，有利于保证施工质量。

总之，装饰工程的施工应考虑在施工顺序合理的前提下，组织安排各个施工工序之间的先后、平行、搭接，并应注意不致被后继工程污损，以保证工程施工质量。

4．施工环境温度的规定

室内外装饰工程的环境温度对于施工速度、工程质量、用料多少、工程造价均有重要影响，一般情况下应符合下列规定：

①刷浆、饰面和花饰工程、高级抹灰工程以及溶剂型混色涂料工程，施工环境温度均应不低于5℃。

②普通抹灰、溶剂型混色涂料工程以及玻璃工程，施工环境温度应在0℃以上。

③裱糊工程的施工环境温度不得低于10℃。

④使用胶黏剂时，应按胶黏剂使用说明要求的温度施工。

⑤涂刷清漆时应不低于8℃，乳胶涂料应按产品说明要求的温度施工。

三、建筑装饰施工的基本方法

随着国民经济和建筑技术的发展，我国的建筑室内装饰施工技术也有了较大的发展。除了对已沿用多年的传统方法进行改进和提高外，随着化学建材的发展、墙体改革工作的推行及国外现代装饰材料的引进，装饰施工技术也产生了巨大变革。从目前装饰工程施工来看，建筑装饰施工中常使用的方法大体上包括抹、嵌、钉、刻、挂、搁、抛、卡、磨、钻、压、滚、印、刮、涂、粘、喷、裱、弹、焊、铆、拴、镶23种方法。

这些基本方法，从原理上分析大致可以概括为四种类型。

1. 现制的方法

凡是在施工现场制作成型面层效果的整体式装饰方法都属于现制的方法。适用于这种方法的装饰材料主要有水泥砂浆、水泥石子浆、装饰混凝土以及各种灰浆、石膏和涂料等。可以用于这类装饰的方法有抹、压、滚、磨、抛、涂、喷、弹、刮、刻等，其成型方法主要分为人工成型和机械成型。

2. 粘贴式的方法

凡是采用一定的胶黏材料将工厂预制的具有一定面层效果的成品或半成品材料粘贴于建筑物之上的方法均属于粘贴式的方法。其原理是通过在基层和装饰层之间加入一层胶结材料，利用胶黏剂和胶黏材料的黏合作用，将基层和面层装饰材料牢固地联系在一起，使小块或小卷的面层装饰材料牢固地附着在基层的表面。适用于这种方法的装饰材料主要有壁纸、面砖、马赛克、微薄木及部分人造石材和木质饰面。可以用于这类装饰的方法有抹、压、涂、刮、粘、裱、镶等。

3. 装配式的方法

装配式的方法包括一切采用刚性或柔性的连接方式，原则上可拆卸的（少数不可）饰面做法。由于建筑材料的效能和强度普遍提高，建筑物已向着轻质、高强的方向发展，但建筑物变轻的不利后果是它对风荷载、震动、意外冲击及类似破坏作用的承受能力相应减弱。因此，固定件在建筑中的作用变得越来越重要，如果一个固定件使用不当，很可能对人民群众生命财产造成不可估量的损失。

在建筑装饰工程施工中，使用的固定件大致可分为机械固定件和化学固定件。每种固定件的材料和使用方法一定要满足设计要求，以确保工程安全。适用于装配式方法的材料有铝合金扣板、压型钢板、异型塑料墙板以及石膏板、矿棉保温板等，也包括一部分石材饰面和木质饰面所用的材料。其常用方法主要有钉、搁、挂、卡、钻等。

4. 综合式的方法

综合式的方法，简单地讲，是将以上几种方法，甚至多种不同类型的方法，混合在一起使用，以期获得某种特定的效果。在建筑装饰工程施工中，经常采用综合式的方法。

课后练习

1. 建筑室内装饰工程的内涵包括哪些方面?
2. 建筑室内装饰工程的规范性体现在哪些方面?
3. 建筑室内装饰工程在设计和施工中应遵循的国家或行业标准有哪些?
4. 在建筑室内装饰工程施工中如何坚守职业道德，做一个合格的劳动者?

02 项目2

抹灰工程

知识目标

1 熟悉抹灰工程的分类及抹灰工程中常用的名词术语。
2 掌握抹灰饰面的分层构造及抹灰工程施工中常用材料的性能特点。
3 熟悉抹灰工程中施工机具的使用方法。
4 掌握一般抹灰、高级抹灰、装饰抹灰与清水砌体勾缝在施工过程中的施工工艺流程及质量控制要点。
5 熟悉一般抹灰、高级抹灰、装饰抹灰与清水砌体勾缝施工的质量验收标准及检验方法。

技能目标

1 能够运用专业术语，从实用性、技术性、经济性、艺术性等方面对抹灰工程进行介绍。
2 能够运用所学知识，指导施工人员进行抹灰工程的施工作业或担任抹灰工程的施工监理。
3 能够编制室内装饰工程招投标文件中关于抹灰工程施工流程、工序以及工艺方面的施工资料。

思政目标

1 抹灰工程是施工过程中的重要一环，是粗装修的面层，是建筑结构和砌筑施工的隐蔽层，是其他后续装饰施工的基层，因此，抹灰工程属于整个室内装饰工程体系中的隐蔽工程，施工质量取决于施工人员的专业技能素质与职业道德水平。本项目将从施工工序与施工技术要点两个方面培养学生在抹灰工程施工中的耐心与细心，杜绝偷工减料、偷工少序的现象发生。

2 虽然抹灰工程施工工艺流程简单，但各施工工序中施工技术要点较多，如对抹灰施工基层的处理，如果不能做到“净、平、实”，或不能按要求对施工作业面进行有效处理，都将造成抹灰施工完成后抹灰层的空鼓或大面积开裂，从而引发一系列的质量问题。因此，本项目将从施工中的每一个小的细节出发，激发学生树立工匠意识，培养学生的工匠精神。

将水泥、砂、石灰膏、水等一系列材料混合，直接涂抹在建筑物的表面，形成连续均匀抹灰层的做法称为抹灰工程。抹灰工程是给建筑物的结构表面形成一个连续均匀的硬质保护膜，不仅可以保护建筑结构，而且为进一步装饰提供基础条件。有的抹灰工程可直接作为装饰层。

任务1

抹灰工程的基本知识

一、抹灰工程分类

装饰基层抹灰，通常按照建筑工程中一般抹灰的施工方法及质量要求进行施工。根据使用要求及装饰效果的不同，抹灰工程可分为一般抹灰、装饰抹灰和特种砂浆抹灰。此外，按照施工部位的不同，抹灰工程可分为内墙抹灰和室外抹灰。

1. 一般抹灰

一般抹灰工程分为普通抹灰和高级抹灰，当设计无要求时，按普通抹灰验收。具体工程的抹灰等级应由设计单位按照国家有关规定以及根据技术、经济条件和装饰需要予以确定，并在施工图文件中注明。

一般抹灰包括水泥砂浆、水泥混合砂浆、聚合物水泥砂浆、麻刀灰、纸筋灰、石灰膏和粉刷石膏等。

2. 装饰抹灰

装饰抹灰是指应用不同施工方法和不同面层材料形成不同装饰效果的抹灰。装饰抹灰可分为水泥石灰类装饰抹灰和水泥石粒类装饰抹灰。

水泥石灰类装饰抹灰主要包括拉毛灰、撒毛灰、搓毛灰、扫毛灰和拉条灰。但是随着装饰行业的发展以及建筑室内装饰技术水平的提高，以上装饰抹灰类型已逐渐退出室内装饰工程的历史舞台，在现行国家标准《建筑装饰装修工程质量验收标准》（GB 50210—2018）中未有体现。

水泥石粒类装饰抹灰主要包括水刷石、假面砖、干粘石、斩假石等装饰抹灰。

3. 特种砂浆抹灰

特种砂浆抹灰是指为满足建筑某种功能要求的抹灰，如保温砂浆、防水砂浆、耐腐蚀砂浆和在某些特殊建筑工程中使用的防辐射水泥砂浆等（如用于医院放射科的砂浆）。

二、抹灰饰面的构造分层

为了使抹灰层与基层黏结牢固，防止产生起鼓、开裂等质量问题，并使抹灰层的表面平整，抹灰应当分层进行涂抹，一般分为底层、中层和面层，如图2-1所示。

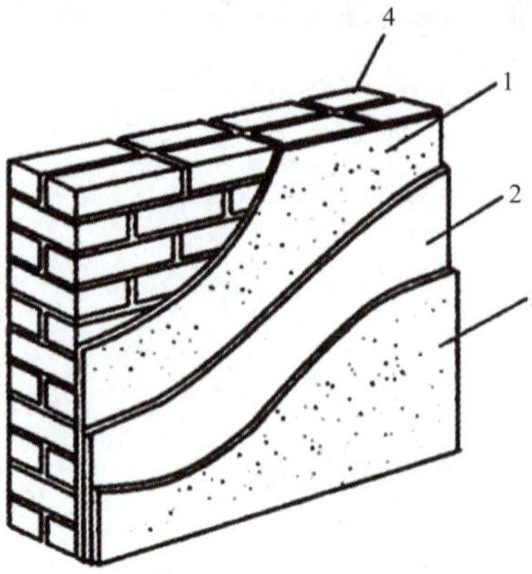

1—底层灰；2—中层灰；3—面层灰；4—建筑基体。

图2-1　一般抹灰的构造分层

底层为黏结层，主要起黏结兼初步找平的作用；中层主要起找平的作用；面层则起美化装饰的作用。当饰面用其他装饰材料（如瓷砖、石材等）时，抹灰工程只有底层和中层。

抹灰应采用分层分遍涂抹，必须注意控制每遍的厚度。如果一次涂抹太厚，会因为自重和内外干燥收缩快慢不同，使墙面干裂、起鼓和脱落。水泥砂浆和水泥混合砂浆的抹灰层，应在第一层抹灰凝结后，方可涂抹下一层；石灰砂浆抹灰层，应待其达到七八成干后，方可涂抹下一层。

大面积抹灰前应设置标筋。抹灰应分层进行，每遍厚度宜为5～7mm。抹石灰砂浆和水泥混合砂浆每遍厚度宜为7～9mm。当抹灰层总厚度超过35mm时，应采取加强措施。

装饰抹灰和一般抹灰的区别在于两者具有不同的装饰面层，其底层和中层的做法与一般抹灰基本相同。装饰抹灰饰面的特点是装饰效果鲜明，色彩强烈。

三、抹灰工程常用施工材料

抹灰工程常用施工材料主要包括四大类：胶结材料、砂石粒料、纤维材料、颜料。

（一）胶结材料

1. 水泥

水泥是以石灰石和黏土为主要原料，经过破碎、配料、磨细制成生料，加入水泥窑中煅烧成熟料，加入适量石灰膏（有时还掺加混合材料或外加剂）磨细而成。水泥是最常见的粉状水硬性无机胶结材料，为粉末状，加水搅拌后，能把砂、石等材料牢固地胶结在一起，是装饰工程不可或缺的基础材料。

水泥的种类非常多，有普通硅酸盐水泥、矿渣水泥、火山灰水泥和粉煤灰水泥等多个品种，在室内装饰工程中常用的水泥有以下三种：普通硅酸盐水泥、白色硅酸盐水泥和彩色硅酸盐水泥。

（1）普通硅酸盐水泥是最为常用的水泥品种，多用于毛地面找平、砌墙、墙面抹灰、地砖、墙砖粘贴等施工，还可以直接用于饰面，俗称“清水墙”。

（2）白色硅酸盐水泥，俗称白水泥，通常用于室内墙面、地砖铺贴后的勾缝施工或对墙面有特殊要求的墙面抹灰工程或浅色现浇水磨石地面施工。在勾缝施工中，使用白水泥的缺点是易脏。目前市场上用于替代白水泥勾缝的材料有填缝剂、美缝剂和瓷缝剂，是白水泥的优良替代品，在装修工程中得到了广泛应用。

（3）彩色硅酸盐水泥是在普通硅酸盐水泥中加入了各类金属氧化剂，使得水泥呈现出各种色彩，在装饰性能上比普通硅酸盐水泥更好，所以多用于装饰性较强的地面和墙面施工，如彩色水泥压花地面、现浇水磨石地面等。

市场上水泥一般按袋销售，普通袋装的质量通常为50kg。依据黏结强度不同，又分为不同的标号。国家统一规划了我国水泥的强度等级，用于装饰工程的硅酸盐水泥分为3个强度等级6个类型，即32.5、32.5R、42.5、42.5R、52.5、52.5R。水泥的标号越高其黏结强度越高。装饰工程中常用的是32.5、32.5R、42.5、42.5R标号水泥。

2. 石灰

石灰即生石灰，是一种以氧化钙为主要成分的气硬性无机胶凝材料。石灰是用石灰石、白云石、白垩、贝壳等碳酸钙含量高的产物，经900～1100℃煅烧而成。生石灰入水消解为熟石灰，即石灰膏。其在与空气接触后实现硬化，并能将砂、石等材料牢固地胶结成为整体，但是其硬化的过程中容易收缩，所以抹灰用的石灰浆要掺入麻刀、纸筋等纤维材料，以减少因收缩而造成的墙面开裂。

3. 粉刷石膏

粉刷石膏是以熟石膏粉为基料，掺入多种外加剂和集料配置而成的胶结材料，呈白色粉状，是一种新型装饰材料。可以替代石灰或水泥拌制供室内墙面或顶棚抹灰的砂浆。粉刷石膏有黏结力好、强度高、硬化快、不开裂、不腐蚀、不掉灰、不起鼓、表面光洁的特点。适用于在各种基层上抹面。品种有半水石膏型、无水石膏型、半水石膏无水石膏混合型三大类，按用途又可分为面层型、底层型、保温型三个品种。施工时根据设计要求选用，其质量应符合设计要求与质量标准。

（二）砂石粒料

砂石细料是抹灰砂浆的骨料或装饰材料，包括普通砂、石英砂、彩色石粒、膨胀珍珠岩、膨胀蛭石、石屑、砾石等。

1. 普通砂

砂也称沙，是调配水泥砂浆的重要材料，水泥砂浆的调配中水泥和沙缺一不可。从规格上，砂可分为细砂、中砂和粗砂。砂粒径0.25～0.35mm为细砂，粒径0.35～0.5mm为中砂，粒径大于0.5mm称为粗砂。一般装饰工程中通常使用中砂。

从来源上，砂可分为海砂、河砂和山砂。海砂通常不能用于装饰施工中，因为海砂盐分含量高，容易起化学反应，会对工程质量造成很严重的影响。山砂则不够洁净，通常含有过多的泥土和其他杂质，装饰工程中最常用的还是过筛后的河砂。

调制水泥砂浆时，为了加强水泥砂浆的黏结力和柔韧性，有时还会添加一些如108胶、白乳胶、瓷砖胶等胶黏剂作为添加剂。在游泳池、卫生间等潮湿区域最好使用专用瓷砖胶水泥砂浆添加剂，它除能加强水泥砂浆的黏结力外，还能增强水泥砂浆的耐水性。

2. 石英砂

石英砂分天然石英砂、人造石英砂和机制石英砂三种。人造石英砂和机制石英砂是将石英石加以焙烧，经人工或机器破碎筛分而成，比天然石英砂质量好、纯净，且二氧化硅含量高。石英砂在装饰工程中多用于配制耐腐蚀砂浆。

3. 彩色石粒

彩色石粒由天然大理石、白云石、花岗石等破碎而成，多用作水磨石、水刷石、干粘石及斩假石的骨料。

4. 膨胀珍珠岩

膨胀珍珠岩是一种酸性岩浆喷出的玻璃质熔岩，由于具有珍珠裂隙结构而得名，适用于在-200～800℃做保温隔热材料，具有堆积密度小、导热系数低、承压能力较高的优点。在装饰工程中可用于配置保温、隔热、吸音墙面抹灰所用的砂浆。常用密度为40～120kg/m^3。

5. 膨胀蛭石

膨胀蛭石是由蛭石经过晾干、破碎、筛选、煅烧、膨胀而成。堆积密度为80～200kg/m^3，导热系数为0.047～0.07W/（m·K），耐火，防腐。蛭石砂浆可用于厨房、浴室、地下室及湿度较大的车间等内墙面和顶棚抹灰，能防止阴冷潮湿、凝结水等不良现象产生，是一种良好的保温隔热材料。

6. 石屑

石屑指轧制并筛分碎石所得的粒径为0～5mm的粒料。石屑是工程术语，又名筛屑，采石场加工碎石时，通过规格为2.36mm或4.75mm筛子筛下部分集料的统称，其表面比砂粗糙，有尖锐棱角，屑中含有大颗粒，也含有粉粒，这种拌合物的强度较高，与水泥的黏结性好。

（三）纤维材料

抹灰用纤维材料包括麻刀、纸筋、抗裂纤维（玻璃丝）等，在抹灰层中起拉结和骨架作用，能提高抹灰层的抗拉强度，增加抹灰层的弹性和耐久性，使抹灰层不易开裂及脱落。

1. 麻刀

麻刀是一种植物纤维材料，一般用废旧麻丝加工而成，简单来说，就是一种细麻丝、碎麻。麻刀灰是选用天然麻刀掺在熟石灰中加工而成的，不添加胶水等其他化学物质，是一种传统环保建筑材料。用于一般墙面抹灰、黏结层、混凝土墙和砌体墙交界处打底灰使用，剁碎的麻丝掺在熟石灰中能起到增强材料连接、防止砂浆不均匀收缩引起的开裂，以及提高强度的作用，进而保持墙面的平整度，在装饰工程中多用于低档建筑的墙面装饰或古建筑墙面修复。

配制麻刀灰用的麻刀应均匀、坚韧、干燥、不含杂质，长度2～3cm，用前弹松打乱、浸水洗净。100kg石灰膏约掺1kg麻刀，使用麻刀搅拌机搅拌均匀即成麻刀灰。

2. 纸筋

纸筋是用白纸筋或草纸筋。在淋石灰时先将纸筋撕碎，除去尘土，用清水浸透，然后按照100kg石灰膏掺2.75kg纸筋的比例掺入混合。使用时需磨碎、打细、混合均匀，并通过孔径为3mm的筛子过滤成纸筋灰。纸筋掺在石灰膏里起增强材料连接、防开裂作用，能够减少石灰膏硬化后的收缩。目前市场上有成品纸筋灰可供选购。

3. 抗裂纤维

抗裂纤维采用100%聚丙烯为原料，通过独特的工艺和设备，经过熔融、挤压、拉丝、切割等工序精制而成，是一种专门添加到砂浆、水泥混凝土中起阻裂、抗渗作用的抗裂纤维。因为其主要采用聚丙烯作为原料，也被称为聚丙烯纤维。抗裂纤维作用于砂浆、水泥混凝土中，靠其独特的抗拉强度、分散性、熔点、燃点、耐酸碱性等性能，能够有效防止水泥砂浆、混凝土裂缝的产生和扩大。

（四）颜料

为增强抹灰艺术效果，通常在勾缝灰或装饰灰的砂浆中掺入适量的颜料。掺入砂浆中的颜料应选用耐碱、耐晒（光）的矿物及无机颜料（不含毒害物质、耐候性好、保色性优越、抗工业污染及微生物侵害），如氧化铁黄、氧化铁红、群青、炭黑、钴蓝、钛白粉等，不得使用酸性颜料。

任务2
一般抹灰

一、一般抹灰施工的材料及质量要求

1. 水泥

抹灰用的水泥宜为硅酸盐水泥和普通硅酸盐水泥，其强度等级不应小于32.5MPa，应有产品合格证，标明进场批次，并按品种、强度等级、出厂日期分别堆放，保持干燥。如遇水泥强度等级不明或出厂日期超过三个月及受潮变质等情况，应经试验鉴定，按试验结果确定是否使用，不同品种和不同标号的水泥不得混合使用。

2. 石灰膏

抹灰用石灰膏的熟化期不得少于15天，不得含有未熟化的颗粒；罩面用的细磨石灰粉的熟化期应不少于3天。

3. 砂

抹灰用的砂宜采用中砂，不得使用特细砂。使用前应过筛，不得含有杂物。含泥量不大于3%。

4. 麻刀

柔韧干燥，不含杂质，长度10～30mm，使用前4～5天敲打松散，与石灰膏调好。

5. 纸筋

使用前用水浸泡、捣碎，不含杂质，纤维长度不得超过30mm。

6. 胶黏剂

胶黏剂主要有108胶、白乳胶、瓷砖胶等，配制水泥砂浆用的外掺胶黏剂有害物质含量应符合国家关于胶黏剂有害物质限定标准，且不得使用国家明确淘汰的产品。

二、一般抹灰饰面施工机具

（一）常用手工工具

抹灰工程常用手工工具主要包括各种抹子、辅助工具、其他工具（如刷子等）。

1. 各种抹子

抹灰用的各种抹子主要有方头铁抹子（用于抹灰）、圆头铁抹子（用于压光罩面灰）、木抹子（用于搓平底灰和搓毛砂浆表面）、阴角抹子（用于压光阴角）、圆弧阴角抹子（用于有圆弧阴角部位的抹灰面压光）和阳角抹子（用于压光阳角）。

2. 辅助工具

抹灰工程所用的辅助工具很多，常用的有托灰板、木杠、八字靠尺、钢筋卡子、靠尺板、托线板和线锤等。

3. 其他工具

抹灰工程所用的其他工具种类更多，常用到的有长毛刷、猪鬃刷、鸡腿刷、钢丝刷、茅草帚、小水桶、喷壶、水壶、粉线包、墨斗等。

（二）抹灰工程施工常用的机械

抹灰工程施工常用机械主要包括砂浆搅拌机、纸筋灰搅拌机、粉碎淋灰机和喷浆机等。砂浆搅拌机主要搅拌抹灰的砂浆，常用规格有200L和325L两种。纸筋灰搅拌机主要用于搅拌纸筋石灰膏、玻璃丝石灰膏或其他纤维石灰膏；粉碎淋灰机主要淋制抹灰砂浆用的石灰膏；喷浆机主要用于喷水或喷浆，有手压和电动两种。

三、一般抹灰施工工艺流程

1. 内墙抹灰施工工艺流程

内墙抹灰施工工艺流程：交验、基层处理→找规矩→做标志块（灰饼）、标筋（冲筋）→抹门窗护角→抹底层、中层灰→抹面层灰→养护。

2. 顶棚抹灰施工工艺流程

顶棚抹灰施工工艺流程：交验、基层处理→找规矩→抹底层、中层灰→抹面层灰→养护。

3. 外墙抹灰施工工艺流程

外墙抹灰施工工艺流程：交验、基层处理→找规矩→挂线做灰饼、标筋→抹底层、中层灰→弹线粘贴分格条→抹面层灰→勾缝→养护。

四、一般抹灰饰面施工技术要点

（一）内墙抹灰施工技术要点

1. 交验、基层处理

基层处理是为了保证基层与抹灰砂浆的黏结强度，是抹灰工程的重要步骤。基层处理需注意以下几个方面。

（1）作业条件：

①建筑主体工程已经检查验收，并达到相应的质量标准要求。

②屋面防水工程或上层楼面面层已经完工，确实无渗漏问题。

③门窗框安装位置正确，与墙连接牢固，连接处缝隙填嵌密实。连接处缝隙可采用1：3水泥砂浆或1：1：6水泥石灰混合砂浆分层嵌塞密实。若缝隙较大时，填塞砂浆中应掺入少量麻刀，以防止开裂。

④各种管道应安装完毕并检查验收合格。管道穿越的墙洞和楼板洞已填嵌密实，散热器和密集管道等背后的墙面抹灰，宜在散热器和管道安装前进行。

⑤冬季进行施工时，若不采取防冻措施，抹灰的环境温度不宜低于5℃。

（2）基层处理。对于抹灰工程的基层处理，应注意以下几个方面：

①砖石、混凝土等基体的表面，应将灰尘、污垢和油渍等清除干净，并洒水湿润。

②对于平整光滑的混凝土表面，设计无要求时，可不进行抹灰，用刮腻子的方法处理。如果设计要求抹灰，应进行凿毛处理后，才能进行抹灰施工。

③木结构与砖石结构、混凝土结构等相接处基体表面的抹灰，应先铺钉金属网，并绷紧钉牢，金属网与各基体的搭接宽度应不小于100mm，再进行抹灰，如图2-2所示。

④预制钢筋混凝土楼板顶棚，在抹灰施工前，应剔除灌缝混凝土凸出部分及杂物，

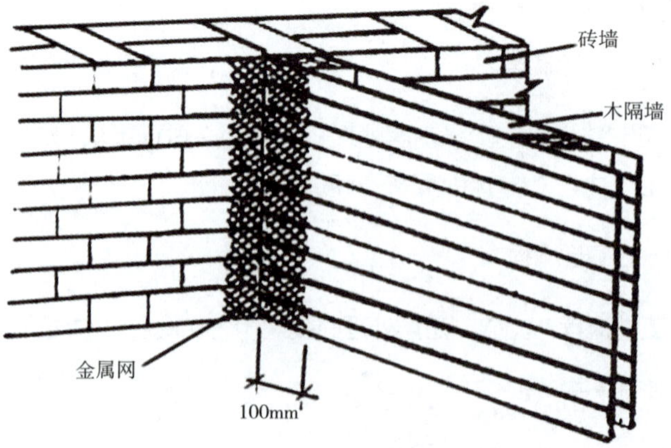

图2-2　不同材料基体相接处的处理

然后用刷子蘸水将表面残渣和浮灰清理干净，刷掺水重10%的108胶水泥浆一道，再用1：0.3：3水泥混合砂浆将顶缝抹平，过厚部分应分层勾抹，每遍厚度宜在5～7mm。

（3）浇水湿润。将水管对着砖墙上部左右缓缓移动，使水沿砖墙面从上部缓缓流下，渗水深度以8～10cm为宜，厚度12cm以上的砖墙应在抹灰的前一天浇水。在一般湿度的情况下，12cm厚的砖墙浇水一遍，厚度超过24cm的砖墙浇水两遍，6cm厚砖墙用喷壶喷水湿润即可，但一律不可使墙吸水达到饱和状态。混凝土墙体吸水率低，浇水可以少一些。此外，各种基层的浇水程度还与施工季节、气候和室内操作环境有关，因此，应根据施工环境条件酌情掌握。

2. 找规矩

找规矩即将房间找方或找正。找方后将线弹在地面上，然后依据墙的实际平整度和垂直度及抹灰总厚度规定，与找方线进行比较，决定抹灰的厚度，从而找到一个抹灰的假想平面，将此平面与相邻墙面的交线弹于相邻墙面上，作为墙面抹灰的基准线和标筋厚度标准。

3. 做标志块、标筋

（1）做标志块（灰饼）。标志块即灰饼，在距顶棚、墙阴角约20cm处，用水泥砂浆或混合砂浆各做一个标志块，其厚度为抹灰层厚度，大小为5cm见方。以这两个标志块为标准，再用拖线板靠、吊垂直确定墙下部对应的两个标志块的厚度，其位置在踢脚板上口20～25cm处，使上下两个标志块在同一垂直线上。标志块做好后，再在标志块附近墙面上钉上钉子，拉上水平通线，然后按间距1.2～1.5m做若干标志块。注意，在窗口、垛角处必须做标志块，如图2-3所示。

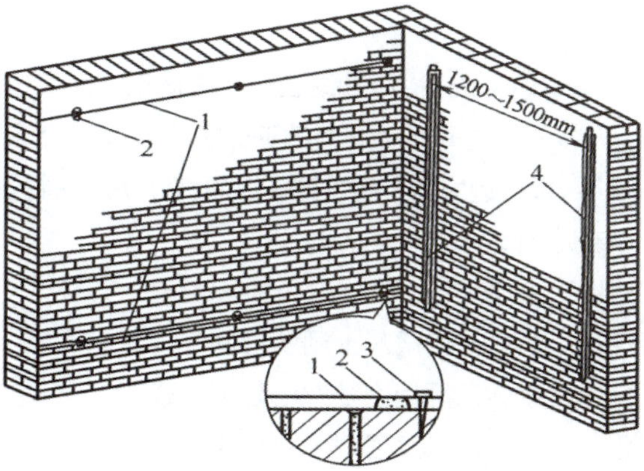

1—引线；2—标志块；3—钉子；4—冲筋。

图2-3　挂线做标志块及标筋

（2）做标筋（冲筋）。标筋即冲筋，在上下两个标志块间先抹出一条梯形灰埂，宽度为10cm左右，厚度与标志块相平，作为墙面抹灰填平的标准。具体做法为：在上下两个标志块中先抹一层，再抹第二遍，凸出呈八字形，要比标志块凸出1cm左右。然后用木刮杠紧贴标志块上下左右搓，直到把标筋与标志块搓平，同时，将标筋两边用刮尺修成斜面，使其与抹灰面接茬顺平。

4. 抹门窗护角

室内墙角、柱角和门窗洞口的阳角抹灰要线条清晰、挺直，并防止碰撞损坏。因此凡是与人、物经常接触的部位，不论设计有无规定，都要求做护角，并用水泥捋出小圆角。护角应采用1：2水泥砂浆抹制暗护角，以增加阳角部位抹灰层的硬度和强度。护角部位的高度不应低于2m，每侧宽度不应小于50mm，如图2-4所示。

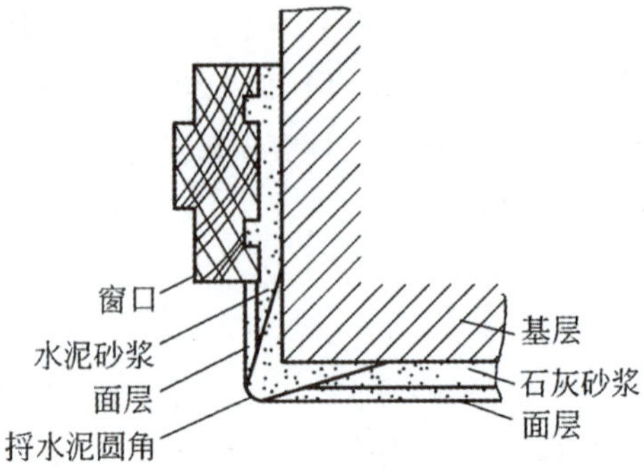

图2-4　门窗洞口护角

将阳角用方尺规方，靠门窗框一边以框墙空隙为准，另一边以标筋厚度为准，在地面划好准线，根据抹灰层厚度黏稳靠尺板，并用托线板吊垂直。在靠尺板的另一边墙角分层抹护角的水泥砂浆，其外角与靠尺板外口平齐；一侧抹好后将靠尺板移到该侧用卡子稳住，并吊垂线调直靠尺板，将护角另一面水泥砂浆分层抹好；然后轻轻取下靠尺板。待护角的棱角稍收水后，用阳角抹子和素水泥浆抹出小圆角。最后在阳角两侧分别留出护角宽度尺寸，将多余的砂浆以45°斜面切掉。

对于特殊用途房间的墙（柱）阳角部位，其护角可按设计要求在抹灰层中埋设金属护角线。高级抹灰的阳角处理，也可在抹灰面层镶贴硬质PVC特制装饰护角条。

5. 抹底层、中层灰

在标志块、标筋及门窗洞口做好护角并达到一定强度后，即可进行底层和中层抹灰。方法是将砂浆抹于墙面两条标筋之间，底层要低于标筋的1/3，由上而下抹灰，一手握住灰板，一手握住铁抹子，将灰板靠近墙面，用铁抹子横向将砂浆抹在墙面上。灰板要时刻接在铁抹子下面，以便托住抹灰时掉落的灰。

底层灰六七成干时即可抹中层灰。操作时一般按自上而下、从左向右的顺序进行。先在底层灰上洒水湿润，待其收水后在标筋之间抹满砂浆。然后用刮杠齐着赶平，紧接着用木抹子搓磨一遍，去高补低，使表面达到平整密实。

墙体阴角处用方尺核对方正，然后用阴角抹子上下抽动抹平，使室内四角达到方正，如图2-5所示。

一般情况下，标筋抹完后就可以刮平，要注意，如果标筋较软，容易将其刮坏，产生凹凸不平现象。如果标筋有强度后再刮平，待墙面砂浆收缩后，会使标筋高于墙面，从而产生抹灰面不平的质量问题。

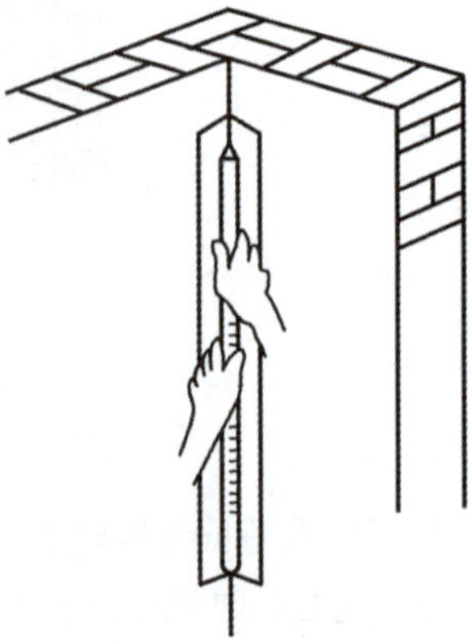
图2-5　阴角的扯平找直

6. 抹面层灰

中层灰五六成干时可抹面层灰。先湿润中层灰，使用配比为1：2.5的水泥砂浆或1：0.5：3.5的水泥混合砂浆，厚度为5mm左右。抹灰时先薄刮一层素水泥膏，随后抹面层灰，并用刮杠刮平，用木抹子搓毛，用铁抹子溜光、压实。

在很长一段时间内，室内面层抹灰常用纸筋石灰、石灰砂浆、麻刀石灰、石膏灰、大白腻子等。此类面层抹灰应在底层灰稍干后进行，底层灰太湿会影响抹灰面的平整度，还可能产生“咬色”现象；底层灰太干则容易使面层脱水太快而影响黏结，造成面层空鼓。但以上材料的面层抹灰在目前的装饰工程中一般用于低级别的建筑装饰工程，在此不做具体介绍。

7. 养护

水泥砂浆面层成活24h后，要洒水养护不少于7天，以防止面层开裂、空鼓。

（二）顶棚抹灰施工技术要点

1. 交验、基层处理

顶棚抹灰的交验及基层处理与内墙抹灰基本相同，另外需要注意以下几个方面：

（1）屋面防水层与楼面面层已施工完毕，穿过顶棚的各种管道已经安装就绪，顶棚与墙体之间及管道安装后遗留空隙已经清理并填堵严实。

（2）现浇混凝土顶棚表面的油污已经清除干净，用钢丝刷已满刷一遍，凹凸处已经填平或凿去。预制板顶棚除以上工序外，板缝应已清扫干净，并且用1：3水泥砂浆填补刮平。

2. 找规矩

顶棚抹灰通常不做标志块和标筋，而用目测的方法控制其平整度，以无高低不平及接茬痕迹为准。先根据顶棚的水平面确定抹灰厚度，然后在墙面的四周与顶棚交接处弹出水平线，作为抹灰的水平标准。

3. 抹底层、中层灰

一般底层砂浆采用配比为水泥：石灰膏：砂=1：0.5：1的水泥混合砂浆，底层抹灰厚度为2mm。底层抹灰后就抹中层砂浆，其配比一般采用水泥：石灰膏：砂=1：3：9的水泥混合砂浆，抹灰厚度为6mm左右。抹后用软刮尺刮平赶匀，随刮随用长毛刷子将抹印顺平，再用木抹子搓平。顶棚管道周围用小工具顺平。

抹灰的顺序一般是由前往后退，并注意其方向必须同基体的缝隙（混凝土板缝）垂直，这样容易使砂浆挤入缝隙，并与基底牢固结合。

4. 抹面层灰

待中层抹灰达到六七成干，即用手按不软但还有指印时，要防止过干，如过干应稍洒水湿润，再开始面层抹灰。

面层灰应采用1∶2.5水泥砂浆（或1∶0.3∶2.5水泥混合砂浆），厚度一般为5mm左右。先在中层灰表面上薄薄地刮一道聚合物水泥砂浆，再抹罩面灰，用刮杠刮平，用铁抹子抹平、溜光压实。

如使用纸筋石灰或麻刀石灰时，一般分两遍成活。其涂抹方法及抹灰厚度与内墙抹灰相同。第一遍抹得越薄越好，紧跟着抹第二遍。抹第二遍时，抹子要稍平，抹完待灰浆稍干，再用塑料抹子或压子顺着抹纹压实、压光。

5. 养护

各抹灰层受冻或急骤干燥，都会产生裂纹或脱落，因此需要加强养护。水泥砂浆面层成活24h后，要洒水养护不少于7天，以防止发生开裂和空鼓现象。

（三）外墙抹灰施工技术要点

1. 交验、基层处理

（1）主体结构施工完毕，外墙上所有预埋件、嵌入墙体内的各种管道已安装，并符合设计要求，阳台栏杆已装好。

（2）门窗安装完毕并检查合格，框与墙间的缝隙已经清理，并用砂浆分层分遍堵塞严密。

（3）采用大板结构时，外墙的接缝防水已处理完毕。

（4）砖墙凹陷处已用1∶3的水泥砂浆填平，凸处已按要求剔凿平整，脚手架孔洞已堵塞填实，墙面污物已经清理，混凝土墙面光滑处已经凿毛。

2. 找规矩

外墙抹灰与内墙抹灰一样，也要挂线做标志块、标筋。其找规矩的方法与内墙基本相同，但要在相邻两个抹灰面相交处挂垂线，以保证建筑物大角垂直。

3. 挂线做灰饼、标筋

由于外墙抹灰面积大，另外，还有门窗、阳台、明柱、腰线等。因此，外墙抹灰找规矩比内墙更加重要，要在四角先挂好自上而下的垂直线，多层及高层楼房应用钢丝线垂下，然后根据抹灰的厚度弹上控制线，再拉水平通线，并弹水平线做标志块，然后做标筋。

4. 抹底层、中层灰

外墙抹灰层要求有一定的耐久性。若采用水泥石灰混合砂浆，配比为：水泥∶石灰膏∶砂=1∶1∶6；若采用水泥砂浆，配比为：水泥∶砂=1∶3。底层砂浆具有一定强度后，再抹中层砂浆，抹时要用木杠、木抹子刮平、压实，扫毛、浇水养护。

5. 弹线粘贴分格条

室外抹灰时，为了增加墙面的美感，同时，避免罩面砂浆收缩产生裂缝或大面积膨胀而空鼓脱落，要设置分格缝，分格缝处粘贴分格条。根据建筑物立面分格效果要求，合理留设外墙分格缝。一般情况下，水平分格不超过2m，最大不超过3m，垂直分格最大不超过5m。分格条在使用前要用水泡透，这样既便于施工粘贴，又能防止分格条在使用中变形，同时，也利于本身水分蒸发收缩时易于起出，如采用塑料分格条则不需要取出。

水平分格条宜粘贴在水平线下口，垂直分格条宜粘贴在垂线的左侧。粘贴一条横向或竖向分格条后，应用直尺校正其平整，并将分格条两侧用水泥浆抹八字形斜角。当天抹面的分格条，两侧八字斜角可抹45°角。当天不抹面的“隔夜条”，两侧八字形斜角应抹60°角，如图2-6所示。分格条要求横平竖直、接头平整，不得有错缝或扭曲现象，分格缝的宽窄和深浅应均匀一致。

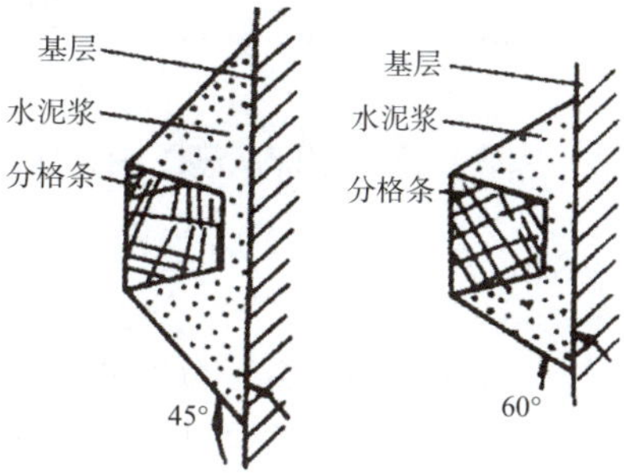

图2-6 分格条的设置

6. 抹面层灰

在抹面层时，先用1：2.5的水泥砂浆薄薄刮一遍；第二遍再与分格条抹齐平，然后按分格条厚度刮平、搓实、压光，再用刷子蘸水按同一方向轻刷一遍，以达到颜色一致，并轻刷分格条上的砂浆，以免起条时损坏抹面。

外墙抹灰时，在窗台、窗楣、雨棚、阳台、檐口、压顶等部位应做流水坡度。设计无要求时，流水坡度10%为宜，流水坡度下面应做滴水槽或滴水线，滴水槽的宽度和深度应不小于10mm。滴水槽的做法与分格缝做法相同。滴水线的做法是将窗台下边口的直角改为锐角，并将角向下延伸约10mm，形成滴水线，如图2-7和图2-8所示。

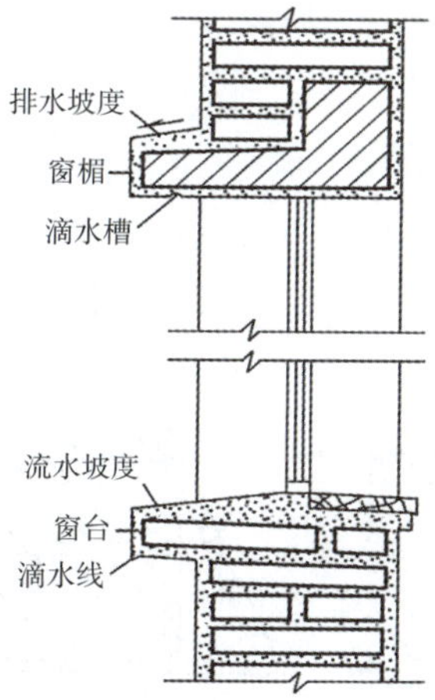

图2-7 窗台、窗楣排水坡度与滴水槽

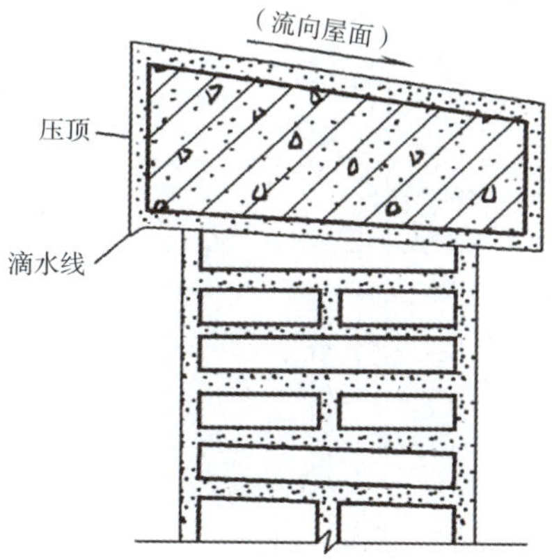

图2-8 压顶的滴水线做法

7. 勾缝

起出分格条后，随即用素水泥浆将缝勾齐，对于难以起出的分格条，不应硬起出，防止损坏棱角，应待灰层干透后起出，并补勾缝。

8. 养护

水泥砂浆面层成活24h后，要洒水养护不少于7天。

（四）细部抹灰施工技术要点

室内装饰工程抹灰施工中，应注意梁、柱、楼梯等细部的施工技术要点。

1. 梁

（1）找规矩。顺梁的方向弹出梁的中心线，根据弹好的线控制梁两侧面的抹灰厚度。

（2）挂线。梁底面两侧挂水平线，水平线由梁头往下10mm左右，视梁底水平高低情况，阳角规方，决定梁底抹灰厚度。

（3）做灰饼。灰饼可做在梁的两侧，且保持在一个立面上。

（4）抹灰。可采用反贴八字靠尺方法，先将靠尺板卡固在梁底面边口，抹梁的两个侧面；再在两个侧面下口卡固八字靠尺，抹底面。其分层抹灰方法与抹混凝土顶棚相同。底面、侧面抹完，即用阳角抹子将阳角捋直、压光。

2. 方柱

（1）弹线。独立的方柱，根据设计图样所标注的柱轴线测量柱的几何尺寸和位置，在楼地面上弹出垂直两个方向中心线，放出抹灰后柱子的边线，如图2-9所示；成排的方柱，应先根据柱子的间距找出各柱中心线，并在柱子的四个立面上弹中心线，如图2-10所示。

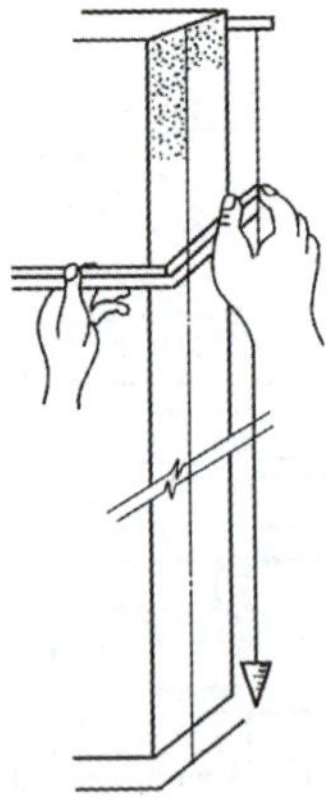

图2-9　独立方柱找规矩

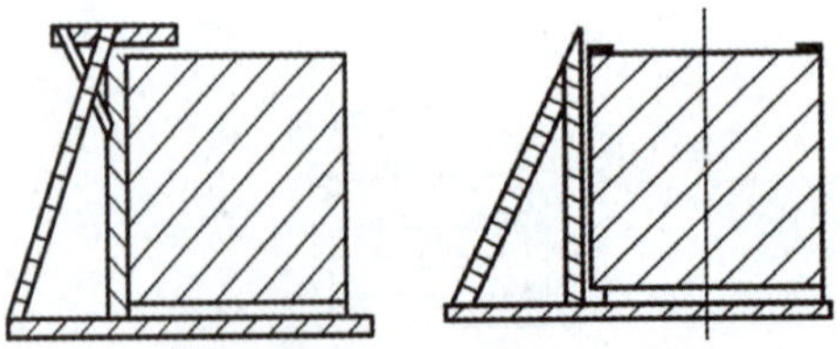

图2-10　独立方柱找规矩

（2）做灰饼。在柱顶卡固短靠尺，用线坠往下垂吊，在四角距地坪和顶棚各150mm左右做灰饼。对成排方柱，距顶棚150mm左右做灰饼，再以此灰饼为准，垂直挂线做下外边角的灰饼，然后上下拉水平通线做所有柱子正面上下两端灰饼，每个柱子正面上下共做四块灰饼。

（3）抹灰。先在侧面卡固八字靠尺并抹正反面，再用八字靠尺卡固正反面，抹两个侧面，抹灰要用刮杠刮平，用木抹子搓平，第二天抹面层、压光。

3. 圆柱

（1）独立圆柱找规矩。先检查垂直度，找出纵横两个方向的中心线，并在柱上弹纵横两个方向四条中心线，按四面中心线，在地面上弹出圆柱的外切四边线。根据外切四边线确定抹灰后圆柱的直径，按此尺寸制作圆柱的抹灰套板，套板根据柱的直径大小按1/4或1/2圆周长制作，以方便施工操作为宜，如图2-11所示。

（2）圆柱做灰饼。可根据地面上放好的线在柱的四面中心线处，先在下面做灰饼，然后挂线坠做柱上部四个灰饼。在上下灰饼挂线，中间每隔1.2m左右做几个灰饼，根据灰饼冲筋。

（3）圆柱抹灰。分层做法与方柱相同，用刮杠随抹随找圆，随时用抹灰圆形套板核对，抹底层灰用底层圆形套板，抹面层灰时用圆形套板沿柱上下滑动，将抹灰层压抹成圆形，上下滑磨顺平。

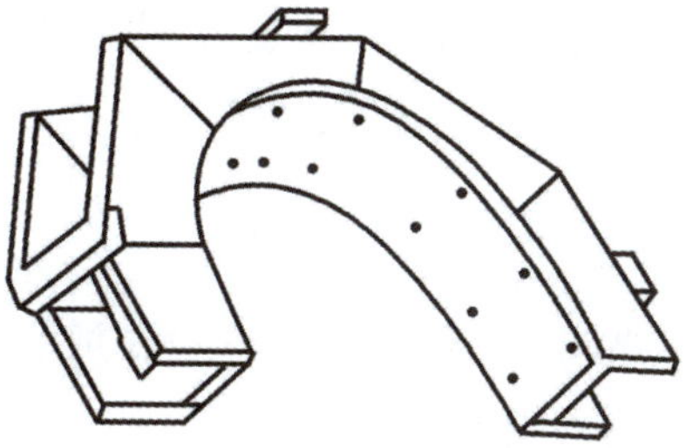

图2-11 圆柱抹灰套版

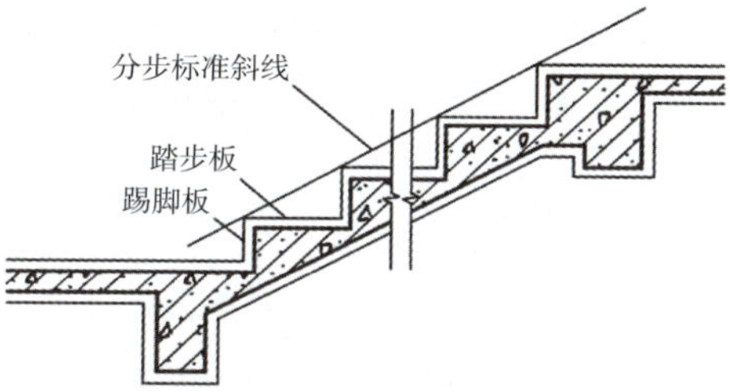

图2-12 楼梯分步标准斜线

4. 楼梯

正式抹灰前，除将楼梯踏步、栏板等清理刷净外，还要将安装栏杆、扶手等预埋件用细石混凝土灌实。然后根据休息平台的水平线（标高）和楼面标高按上下两头踏步口，在楼梯侧面墙上和栏板上弹出一道踏步标准线。抹灰时，将踏步角对在斜线上，或者弹出踏步的宽度和高度再抹灰，如图2-12所示。

抹灰前，先浇水湿润，并抹一遍水泥浆，随即抹1∶3的水泥砂浆，底层灰厚约15mm。抹灰时，应先抹踢脚板，再抹踏板，逐步由上向下做，如图2-13所示。

抹踢脚板时，先用八字靠尺压在上面，一般用砖压尺，按尺寸留出灰口。依靠尺进行抹灰，然后用木抹子搓平。再将靠尺支在立面上抹平面灰，也用木抹子搓平。做棱角，将底灰层划出麻面，再第二遍罩面。

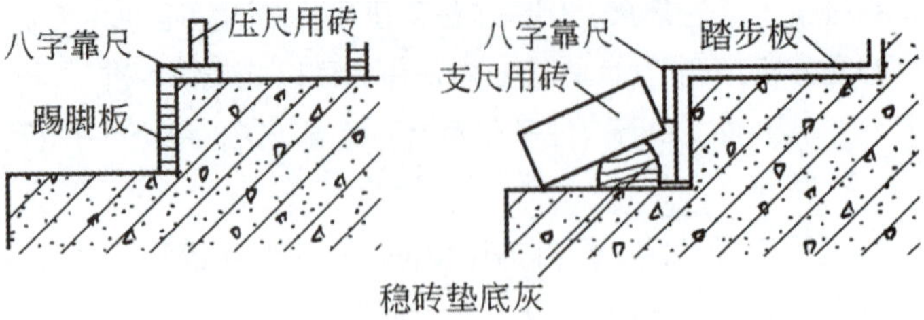

图2-13　踏步板的抹灰

罩面灰用1：2或1：2.5的水泥砂浆，罩面厚约8mm。根据砂浆干湿情况抹几步楼梯后，再压光，并用阴阳角抹子将阴阳角捋光。24h后浇水养护，时间为1周。

踏步有防滑条时，抹完底灰后，先在离踏步口40mm处，用素水泥浆粘分格条。如防滑条是铸铁或铜条等材料时，应在罩面前将铸铁条或铜条按要求安稳粘好，再抹罩面灰。金属条可粘两条或三条，间距为25～30mm，比踏板凸出3～4mm，如图2-14所示。

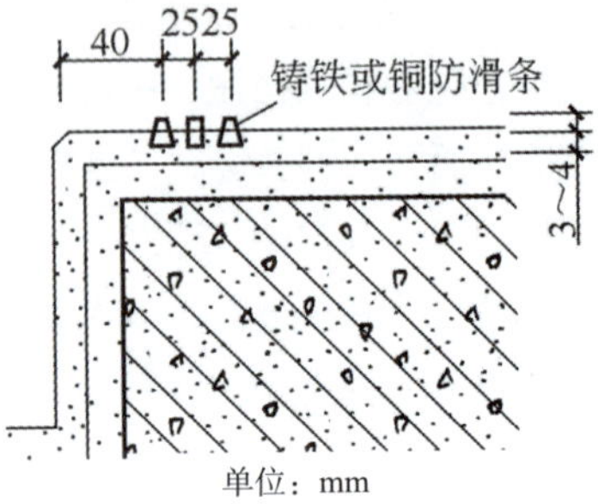

图2-14　金属防滑条镶嵌

五、一般抹灰饰面施工质量验收标准

本部分内容适用于一般抹灰工程施工的质量验收。一般抹灰工程分为普通抹灰和高级抹灰，当设计无要求时，按普通抹灰验收。

1. 主控项目

（1）一般抹灰所用材料的品种和性能应符合设计要求及国家现行标准的有关规定。检验方法：检查产品合格证书、进场验收记录、性能检测报告和复验报告。

（2）抹灰前，将基层表面的尘土、污垢和油渍等应清除干净，并应洒水润湿或进行界面处理。检验方法：检查施工记录。

（3）抹灰工程应分层进行。当抹灰总厚度大于或等于35mm时，应采取加强措施。不同基体交接处表面抹灰应采取防止开裂的加强措施，当采用加强网时，加强网与各基体的搭接处不应小于100mm。检验方法：检查隐蔽工程验收记录和施工记录。

（4）抹灰层与基层之间及各抹灰层之间必须黏结牢固，抹灰层应无脱层、空鼓，面层应无爆灰和裂缝。检验方法：观察；用小锤轻击检查；检查施工记录。

2. 一般项目

（1）一般抹灰工程的表面质量应符合下列规定：

①普通抹灰表面应光滑、洁净、接茬平整，分隔缝应清晰。

②高级抹灰表面应光滑、洁净、颜色均匀、无抹纹、分隔缝，灰线应清晰美观。

检验方法：观察和手摸检查。

（2）护角、孔洞、槽、盒周围的抹灰表面应整齐光滑；管道后的抹灰表面应平整。检验方法：观察。

（3）抹灰层的总厚度应符合设计要求；水泥砂浆不得抹在石灰砂浆层上；罩面石膏灰不得抹在水泥砂浆层上。检验方法：检查施工记录。

（4）抹灰分格缝的设计应符合设计要求，宽度和深度应均匀，表面应光滑，棱角应整齐。检验方法：观察；尺量检查。

（5）有排水要求的部位应做滴水线（槽），应整齐顺直，滴水线应内高外低，滴水槽的宽度和深度不应小于10mm。检验方法：观察；尺量检查。

（6）一般抹灰工程质量的允许偏差和检验方法应符合表2-1的规定。

表2-1　　一般抹灰的允许偏差和检验方法

项目	允许偏差/mm		检验方法
	普通抹灰	高级抹灰	
立面垂直度	4	3	用2mm垂直检测尺检查
表面平整度	4	3	用2m靠尺和塞尺检查
阴阳角方正	4	3	用直角检测尺检查
分格条（缝）直线度	4	3	拉5m线，不足5m拉通线，用钢直尺检查
墙裙、勒脚上口直线度	4	3	拉5m线，不足5m拉通线，用钢直尺检查

注：①普通抹灰，本表中阴阳角方正可不检查；②顶棚抹灰，本表中表面平整度可不检查，但应平顺。

任务3

装饰抹灰饰面

装饰抹灰是指利用材料特点和工艺处理，使抹灰面具有不同的质感、纹理及色泽效果的抹灰类型和施工方式。装饰抹灰主要包括水刷石、斩假石、干粘石和假面砖等项目，若处理得当并精工细作，其抹灰层既能保持与一般抹灰的相同功能，又可取得独特的装饰艺术效果。

根据当前国内建筑装饰装修的实际情况，国家标准已删除了传统装饰抹灰工程的拉毛灰、洒毛灰、喷砂、喷涂、彩色抹灰和仿石等项目，它们的装饰效果可以由涂料涂饰以及新型装饰制品等所取代。对于较大规模的饰面工程，应综合考虑其用工用料和节能、环保等经济效益与社会效益等多方面的重要因素。例如水刷石，由于其浪费水资源并对环境有污染，应尽量减少使用。

装饰抹灰的施工机具与一般抹灰基本相同，故本部分不再赘述。

一、装饰抹灰的一般要求

装饰抹灰工程施工的检查与交接、基体和基层处理等，同一般抹灰的要求基本相同，针对装饰抹灰的一些特殊之处，应注意以下要点。

1. 对所用材料的要求

（1）装饰抹灰所采用的材料，必须符合设计要求并经验收和试验确定合格方可使用。

（2）同一墙面或设计要求为同一装饰组成范围的砂浆（色浆），应使用同一产地、同一品种、同一批号，并采用同一配比、同一搅拌设备及专人操作，以保证色泽一致、装饰效果相同。

2. 对基层处理的要求

（1）抹灰前基层表面的尘土、污垢、油渍等应清除干净，并应洒水润湿。

（2）装饰抹灰面层应做在已经硬化、较为粗糙并平整的中层砂浆面上；面层施工前检查中层抹灰的施工质量，经验收合格后洒水湿润。

3. 对分格缝及施工缝的要求

（1）装饰抹灰面层有分格要求时，分格条应宽窄、厚薄一致，粘贴在中层砂浆上应横平竖直，交接严密，完工后应全部取出。

（2）装饰抹灰面层的施工缝应留在分格缝、墙面阴角、落水管背后或是独立装饰组成部分的边缘处。

4. 对施工分段的要求

对于高层建筑的外墙装饰抹灰，应根据建筑物实际情况，可划分成若干施工段，其垂直度可用经纬仪控制，水平通线可按常规做法。

5. 对抹灰厚度的要求

由于材料特点，装饰抹灰饰面的总厚度通常要大于一般抹灰，当抹灰总厚度≥35mm时，应按设计要求采取加强措施（包括不同材料基体交接处的防开裂加强措施）。当采用加强网时，加强网与各基体的搭接宽度应≥100mm。

二、装饰抹灰施工工艺流程及施工技术要点

（一）水刷石抹灰饰面施工

1. 水刷石抹灰施工材料及质量要求

（1）水泥。水泥宜用强度不低于32.5MPa的普通硅酸盐水泥，应用颜色一致的同批产品，超过三个月保存期的水泥应经试验检测合格后方能使用。

（2）砂。砂宜采用中砂，并过5mm筛孔径的筛子，含泥量不超过3%（质量分数）。

（3）石子。石子宜采用颗粒坚硬的石英石（俗称水晶石子），不含针片状和其他有害物质，粒径规格约为4mm。如采用彩色石子应分类堆放。

（4）石粒浆。水泥石粒浆的配比依石粒粒径的大小而定。大体上为水泥：大八厘石粒（粒径8mm）：中八厘石粒（粒径6mm）：小八厘石粒（粒径4mm）=1：1：1.25：1.5（体积比），稠度为5～7cm。如饰面采用多种彩色石子级配，按统一比例掺量先搅抹均匀，所用石子应淘洗干净。

2. 水刷石抹灰施工工艺流程

基层处理→抹底层、中层灰并搓毛→弹线贴分格→抹面层石粒浆→喷刷面层→起分格条、勾缝→浇水养护。

3. 水刷石抹灰的施工技术要点

（1）基层处理。水刷石装饰抹灰的基层处理方法与一般抹灰基层处理方法相同。但因水刷石装饰抹灰底层、中层及面层平均厚度比一般抹灰厚，且比较重，若基层处理不好，抹灰层极易产生空鼓或坠裂，因此，要认真清除砖墙表面的残灰、浮尘，堵严大的孔洞，彻底浇水湿润。混凝土墙要高凿、低补，光滑表面要凿毛，油污要先用10%的火碱水溶液清

洗，并用清水冲洗干净，然后浇水湿润墙面。

（2）抹底层、中层灰。抹底层灰前，为了提高黏结强度，可在基层上涂刷一层界面剂或1：2的水泥砂浆。水泥砂浆稍收水后将其表面刮毛。再找规矩，先做上排灰饼，再吊垂直线和横向拉通线，补做中间和下排的灰饼和冲筋。

按冲筋标准抹中层找平砂浆。通常配比为1：（2.5~3）。找平层必须刮平搓毛，并且用托线板检查平整度，因为找平层的平整度直接影响饰面层的质量。

（3）弹线分格。水刷石的分格是避免施工接茬的一种措施，同时便于面层分块、分段进行操作。粘贴用素水泥浆，水泥浆不宜超过分格条，超出的部分要刮掉。如使用木分格条，事先在水中浸透，分格条要横平竖直，交接严密、准确。滴水条不得漏粘，其位置要符合要求，并应顺直。

（4）抹面层石粒浆。先刷水灰比为0.37~0.40的素水泥浆一道，随即抹面层石粒浆，石粒浆稠度以5~7cm为宜。石粒应颗粒均匀、坚硬，色泽一致、洁净。抹面层时，应一次成活，随抹随用铁抹子压紧、揉实，但不要把石粒压得过死。每一块方格内应自下而上进行，抹完一块后，用直尺检查其平整度，不平处应及时修补并压实平整。同一平面的面层要求一次完成，不宜留施工缝，如必须留施工缝，应留在分格条的位置上。

抹阳角时先抹的一侧不宜用八字靠尺，而是将石粒浆先抹过转角，再抹另一侧。抹另一侧时需要用八字靠尺将角靠直找齐，避免出现“黑边”现象。阴角可以用靠尺轻轻拍打，使其顺直。

待水泥石粒浆面收水后，用钢抹子压一遍，将遗留孔、缝挤严、抹平。被修整的部位先用软毛刷子蘸水刷去表面的水泥浆，阳角部位要往外刷，并用钢抹子轻轻拍平石粒，再刷一遍，然后压实，直至修平整为止。反复刷压应不少于三遍，以达到石粒大面朝外，表面排列紧密均匀的效果。

（5）喷刷。待面层六七成干时，即可刷洗面层。冲洗是确保水刷石质量的重要环节之一，冲洗不净会使毛刷石表面颜色发暗或明暗不一。

喷刷分两遍进行：第一遍先用软毛刷蘸水刷掉面层水泥浆，露出石渣，第二遍紧跟用手压喷浆机或喷雾器将四周相邻部位喷湿，然后按由上往下的顺序喷水，使石渣露出表面1/3~1/2粒径，达到清晰可见、分布均匀即可。再用清水从上往下全部冲净，冲水要快慢适度，喷水速度过快会冲不净浑水浆，表面易呈现花斑，过慢则会出现塌坠现象。喷水时，要及时用软毛刷将水吸去，以防止石粒脱落。分格缝处也要及时吸去滴挂的浮水，以保持干净、清晰。

为了避免污染、保证质量，应安排好施工工序。门、窗顶和两侧面、阳台、雨棚等部位都应先做，即先做小面后做大面，以保证大面的清洁美观。

（6）起分格条、勾缝。喷刷后，可用抹子柄敲击分格条，并用小鸭嘴抹子扎入分格条，上下活动，将其轻轻起出。然后用勾缝刀找平，刷光理净分格缝，用素水泥浆将分格缝修补平直。

（7）养护。水刷石抹完第二天起要洒水养护，养护时间不少于7天。在夏季酷热天气施工时，应考虑搭设临时遮阳棚，防止阳光直接辐射，否则会导致水泥早期脱水，影响强度，削弱黏结力。

（二）斩假石抹灰施工

斩假石又称剁斧石，是在水泥砂浆抹灰中层上批抹水泥石粒浆，待其硬化后用剁斧、齿斧及钢凿等工具剁出有规律的纹路，使之具有类似经过雕琢的天然石材的表面形态，即为斩假石装饰抹灰饰面。所用施工工具除一般抹灰常用工具外，尚需备有剁斧（斩斧）、单刃或多刃斧、花锤（棱点锤）、钢凿和尖锥等。

1. 斩假石抹灰施工材料及质量要求

（1）水泥。应采用强度等级不低于32.5MPa的普通硅酸盐水泥或矿渣硅酸盐水泥，所用水泥是同一批号、同一厂生产、同一颜色、同一性能。

（2）砂。宜采用中砂或中粗砂，其含泥量应不大于3%。

（3）粒料。斩假石所用的粒料（石子、玻璃、粒砂等）应颗粒坚硬，色泽一致，不含杂质，使用前必须过筛、洗净、晾干，防止污染。

（4）颜料。有颜色的墙面，应挑选耐碱、耐光的矿物质颜料，并与水泥一次干拌均匀，过筛装袋备用。

2. 斩假石抹灰施工工艺流程

斩假石抹灰施工工艺流程：基层处理→抹底层、中层砂浆→弹线、粘贴分格条→抹面层水泥浆→试剁→斩剁面层。

3. 斩假石抹灰施工技术要点

斩假石施工工艺除抹面层水泥石粒浆和斩剁面层外，其余均同水刷石抹灰。

（1）抹面层水泥石粒浆。面层采用1：1.25的水泥石粒（屑）浆，铺抹厚度为10～11mm。石粒为2mm左右粒径的米粒石，内掺30%粒径为0.15～1.0mm的石屑。材料应统一准备，干拌均匀后待用。罩面操作一般分两次进行。先薄抹一层灰浆，稍收水后再抹一遍灰浆，与分格条齐平；用刮尺赶平，再用木抹子反复压实，达到表面平整、阴阳角方正；最后用软毛刷顺拟剁纹方向轻扫一遍。面层抹灰完成后24h进行养护，常温（15～30℃）养护2～3天，较低气温时（5～15℃）宜养护4～5天，强度控制在5MPa，即以水泥强度不高且较容易斩剁而石粒又剁不掉的程度为宜。

（2）试剁、斩剁面层。应先试剁，以石粒不脱落为准。斩剁要先弹纹路线（线距约为100mm），以避免操作中剁纹走斜。斩剁时应保持表面湿润，以防止石屑爆裂。斩假石的质感效果有立纹剁斧、花锤剁斧等，由设计确定。为便于操作并增强装饰性，棱角和分格缝周围宜留设15～20mm宽度的镜边。镜边也可与天然石材的处理方式相同，改为横向剁纹。墙面或造型体的阳角处，应采用横剁，并应留出宽窄一致的不剁的镜边。斩假石操作应自上而下进行，先斩转角和四周边缘，后斩中部饰面。斩剁时动作要快并轻重均匀，剁纹深浅一致。每一行随时取出分格条，用水泥浆修整好分格缝。

（三）干粘石抹灰施工

干粘石是将彩色石粒直接粘在砂浆层上的一种饰面做法，也是由水刷石演变而来的一种装饰工艺，其外观效果与水刷石相近。干粘石的施工操作比水刷石简单，工效高，造价低，又能减少湿作业，因而对于一般装饰要求的建筑均可以采用。干粘石的适用范围与水刷石相同，但是房屋底层不宜采用干粘石。

1. 干粘石抹灰施工材料及质量要求

（1）水泥。水泥必须使用同一品种，强度等级不低于32.5MPa，严禁使用过期水泥。

（2）砂。中砂或中、粗砂混合使用。中砂粒径（0.35～0.5mm）颗粒坚硬清洁，含泥量不得超过3%。砂在使用前应过筛，不能用细砂、粉砂，以免影响黏结强度。

（3）石子。不宜过小或过大，太小则容易脱落泛浆，过大则需要增加黏结层厚度。粒径以5～6mm或3～4mm为宜。使用时，将石子认真淘洗、择渣，晾晒后放入干净的房间或袋装，分类储存备用。

（4）石灰膏。应控制石灰膏用量，一般石灰膏的掺量为水泥用量的1/3～1/2。用量过大会降低面层砂浆的强度。石灰膏中不得含有未熟化的颗粒。

（5）颜料。干粘石应使用矿物质颜料，如铬黄、铬绿、氧化铁红、氧化铁黄、炭黑、黑铅粉等。不论用哪种颜色粉，进场后都要经过试验。颜色粉的品种、货源、数量要根据工程需要一次进够，否则无法保证色调一致。在施工过程中，要按照样板配比兑色灰。兑色灰的数量每次要保持一定段落、一定数量或者一种色泽，防止中途多次兑色灰，否则容易造成色泽不一致。兑色灰时，要使用大灰槽，将称量好的水泥和色粉进行人工或机械搅拌、过筛、装袋、过秤，并注明灰色品种，待用。

2. 干粘石抹灰施工工艺流程

干粘石抹灰施工工艺流程：基层处理→抹底层、中层灰→弹线、粘贴分格条→抹黏结层砂浆→甩石渣、压平→勾缝、修整→养护。

3. 干粘石抹灰施工技术要点

干粘石抹灰的基层处理和底层抹灰、中层抹灰以及弹线、粘贴分格条与水刷石相同。

（1）抹黏结层砂浆。待中层抹灰六至八成干时，经验收合格后，应按设计要求弹线，粘贴分格条（方法同外墙抹灰），然后洒水润湿，刷素水泥浆一道，接着抹水泥砂浆黏结层。黏结层砂浆稠度以6～8cm为宜。黏结层很重要，抹前用水湿润中层，黏结层的厚度取决于石子的大小，当石子为小八厘时，黏结层厚4mm；石子为中八厘时，黏结层厚度为6mm；石子为大八厘时，黏结层厚度为8mm。湿润后，还应检查干湿情况，对于干得快的地方，用排刷补水到适度，方能开始抹黏结层。黏结层不宜上下同一厚度，更不宜高于嵌条。一般在下部约1/3的高度范围内要比上面薄些；整个分块表面又要比嵌条薄1mm左右。撒上石子压实后，不但平整度可靠，还能避免下部鼓包、皱皮现象发生。

（2）甩石渣、压平。黏结层抹完后，待干湿情况适宜时即可手甩石粒，然后随即用铁抹子将石子拍入黏结层。甩石粒应遵循“先边角后中间，先上面后下面”的原则。阳角处甩石粒时应两侧同时进行，以避免两边收水不一而出现明显接茬。甩石粒时，要平稳有力，应与墙面垂直，使石粒均匀地嵌入黏结砂浆中，然后用铁抹子或胶辊滚压结实。拍压时，用力要合适，一般以石粒嵌入砂浆深度不小于粒径的1/2为宜。对于墙面石粒过稀或过密处，一般不宜甩补，应将石粒用抹子（或手）直接补上或适当剔除。

（3）勾缝、修整。墙面达到表面平整、石粒饱满时，对局部有石粒下坠、不均匀、外露尖角太多或表面不平整等不符合质量要求的地方要立即修整、拍平，分格条处应重新勾描，以达到表面平整、色泽均匀、线条顺直清晰。

（4）养护。干粘石的面层施工应加强养护。在24h后，应洒水养护2～3天。夏季日照强，气温高，要求有适当的遮阳条件，避免阳光直射，使干粘石凝结有一段养护时间，以提高强度。砂浆强度未达到足以抵抗外力时，应注意防止脚手架、工具等撞击、触动，以免石子脱落。还要注意防止油漆和砂浆等污染墙面。

（四）假面砖抹灰施工

假面砖装饰抹灰是指采用彩色砂浆和相应的工艺处理，将抹灰面制成陶瓷面砖分块形式及表面效果的装饰抹灰做法。目前，装饰工程中已经很少采用此种装饰工艺。

1. 假面砖抹灰施工材料及质量要求

（1）水泥。宜采用不低于32.5MPa的普通硅酸盐水泥，其他要求同水刷石抹灰。

（2）砂。宜采用中砂，过筛，含泥量不大于3%。

（3）颜料。应采用矿物质颜料，使用时按设计要求和工程用量，与水泥一次性搅拌均匀、备足、过筛、装袋，保存时避免潮湿，颜料在使用前应经过试验，确定使用掺量和比例。

2. 假面砖抹灰施工工艺流程

假面砖抹灰施工工艺流程：基层处理→配制彩色砂浆→抹水泥砂浆→表面划痕、修整。

3. 假面砖抹灰施工要点

（1）配制彩色砂浆。按设计要求的饰面色调配制出多种彩色砂浆，并做出样板，与设计对照，以确定合适的配比。配制彩色砂浆，这是保证假面砖装饰抹灰表面效果的基础，既要满足设计的装饰性，又要满足设计的其他功能性。

（2）准备施工机具。假面砖装饰抹灰施工，除了拌制彩色砂浆的工具外，其操作工具主要有靠尺板（上面划出面砖分块尺寸的刻度），划缝用的铁皮刨、铁钩、铁梳子或铁辊等。用铁皮刨或铁钩划制模仿饰面砖墙面的宽缝效果，用铁梳子或铁辊划出或滚压出饰面砖的密缝效果。

（3）抹水泥砂浆。假面砖装饰抹灰的底层和中层一般采用1：3的水泥砂浆，其表面要达到平整、粗糙的要求。待中层凝结硬化后洒水湿润养护，并可进行弹线。先弹出宽缝线，用以控制面层划沟（面砖凹缝）的顺直度；然后抹1：1的水泥砂浆垫层，厚度为3mm；紧接着抹面层彩色砂浆，厚度为3～4mm。

（4）表面划纹、修整。待面层彩色砂浆稍微收水后，即用铁梳子沿靠尺板划纹，纹深1mm左右，划纹方向与宽缝线相互垂直，作为假面砖的密缝；然后用铁皮刨或铁钩沿靠尺板划沟（也可采用铁辊进行滚压划纹），纹路凹入深度以露出垫层为准，随手扫净飞边砂粒。

三、装饰抹灰饰面施工质量验收标准

1. 主控项目

（1）装饰抹灰工程所用材料的品种和性能应符合设计要求及国家现行标准的有关规定。检验方法：检查产品合格证书、进场验收记录、性能检验报告和复验报告。

（2）抹灰前，基层表面的尘土、污垢和油渍等应清除干净，并应洒水润湿或进行界面处理。检验方法：检查施工记录。

（3）抹灰工程应分层进行。当抹灰总厚度≥35mm时，应采取加强措施。不同材料基体交接处表面的抹灰应采取防开裂的加强措施，当采用加强网时，加强网与各基体的搭接宽度不应小于100mm。检验方法：检查隐蔽工程验收记录和施工记录。

（4）各抹灰层之间及抹灰层与基体之间应黏结牢固，抹灰层应无脱层、空鼓和裂缝。检验方法：观察；用小锤轻击检查；检查施工记录。

2. 一般项目

（1）装饰抹灰工程的表面质量应符合下列规定：

①水刷石表面应石粒清晰、分布均匀、紧密平整、色泽一致，应无掉落和接茬痕迹。

②斩假石表面剁纹应均匀顺直、深浅一致，应无漏剁处，阳角处应横剁，并留出宽窄一致的不剁边条，棱角应无损坏。

③干粘石应表面色泽一致、不露浆、不漏粘，石粒应黏结牢固、分布均匀，阳角处应无明显黑边。

④假面砖表面应平整、沟纹清晰、留缝整齐、色泽一致，无掉角、脱皮、起砂等缺陷。检验方法：观察；手摸检查。

（2）装饰抹灰分格条（缝）的设置应符合设计要求，宽度和深度应均匀，表面应平整光滑，棱角应整齐。检验方法：观察。

（3）有排水要求的部位应做滴水线（槽）。滴水线（槽）应整齐顺直，滴水线应内高外低，滴水槽的宽度和深度均不应小于10mm。检验方法：观察；尺量检查。

（4）装饰抹灰工程质量的允许偏差和检验方法应符合表2-2的规定。

表2-2 **装饰抹灰的允许偏差和检验方法**

项目	允许偏差/mm				检验方法
	水刷石	斩假石	干粘石	假面砖	
立面垂直度	5	4	5	5	用2mm垂直检测尺检查
表面平整度	3	3	5	4	用2m靠尺和塞尺检查
阳角方正	3	3	4	4	用200mm直角检测尺检查
分格条（缝）直线度	3	3	3	3	拉5m线，不足5m拉通线，用钢直尺检查
墙裙、勒脚上口直线度	3	3	—	—	拉5m线，不足5m拉通线，用钢直尺检查

任务4

清水砌体勾缝工程

砖、石墙的内、外墙面不抹灰而进行勾缝的称为清水墙。勾缝的作用是防止雨水或其他水进入墙面，并使墙面整齐美观。墙身勾缝分为砖墙勾缝和石墙勾缝两种。

一、清水砌体勾缝的材料及质量要求

1. 水泥

水泥宜采用32.5MPa普通硅酸盐水泥；选择同一品种、同一强度等级、同一厂家生产的水泥。水泥进场需对其产品名称、代号、净含量、强度等级、生产许可证编号、生产日期等进行查验，同时验收其出厂合格证。出厂日期超过三个月的水泥必须复验，合格后方可使用（检验其是否强度等级降低，是否可降级使用或报废处理），不同品种、不同强度等级的水泥严禁混合使用。

2. 砂

砂宜采用颗粒坚硬且不含有害物质的细砂，使用前应过筛，含泥量不大于3%。

3. 石灰膏

石灰膏熟化时间不少于15天，不得含有未熟化的颗料和杂质。

4. 颜料

应选择耐碱、耐光的矿物质颜料，使用时按设计要求和工程用量计量配比准确，与水泥一次性搅拌均匀，过筛装袋，并做好施工样板（块），保存时避免受潮。

二、清水砌体勾缝工程的施工作业条件

（1）建筑主体结构已经过相关单位（建设、施工、监理、设计及住建相关部门）联合检查验收。

（2）施工用脚手架或吊篮已搭设完成，且已验收合格。

（3）施工材料，如颜料、水泥等，已按设计要求制备。

（4）施工方案、施工技术交底已完成。

（5）门、窗口位置准确，安装牢固，并已采取保护。预留孔洞、预埋件等位置尺寸符合设计要求，门、窗口与墙间缝隙应用水泥砂浆堵严。

三、清水砌体勾缝工程的施工机具与工艺流程

1. 施工机具

除一般抹灰施工机具外，还应准备勾缝刀（灰溜子）。

2. 施工工艺流程

施工工艺流程：放线、找规矩→开缝、修补→堵塞门窗及脚手架孔洞→墙面湿润→勾缝→扫缝→补扫漏缝→清扫墙面。

四、清水砌体勾缝工程施工技术要点

1. 放线、找规矩

顺墙立缝自上而下吊垂直线，并用粉线弹在墙面上作为垂直线依据，以同层砖上棱或下棱为基准线作为水平线控制依据。

2. 开缝、修补

根据所弹的控制线，凡在线外的棱角均应用凿子剔掉（俗称开缝），对凿掉后偏差较大处应用水泥砂浆顺线补齐，然后用原砖研磨成粉与胶黏剂拌和成浆，除深刷修补的水泥浆表面，应使颜色与原砖墙一致。

3. 堵塞门窗和脚手架眼

勾缝前，应将门口、窗台残缺的砖检查补砌，并将门窗框四周与墙面之间的缝隙用1：3水泥砂浆堵严、塞实、抹平，抹灰应深浅一致。

堵塞脚手架眼时，需先将空洞内的砂浆、杂物清除干净，再洒水湿润，用同墙面颜色的原砖补砌完整。

4. 墙面浇水

先将墙面上的砂浆及污物清理干净，再浇水冲洗、湿润墙面。

5. 勾缝

勾缝砂浆一般采用配比为1：（1～1.5）的水泥砂浆，稠度不宜过大。勾缝施工应自上而下，先勾水平缝，再勾立缝。勾水平缝时应用长溜子，操作时左手托灰板，右手执溜子，将托灰板顶在要勾缝的下口，自右向左将灰浆推入缝内，移动时双手要配合协调。勾立缝用

短溜子，操作时要动作迅速，将灰浆挑起压入缝内，勾缝时要保持溜子立面垂直，勾完一段要用溜子将缝内灰浆赶平、压实、压光。勾缝施工要深浅一致，当设计无具体要求时，一般缝深以控制在4~5mm为宜。

6. 扫缝

每勾完一段后用扫帚顺缝清扫，清扫时先扫平缝，后扫立缝，操作中要及时弹掉扫帚上的灰浆，以减少墙面污染。

7. 补扫漏缝

扫缝完成后，要认真检查有无漏勾的缝，尤其检查易忽略、视线有遮挡和不易操作的地方，发现漏勾时要及时补勾。

8. 清扫墙面

勾缝完成后，要对墙面全面清扫，施工中如有污染严重且难扫掉的地方时，可用毛刷蘸清水刷，仔细将灰痕清理干净，使墙面保持整洁。

五、清水砌体勾缝工程施工技术要点

1. 主控项目

（1）清水砌体勾缝所用砂浆的品种和性能应符合设计要求及国家现行标准的有关规定。检验方法：检查产品合格证书、进场验收记录、性能检验报告和复验报告。

（2）清水砌体勾缝应无漏勾。勾缝材料应黏结牢固、无开裂。检验方法：观察。

2. 一般项目

（1）清水砌体勾缝应横平竖直，交接处应平顺，宽度和深度应均匀，表面应压实、抹平。检验方法：观察；尺量检查。

（2）灰缝应颜色一致，砌体表面应洁净。检验方法：观察。

课后练习

1. 在室内装饰工程中，抹灰施工处于什么样的地位?
2. 抹灰工程施工过程中有哪些容易产生的质量问题？分别有哪些解决方法?
3. 查阅资料，了解目前抹灰工程中最新的施工工艺与最新的施工材料有哪些。
4. 在抹灰工程中，哪些施工细节能体现施工人员的工匠精神?

03 项目3

吊顶工程

知识目标

1 熟悉吊顶的分类及吊顶工程施工中常用的名词术语。
2 了解不同类型吊顶在室内装饰设计中常用的场景。
3 掌握各种类型吊顶的工艺构造以及不同类型吊顶工程施工所需材料的规格和性能特点。
4 熟悉吊顶工程施工中常用施工机具的使用与维护保养方法。
5 掌握各类型吊顶的施工工艺流程及质量控制要点。
6 熟悉国家标准中吊顶工程的一般规定以及整体面层吊顶工程、板块面层吊顶工程以及格栅吊顶工程的质量验收标准与检验方法。

技能目标

1 能够运用国家标准中的专业术语对吊顶工程的施工过程进行描述；并能够从实用性、艺术性、技术性和经济性等方面合理安排建筑室内装饰工程中的吊顶工程项目。
2 能够运用本项目所学知识，指导多种类型吊顶工程的施工作业或担任吊顶工程施工任务的监理工作。
3 能够按照国家或行业相关标准对已完工的不同类型吊顶工程开展质量验收或组织验收工作。

思政目标

1 吊顶工程往往是利用装饰材料与构造工艺，搭建一个新的装饰界面，其组成了建筑室内空间三大界面的顶界面，在室内空间中占据十分重要的位置。因多数吊顶工程其内部构件最终会被装饰面所覆盖，从而成为隐蔽工程，这也就要求装饰工程从业者对隐蔽工程施工要严谨、细致，如吊顶吊挂点的布置密度应满足吊顶总荷载的需要；连接龙骨的吊挂件应安装紧实，防止松动；纸面石膏板吊顶中固定纸面石膏板的干壁钉间距应符合规范等。以上这些隐蔽工程的工艺细节均与吊顶工程的质量好坏关系密切，因此，在吊顶工程施工中，施工人员应发扬精益求精的工匠精神，保证这些隐蔽工程施工质量达标。

2 吊顶工程中造型复杂的界面设计通常采用木制构件进行加工制作，如木工板、胶合板或木龙骨等，其防火性与轻钢材质构件相差甚远，因此，做好吊顶工程中木制构件的防火、防腐处理工作不仅是保证吊顶工程的工艺质量，更是保证人民群众生命财产安全的重大举措。此外，吊顶工程往往遮蔽了室内装饰中大量的设备管线，在吊顶工程施工中应着重保护已经经过安装调试完成的设备和管线，避免施工对其造成破坏，从而影响设备的后期使用，造成经济损失。

任务1
吊顶工程的基本知识

吊顶又称顶棚、天棚、天花板，是位于建筑物楼屋盖下表面的装饰构件，也是室内空间重要的组成部分，其组成了建筑室内空间三大界面的顶界面，在室内空间中占据了十分重要的位置。吊顶工程是指在室内空间的上部通过不同的构造做法，将各种材料组合成不同的装饰组成形式，是室内装饰工程施工的重点。

一、吊顶的基本功能

1. 装饰美化室内空间

吊顶是室内装饰中的重要组成部分，不同形式的造型、丰富多彩的光影、绚丽多姿的材质，为整个室内空间增强了视觉感染力，使顶面处理富有个性，烘托了整个室内环境气氛。

吊顶选用不同的造型及处理方法，会产生不同的空间感觉，有的可以延伸和扩大空间感，有的可以使人感到亲切和温暖，从而满足人们不同的生理和心理需求。同样，也可以通过吊顶来弥补原建筑结构的不足。如果建筑的层高过高，会给人感觉房间比较空旷，可以用吊顶来降低高度；如果建筑的层高过低，会使人感到非常压抑，也可以通过不同的处理方法，利用视觉上产生的误差，使房间“变”高。

吊顶也能够丰富室内的光源层次，产生多变的光影形式，达到良好的照明效果。有些建筑的空间原照明线路单一，灯具简陋，无法创造理想的光照环境。通过吊顶的处理，能产生点光、线光和面光相互辉映的光照效果及丰富的光影形式，有效地增加了室内空间的装饰性；在材质的选择上，可选用一些不同色彩、不同纹理质感的材料搭配，从而增加室内空间的美观。

2. 满足室内功能要求

现代建筑吊顶处理不仅要考虑室内的装饰效果及艺术要求，还要综合考虑室内不同的使用功能需求，对吊顶进行综合处理，如照明、保温、隔热、通风、吸声、反射、音箱、防火等功能的需求。

在进行吊顶设计和施工时，要结合实际需求综合考虑，如顶楼的住宅无隔温层，夏季阳光直射屋顶，室内的温度会很高，可以通过吊顶设置一个隔温层，夏季起到隔热、降温的作用，冬季则成为保温层，使室内的热量不易通过屋顶流失。如影剧院的吊顶，不仅要考虑其外表美观，更要考虑声学、光学、通风等方面的需求，通过不同形式的吊顶造型，满足声音反射、吸收和混响方面的要求，从而达到良好的视听效果。

3. 隐蔽设备管线

随着人民生活水平的提高，各种家用电器设备普及程度越来越高，如中央空调、新风系统、智能照明系统等，相应的设备管线也大大增加。吊顶为这些设备管线的安装提供了良好的隐蔽条件，它可以将复杂的设备管线隐藏起来，保证室内顶面的平整、干净、美观。

二、吊顶的种类

吊顶的形式和种类繁多，按安装方式可分为直接式吊顶、悬吊式吊顶和配套组装式吊顶三大类。

1. 直接式吊顶

直接式吊顶是指在屋面板或楼板结构基层上，直接进行抹灰、喷刷、裱糊等装饰处理形成的顶棚饰面。直接式吊顶按照施工方法和装饰材料不同，可以分为直接刷（喷）浆顶棚、直接抹灰顶棚和直接粘贴式顶棚。

这种安装方式施工简便，比较经济，也不会影响室内原有的净高。但是这种形式的顶棚处理不能满足设备管线的敷设、艺术造型的表现等相应的要求。

2. 悬吊式吊顶

悬吊式吊顶，又称为天花板、天棚等，具有保温、隔热、隔声和吸声作用，既可以增加室内的亮度和美观，又能达到节约能耗的目的，为满足不同使用功能要求创造了较为宽松的前提条件，是现代装饰设计中所提倡的。

悬吊式吊顶要结合照明系统、中央空调系统、新风系统、音响系统、监控系统、通信网络设备、消防设施等进行整体设计。但是这种吊顶施工工期长、工程造价高，且要求建筑空间较大的层高。在进行悬吊式吊顶装饰设计时，应结合空间的尺度大小、装饰要求、经济因素等来综合考虑。一般来说，悬吊式吊顶的装饰效果较好，形式变化丰富，适用于中、高档建筑顶棚装饰。

3. 配套组装式吊顶

配套组装式吊顶由两部分组成，一部分是饰面部分，如面板和面板配套的龙骨，以及组装时配套的连接件，基本上是由厂家配套生产；另一部分是吊装部分，可以吊装龙骨架，施工是在现场进行组合拼装即可，如家装工程中常见的铝扣板吊顶，公共办公空间中常见的矿棉板吊顶，以及公共商业空间中常见的金属格栅吊顶等，都属于配套组装式吊顶。

按骨架的材料可分为木龙骨吊顶、轻钢龙骨吊顶、铝合金龙骨吊顶等。

按罩面材料分为石膏板吊顶、金属板吊顶、矿棉板吊顶、木板吊顶、塑料板吊顶、玻璃吊顶和复合板吊顶等。

按承载能力可分为上人吊顶和不上人吊顶。在楼板结构层之下，通过设置吊筋形成的与楼板有一定垂直距离的顶棚。上人吊顶需要人员对顶面层与结构层之间的建筑设备进行安装或检修。因此，上人吊顶与不上人吊顶主要是就承载（主）龙骨而言，而不是对覆面（次）龙骨，按《建筑用轻钢龙骨》（GB/T 11981—2008）规定：上人龙骨承载800N，不上人龙骨承载500N。测定其残余变形量，且满足使用要求。次龙骨按承载300N的指标要求而测定。另外，上人吊顶应在顶棚预留上人孔（检修孔）走道（马道）检修平台。不上人吊顶是指不需要上人的一般顶棚，顶棚作为一个整体，不留上人孔，可预留需要的检查孔。

按龙骨架是否外露可分为明龙骨吊顶和暗龙骨吊顶。

按构造形式可分为活动式吊顶、隐蔽式吊顶、开敞式吊顶、金属装饰板吊顶等。

三、吊顶的设计要求

吊顶的装饰设计因不同功能要求，其建筑空间构造设计不尽相同，在满足基本使用功能的同时还应当满足以下几点要求。

1. 空间舒适性

吊顶在人的视觉中占有很大的可视性，设计时应考虑室内净空高度与所需吊顶的实际高度之间的关系，注重造型、色彩、材料的合理选用，结合正确的构造形式来营造舒适的空间，对建筑顶部的结构层起到保护、美化的作用，并弥补土建施工遗留下的缺陷。

2. 安全耐用性

由于吊顶在室内空间的顶部，其表面安装中央空调、新风机、灯具、消防设备等，内部隐藏各种管线、管道等，有时还要满足上人检修的要求，因此，装饰材料自身的强度、稳定性和耐用性不仅直接影响吊顶的装饰效果，还会涉及人身安全。所以吊顶的安全、牢固、稳定、防火等十分重要。

3. 材料合理性

吊顶材料的使用和构造处理应根据不同的设计要求和建筑功能、内部结构等特点，选用相应的材料。吊顶材料的选择应坚持无毒、无污染、环保、阻燃、耐久等原则。

4. 装饰性

建筑装饰效果要求吊顶的形式、色彩、材质应与建筑空间的总体艺术氛围相协调，形成特定的装饰风格与装饰效果，从空间、光影、质感等方面渲染环境，烘托气氛。室内装饰的风格和效果与顶棚的造型、构造方法及材料的选用有着十分密切的关系。

任务2
木龙骨吊顶

木龙骨吊顶为传统的悬吊式顶棚做法，是以木质龙骨为基本骨架，以纸面石膏板、胶合板、细木工板等作为饰面板组合而成的吊顶体系。木龙骨吊顶适用于面积较小、造型复杂的吊顶工程，其施工工艺简单，施工速度快，但防火性能差，干缩湿涨特性明显，不适用于大面积吊顶，目前常用于住宅装饰中的吊顶工程。

一、木龙骨吊顶的构造

木龙骨吊顶主要由吊杆、木龙骨架和吊顶罩面层组成，其基本构造如图3-1所示。

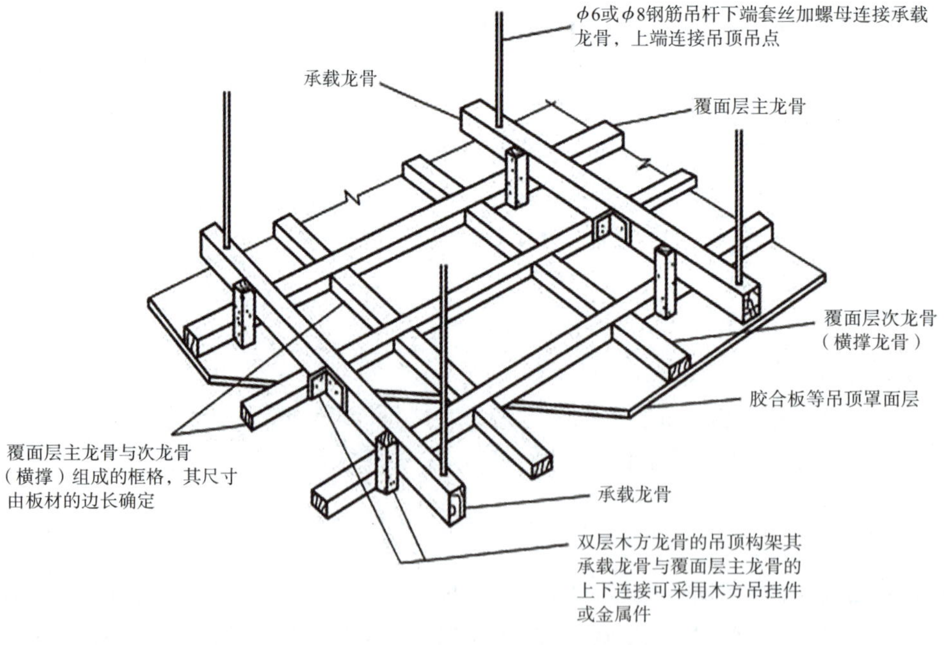

图3-1 木龙骨吊顶构造示意图

二、木龙骨吊顶材料及质量要求

（一）木龙骨

木龙骨架又称为木方，主要由白松、椴木、红松、杉木等树木加工成截面为长方形或方形的木条。吊顶用木龙骨的规格通常为20mm×40mm×3600mm、28mm×36mm×3600mm、30mm×50mm×4000mm，木材含水率在15%左右。在装饰工程中，木龙骨木材品种及规格的选择应符合设计要求；存储时应注意防火、防潮、防腐、防暴晒；使用时应尽心筛选，应将腐蚀、开裂、虫蛀、节疤部分剔除。

（二）罩面板

罩面板的品种、规格应满足设计要求，进场时应按相关材料标准和产品说明书进行验收，罩面板表面应平整，边缘应整齐，尺寸、色泽应一致。在木龙骨吊顶工程中，常用的罩面板材有胶合板、纸面石膏板、刨花板等。

1. 胶合板

胶合板也常被称为夹板或细芯板，是现代木工工艺较为常用的材料，一般是由三层或多层厚度为1mm左右的实木单板或薄板胶贴热压制成，一层即为一厘，按照层数的多少称为三厘板、五厘板、九厘板等（一厘即1mm），常用规格为2440mm×1220mm，厚度为3mm、5mm、7mm、9mm等。胶合板的特点是结构强度高，拥有良好的弹性、韧性，易加工和涂饰作业，能够较简单地创造出曲线、圆形等各种复杂造型。

在吊顶工程施工中，要选用木纹清晰、光洁平滑、不毛糙、平整无滞手感的胶合板；无破损、碰伤、节疤等瑕疵点，无明显的变色及色差；进场后，存储时应注意防腐和防火。

2. 纸面石膏板

纸面石膏板是以建筑石膏为主要原料，掺入纤维和外加剂构成芯材，并与特制的护面纸牢固结合在一起的建筑板材。从板材的性能上可分为普通、防火、防潮三类。石膏板具有质量轻、隔热、隔声、可加工性好、防火抗震等优点，在室内装饰工程中常作为室内吊顶、隔墙用材，常用幅面尺寸为3000mm×1200mm和2440mm×1200mm，厚度有9mm、9.5mm、12mm，吊顶工程中常用纸面石膏板的厚度为9mm和9.5mm。

（三）吊杆

常用ϕ6或ϕ8的金属螺纹吊杆、木龙骨（使用射钉结合木龙骨直吊或布置沿顶龙骨）。

（四）防火涂料

防火涂料多用于一些对于消防有较高要求的部位和一些易燃的材料上。比如，家居装修中的吊顶工程常用木龙骨作为骨架。木龙骨的防火性能很差，所以在作为装修材料使用时必须在木龙骨上再刷上防火涂料。防火涂料的种类很多，也有多种分类方法，以防火涂料的防火机理不同，可将防火涂料分为膨胀型防火涂料和非膨胀型防火涂料两大类。膨胀型防火涂料是目前使用最广泛的一种防火涂料，它在火焰或高温作用下，可产生比原来涂层厚几十倍甚至上百倍不易燃烧的海绵碳质层和二氧化碳及水蒸气等不燃烧气体，从而有效起到防火阻燃的作用。非膨胀型防火涂料在着火时涂层基本不发生膨胀变化，但是会形成釉状保护层，从而隔绝材料表面的氧气作用，阻碍燃烧，但是其防火隔热效果不如膨胀型防火涂料。

木龙骨吊顶施工用防火涂料主要有硅酸盐涂料、酪素涂料、掺有防火剂的油质涂料、氯乙烯涂料和其他以氯化碳化氢为主的涂料或其他新型防火涂料，不管采用哪种类型防火涂料，均应满足相关国家标准。

三、木龙骨吊顶施工机具与工艺流程

1. 施工机具

施工机具主要有电动冲击钻、手电钻、电动修边机、型材切割机、空压机、电动或气动打钉枪（常用气钉型号为F25/F30）、激光水准仪、钢锯、木刨、木工锯、锤、螺丝刀、卷尺、水平尺、墨线斗等。

2. 施工工艺流程

木龙骨吊顶施工工艺流程：施工准备→弹线定位→木龙骨处理→龙骨拼装→安装吊点、吊筋→固定沿墙龙骨→木龙骨吊装固定→安装罩面板。

四、木龙骨吊顶施工要点

（一）施工准备

在木龙骨吊顶工程施工前，顶棚上部的照明布线、空调管道、新风管道、消防管道、报警线路等均应安装到位并调试完成；自顶棚至墙体的各开关和插座的有关线路铺设也应已经就绪；直接接触建筑基层的木龙骨，应预先涂刷防腐剂；施工机具、材料和脚手架等已经准备完毕；顶棚基层和吊顶空间全部清理无误后方可开始施工。

（二）弹线定位

弹线定位是技术性较高的工作，是吊顶施工的标准。弹线的内容主要包括标高线、造型位置线、吊点布置线、大中型灯位线等。放线的作用：一方面，使施工有了基准线，便于下一道工序确定施工位置；另一方面，能检查吊顶以上部位的管道等对标高位置的影响。

1. 吊顶标高线

首先定出地面基准线，如果原地坪无饰面要求，则原地坪线为基准线；如果原地坪有饰面要求，则饰面后的地坪线为基准线（也可参照建筑地坪+50cm线或1m线）。以地坪基准线为起点，根据设计要求，在墙（柱）面上量出吊顶的高度，并在该点画出高度线（作为吊顶的底标高），再使用激光水准仪通过吊顶高度线找到吊顶的水平基准线。

2. 造型位置线

对于规则的建筑空间，应根据设计的要求，先在一个墙面上量出吊顶造型位置距离，并按该距离画出平行于墙面的直线，再从另外三个墙面，用同样的方法画出直线，便可得到造型位置外框线，最后根据外框线逐步画出造型各个局部的位置。

对于不规则的建筑空间，可根据施工图纸测出造型边缘距墙面的距离，运用同样的方法，找出吊顶造型边框的有关基本点，将各点连线，形成吊顶造型线。

3. 确定吊点位置

一般情况下，按每平方米1个吊点均匀布置，灯位处、承载部位、龙骨与龙骨相接处及叠级吊顶的叠级处应增设吊点。超过3kg的灯具、电扇及其他设备应设置独立吊挂结构。

（三）木龙骨处理

对吊顶工程中所用的木龙骨材料要进行筛选，剔除腐蚀、开裂、虫蛀、节疤部分，并进行防火、防腐、防虫处理。在施工中，一般将防火、防腐涂料涂刷或喷涂于木材表面，也可以将木龙骨放在防火涂料槽内浸渍。

（四）龙骨拼装

吊顶的木龙骨架在吊装前应先在地面上进行拼装，拼装面积一般控制在10m^{2}以内，否则不便于吊装。先拼装大片的木龙骨架，再拼装小片的局部骨架，常采用咬口（半榫扣接）拼装法。具体做法：在龙骨上开出凹槽，槽深、槽宽以及槽与槽之间的距离应符合有关规定。然后将凹槽与凹槽进行咬口拼装，凹槽处应涂胶并用钉子固定，并在地面刨光、压平，使龙骨架截面厚度一致，如图3-2所示。

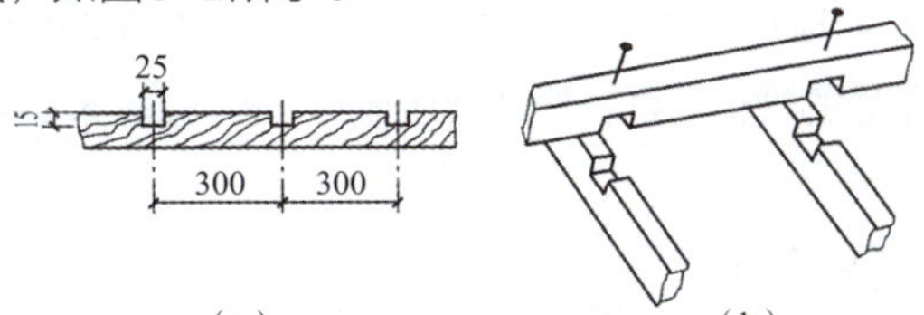

（a）（b）

图3-2 木龙骨架槽口拼装

（五）安装吊点、吊筋

吊点安装常采用膨胀螺栓、射钉、预埋铁件等方法，具体安装方法如图3-3所示。

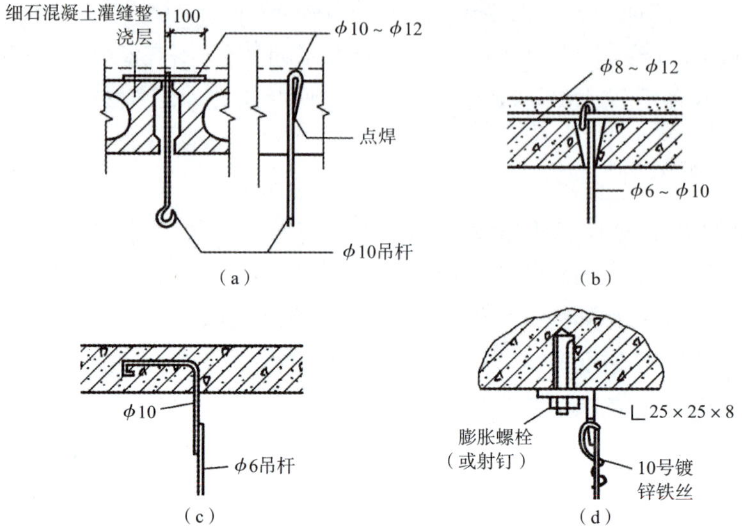

图3-3　木龙骨吊顶的吊点固定形式

预制楼板内浇筑细石混凝土时，埋设φ10～φ12短钢筋，另设吊筋将一端打弯钩于水平钢筋，另一端从板缝中抽出，如图3-3（a）所示；预制楼板内埋设通长钢筋，另一端系其上一端从板缝抽出，如图3-3（b）所示；预制楼板内预埋钢筋弯钩如图3-3（c）所示；用膨胀螺栓或射钉固定角钢连接件，用冲击钻在建筑结构面上打孔，然后放入膨胀螺栓，如图3-3（d）所示。用射钉将木龙骨直吊或角铁等固定在建筑结构底面。当在装配式预制空心楼板顶棚底面采用膨胀螺栓或射钉固定吊点时，其吊点必须设置在已灌实的楼板板缝处。

吊筋常采用钢筋、角钢、扁铁或方木，其规格应满足承载要求，吊筋与吊点的连接可采用焊接、钩挂、螺栓或螺钉的连接等方法。吊筋安装时，应做防腐、防火、防虫（木龙骨）处理。

（六）固定沿墙龙骨

沿吊顶标高线固定沿墙龙骨，用冲击钻在标高线以上10mm处墙面打孔，孔径12mm左右，孔深40mm左右，孔距500～800mm；孔内打入防腐木楔，将沿墙龙骨钉在墙内木楔上。沿墙龙骨与吊顶次龙骨的规格一样，边龙骨固定后，其底边与其他次龙骨底边标高一致。

（七）木龙骨的吊装固定

木龙骨吊顶的龙骨架有两种形式，即单层网格式木龙骨架和双层木龙骨架。

1. 单层网格式木龙骨架的吊装固定

（1）分片吊装。单层网格式木龙骨架的吊装一般先从一个墙角开始，将拼装好的木龙骨架托起至标高位，对于高度低于3.2m的吊顶骨架，可在高度定位杆上做临时支撑，如图3-4所示。吊顶高度超过3.2m时，可用铁丝在吊点上做临时固定，再使用锦纶线或棒线绳沿吊顶标高线拉出纵横水平基准线，作为吊顶的平面基准。将吊顶木龙骨架向下移位，使之与基准线平齐。待整片龙骨架调正、调平后，先将其靠墙部分与沿墙龙骨钉接，再用吊筋与龙骨架固定。

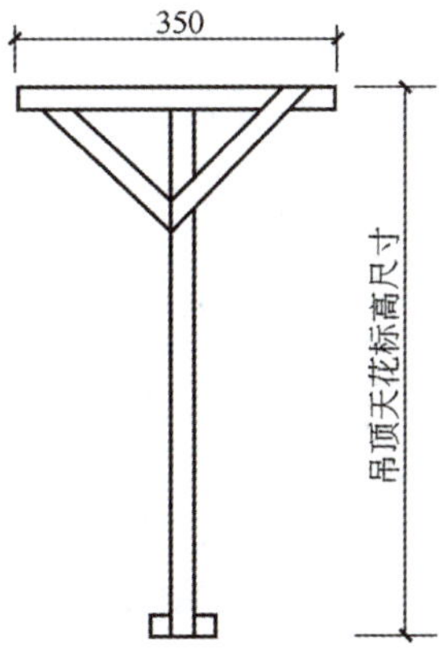

图3-4　临时定位杆

（2）龙骨架与吊筋固定。龙骨架与吊筋的固定方法有多种，视选用的吊杆材料和构造而定，常采用绑扎、钩挂、木螺钉固定等，如图3-5所示。

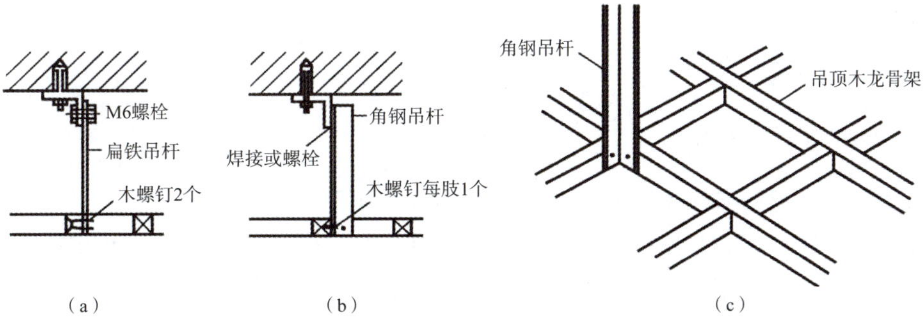

图3-5　木龙骨架与吊筋的连接

（a）用扁铁固定　（b）用角钢固定　（c）角钢与龙骨连接示意图

（3）龙骨架分片连接。龙骨架分片吊装在同一平面后，要进行分片连接形成整体，方法是将端头对正，用短方木进行连接，短方木钉于龙骨架对接处的侧面或顶面，对于一些重要部位的龙骨连接可采用铁件进行连接加固，如图3-6所示。

（4）叠级吊顶龙骨架连接。对于叠级吊顶，一般是从最高平面吊装，高低面衔接，用垂直的方木将上下两个平面龙骨架连接固定，如图3-7所示。

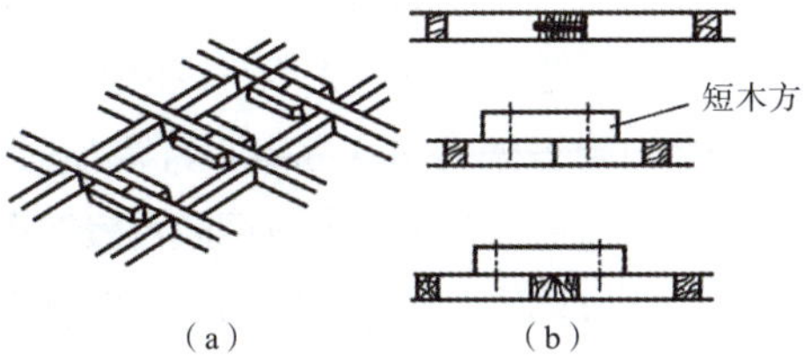

图3-6　木龙骨架分片连接

（a）短木方钉于龙骨架对接处的侧面　（b）顶面

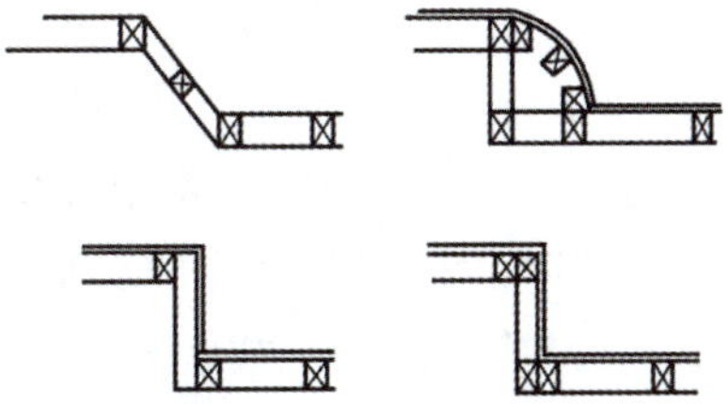
图3-7　木龙骨架叠级构造

（5）龙骨架调平与起拱。各个分片连接加固后，在整个吊顶面下拉出十字交叉的标高线，检查并调整吊顶平整度，使误差在规定的范围内。对一些面积较大的龙骨架吊顶，可采用起拱的方法来平衡吊顶的下坠，一般情况下，跨度在7～10m起拱量为3/1000，跨度在10～15m起拱量为5/1000。

2. 双层木龙骨架的吊装固定

（1）主龙骨架的吊装固定。按照设计要求的主龙骨间距（通常为1000～1200mm）布置主龙骨（通常沿房间的短向布置），并与已固定好的吊杆间距一致。连接时，先将主龙骨搁置在沿墙龙骨（标高线木方）上，调平主龙骨，然后与吊杆连接，并与沿墙龙骨钉接或用木楔将主龙骨与墙体楔紧。

（2）次龙骨架的吊装固定。次龙骨即采用小木方通过咬口拼接而成的木龙骨网格，其规格、要求及吊装方法与单层木龙骨吊顶相同。将次龙骨吊装至主龙骨底部并调平后，用短木方将主、次龙骨连接牢固。

目前，在室内装饰工程中，木龙骨吊顶多采用单层木龙骨架构造。

（八）安装罩面板

1. 纸面石膏板罩面

纸面石膏板是目前家装工程和工装工程中最常用的吊顶罩面板材料。

使用气钉枪（钉长F25/F25）和干壁钉（规格M3.5×25）对纸面石膏板进行固定，需要注意的是由于纸面石膏板的握钉力不足，气钉只是临时固定，主要固定材料是干壁钉，固定纸面石膏板应从板中间向两边（或从一边向另一边）固定，纸面石膏板板边应落在木龙骨的中间部位。钉头间距不大于200mm，钉头距板边10～15mm，钉头嵌入板内0.5～1mm，石膏板与墙面留5mm缝隙。钉头做防锈处理，钉眼用腻子填平；纸面石膏板板缝、纸面石膏板与墙面缝隙均用腻子填平，并使用接缝带和网格绷带做防开裂处理，最后满刮腻子2～3遍，打磨平整，喷涂面漆或裱糊壁纸。

纸面石膏板板缝对接处，可用美工刀修成斜边，后用腻子填平，可有效解决后期石膏板板缝对接处的开裂问题。

2. 胶合板罩面

使用气钉枪（钉长F25/F25）和干壁钉（规格M3.5×25）进行固定。铺钉时将胶合板正面朝下托举到预定的位置，紧贴龙骨架，从板的中间向四周展开，先用气钉枪固定，钉子的间距控制在150mm左右，钉头要钉入1～1.5mm；用干壁钉再次固定，钉距150mm左右，钉眼要用油性腻子抹平。胶合板全部安装完毕后，检查平整度，可以用胶合板做基层，进行软、硬包顶面处理；或者对胶合板板缝做防开裂处理后满刮腻子2～3遍，打磨平整，喷涂面漆或裱糊壁纸。

任务3
UC形轻钢龙骨吊顶

UC形轻钢龙骨是轻金属龙骨的一个品种，是以镀锌钢板（带）或薄壁冷轧钢板（带）等薄质轻金属材料，经冷弯或冲压等加工而成的顶棚支撑材料。此类龙骨具有自重轻、强度高、防火性好、耐腐蚀性高、抗震性强、安装方便等优点。它可以使龙骨规格标准化，有利于大批量生产，使吊顶工程实现装配化，可由各种规格的龙骨与其相配套的吊件、连接件、挂件、挂插件及吊杆等进行灵活组装，可有效提高施工效率和装饰质量。

一、UC形轻钢龙骨吊顶的构造

UC形轻钢龙骨吊顶由吊杆、吊挂件、主龙骨、次龙骨（覆面龙骨）、边龙骨（L形边龙骨或收边龙骨）、横撑龙骨、主次龙骨连接件、挂插件和罩面板组成。根据现行国家标准《建筑用轻钢龙骨》（GB/T 11981—2008）的规定，UC形轻钢龙骨型材制品是以冷轧钢板或镀锌钢板采用冷弯工艺生产的薄壁型钢。用作吊顶的UC形轻钢龙骨，其钢板厚度为0.5～1.2mm，有38系列、50系列、60系列三种规格，其中38系列和50系列一般用于不上人吊顶，60系列一般用于上人吊顶。不同系列龙骨的选用要符合实际的设计需求，其基本构造如图3-8所示。

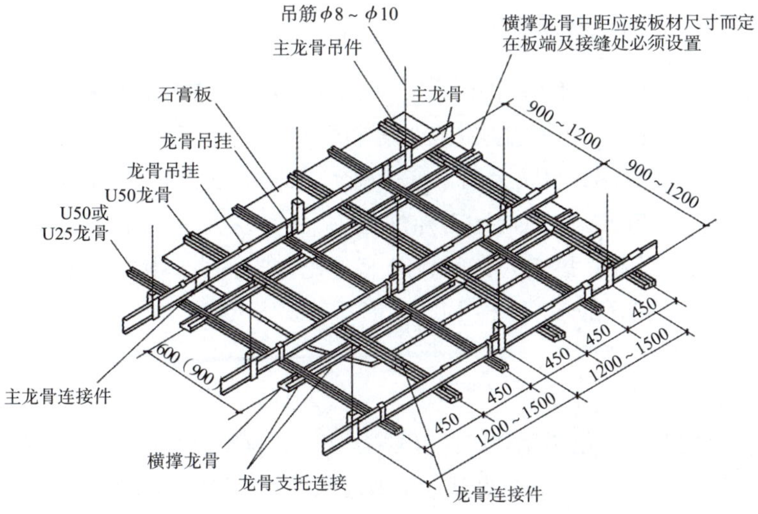

图3-8　UC形轻钢龙骨纸面石膏板吊顶

在建筑室内装饰工程中，除常见的U形、C形轻钢龙骨外，还有一种V形直卡式龙骨。直卡式龙骨的吊杆挂件与主龙骨、主龙骨与次龙骨可直接使用螺母或卡扣连接，克服了传统UC形龙骨用小配件捆绑时连接松散的缺陷，具有安装简便、平整度高、无须主龙骨及次龙骨吊件、节省材料、减少工时、龙骨骨架稳定性好等特点，其综合性能优于UC形轻钢龙骨，基本构造如图3-9所示。

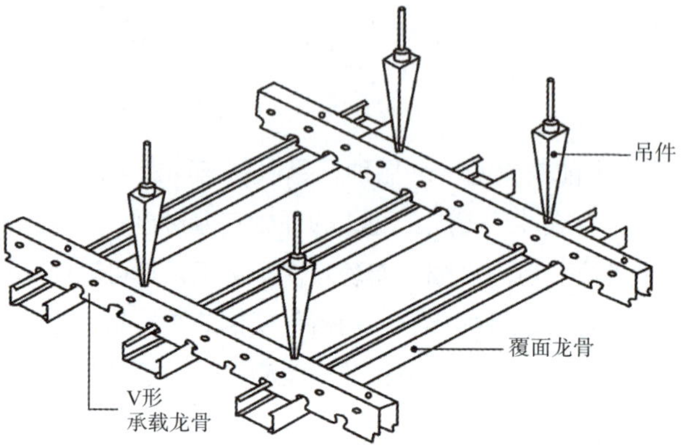

图3-9　V形直卡式龙骨吊顶

在此需要说明的是UC形轻钢龙骨与V形直卡式轻钢龙骨除构造不同外，其他装饰性能基本相同，因此，本书只讲解构造相对复杂的UC形龙骨，对V形直卡式轻钢龙骨吊顶不再进行单独讲解。

二、UC形轻钢龙骨吊顶材料及质量要求

（一）UC形轻钢龙骨及配件

1. 轻钢龙骨及配件（UC形/V形/L形）

轻钢龙骨应外形平整、棱角清晰，切口不允许有毛刺和变形；镀锌层不许有起皮、起瘤、脱落、腐蚀、黑斑、麻点等明显缺陷，镀锌层厚度应符合国家标准。

常用配件有主龙骨吊挂件（大吊，有38mm、50mm、60mm三种规格），次龙骨挂件（中吊有38mm、50mm、60mm三种规格），主、次龙骨接长件（主接有38mm、50mm、60mm三种规格，副接为50mm），横撑龙骨挂插件（中挂为50mm）、膨胀螺丝（丝杆配套拉爆，常用的有M6、M8、M10、M12等规格）等。

2. 螺纹丝杆

一般建筑室内装饰工程常用螺纹丝杆规格为M6、M8、M10、M12，单根长度3m左右，在使用时可根据设计要求进行裁切。需要注意的是，使用螺纹丝杆的规格应与膨胀螺丝、轻钢龙骨吊顶专用射钉、主龙骨吊挂件相配套。螺纹丝杆表面镀锌层不应有起皮、起

瘤、脱落、腐蚀、黑斑、麻点等明显缺陷，丝杆整体光滑、牙扣可靠。

（二）罩面板

室内装饰工程中常用罩面板材料有：纸面石膏板（耐水型、防火型）、胶合板、细木工板、刨花板等。板材表面不应有气泡、起皮、裂纹、缺角、污垢、图案不完整等缺陷，应表面平整，边缘整齐，色泽一致。

纸面石膏板常用规格为2400mm×1200mm和3000mm×1200mm，厚度9.5mm。细木工板常用规格为2440mm×1220mm，厚度15mm、16.5mm、18mm。胶合板常用规格为2440mm×1220mm，厚度3mm、5mm、9mm、12mm。

（三）其他辅料

干壁钉（常用规格M3.5×25）、水性钉眼防锈漆、接缝带、网格绷带等。

三、UC形轻钢龙骨吊顶施工机具与工艺流程

1. 施工机具

施工机具主要有型材切割机、激光水准仪、角磨机、冲击钻、手电钻、射钉枪、铆钉枪（电动/手动）、钢锯、螺丝批头、方尺、钢尺、水平尺、墨斗、卷尺、人字梯等。

2. 施工工艺流程

施工工艺流程：交接验收→弹线、复检→固定边龙骨→安装吊杆→安装轻钢龙骨骨架→安装罩面板→嵌缝处理。

四、UC形轻钢龙骨吊顶施工技术要点

下面以室内装饰工程中使用最普遍的UC形轻钢龙骨纸面石膏板吊顶为例，介绍UC形轻钢龙骨吊顶施工技术要点。

1. 交接验收

在正式安装轻钢龙骨吊顶之前，对上一步工序进行交接验收，对结构强度、设备位置、水电管线的铺设等，均要进行认真检查，相关设备调试完成。上一步工序必须完全符合设计和有关规范的标准，否则不能进行轻钢龙骨吊顶的安装。

2. 弹线

弹线的顺序是先竖向标高后平面造型细部，竖向标高线弹于墙上，平面造型和细部弹于

顶板上。主要应当弹出以下基准线：

（1）弹顶棚标高线。在弹顶棚标高线前，应先弹出施工标高基准线，一般常用0.5m（或1m线）为基线，弹于四周的墙面上。以施工标高基准线为准，按设计所定的顶棚标高，用仪器或量具沿室内墙面将顶棚高度量出，并将此高度用墨线弹于墙面上，其水平允许偏差不得大于5mm。如果顶棚有跌级造型，其标高均应弹出。

（2）弹水平造型线。根据吊顶的平面设计，以房间的中心为准，将设计造型按照先高后低的顺序，逐步在顶板上弹线，并注意累计误差的调整。

（3）吊筋吊点位置线。根据造型线和设计要求，确定吊筋吊点的位置，并于顶板上弹出吊点，一般情况下每平方米设置1个吊点。

（4）弹吊具位置线。所有设计的大型灯具、电扇等的吊杆位置，应按照具体设计测量准确，并用墨线弹于楼板的板底上。如果吊具、吊杆的锚固件需用膨胀螺栓固定，应将膨胀螺栓的中心位置一并弹出。

（5）弹附加吊杆位置线。根据吊顶的具体设计，将顶棚检修走道、检修口、通风口、柱子周边及其他所有需加"附加吊杆"之处的吊杆位置一一测出，并弹于混凝土楼板板底。

在弹线完成后，对所有标高线、平面造型线、吊杆位置线等进行全面检查复核，如有遗漏或尺寸错误，均应及时补充和纠正。

3. 固定边龙骨

边龙骨的固定一般使用木楔铁钉，在吊顶的标高线以上10mm处打孔，打入防腐木楔，注意木楔尺寸应略大于孔径，孔深一般不超过40mm，孔距400～500mm，用铁钉将边龙骨钉固于墙内木楔上。

4. 安装吊杆

吊杆的安装方式应根据吊顶荷载及龙骨规格而定。螺纹丝杆可使用与之规格配套的一体射钉、丝杆配套拉爆（膨胀螺丝）。根据吊顶标高，计算并确定吊杆长度，并留有调节余量。

5. 安装轻钢龙骨骨架

（1）安装主龙骨。主龙骨按弹线位置就位，利用吊件悬挂在吊筋上，待全部主龙骨安装就位后进行调直、调平定位，将吊筋上的调平螺母拧紧。轻钢龙骨的主龙骨调平一般以一个房间为单元。若房间面积较大，调平时要使主龙骨中间部位略有起拱，起拱高度一般为室内短向跨度的1/1000～3/1000，或按照设计要求确定，如图3-10所示。为保证吊顶骨架的整体性和牢固性，龙骨接长的接头应错位安装，相邻龙骨的接头不应接在同一直线上。

（2）安装次龙骨。使用配套UC形轻钢龙骨挂插件（中吊）将次龙骨与主龙骨连接，如图3-11所示。在吊顶平面上，次龙骨与主龙骨垂直，其间距按设计要求或按照纸面石膏板的模数确定，一般情况下次龙骨间距为300mm、400mm、600mm，其中300mm和400mm为常用尺寸。次龙骨的安装一般按照预先弹线的位置，从一端依次安装到另一端，

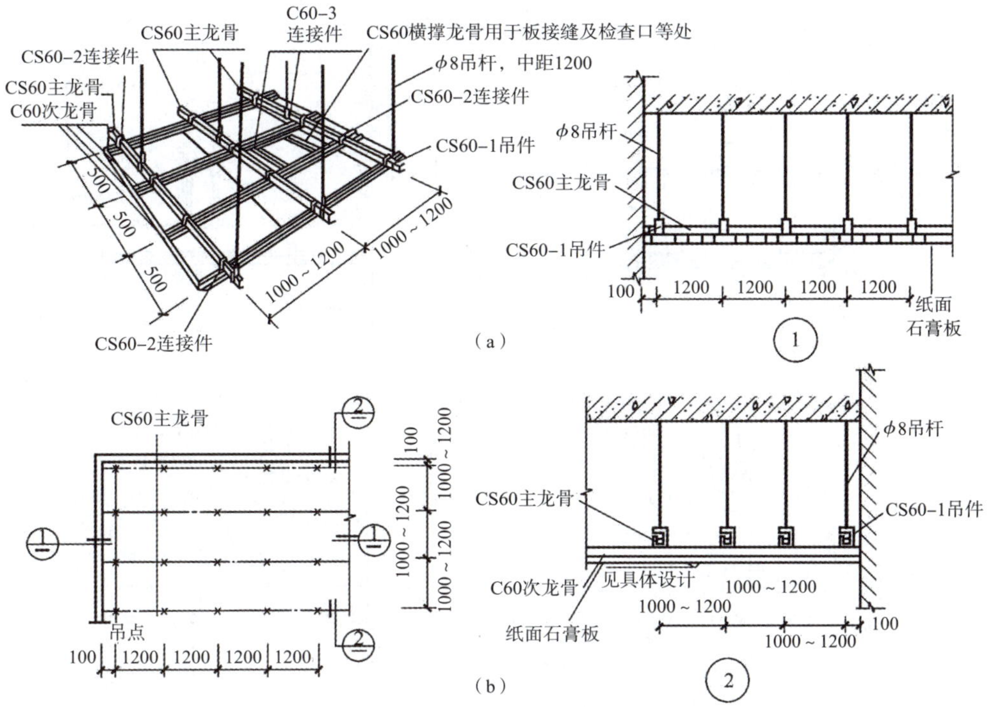

图3-10 轻钢龙骨纸面石膏板顶棚龙骨安装及吊点布置示意图

（a）纸面石膏板吊顶龙骨安装示意 （b）主龙骨及吊点布置

如有高低层次，则先高后低。此外，在安装过程中应注意轻钢龙骨吊顶相关节点的处理，如图3-12所示。

（3）安装横撑龙骨。灯具、空调等设备及检修孔周边应按需要安装横撑龙骨。横撑龙骨一般由次龙骨截取并在截取端头插入挂插件（中挂），挂插于次龙骨上，用钳子将挂搭弯入次龙骨内。组装好后，次龙骨和横撑龙骨底面要平齐。横撑龙骨的安装位置应根据罩面板的规格尺寸而定，要求饰面板的板端部必须在横撑龙骨上。

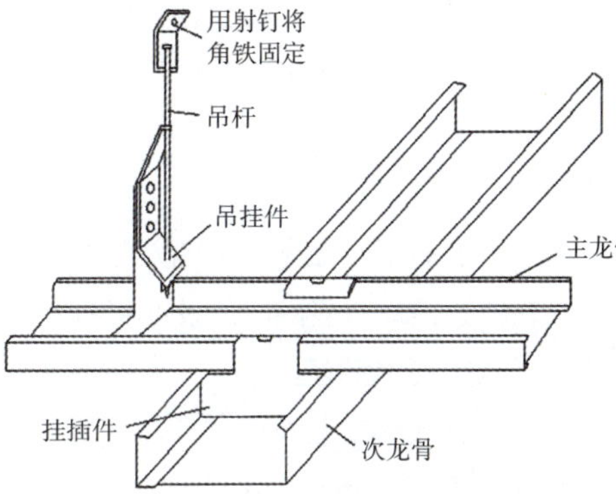

图3-11 主、次龙骨连接示意图

（4）轻钢龙骨骨架安装完成后应对骨架安装质量进行如下查验：

在顶棚检修孔周围、高低跌级处、吊灯、吊扇等处，根据设计荷载规定进行加载检查。加载后，如龙骨架有翘曲、颤动之处，应增加吊筋予以加强。增加的吊筋数量和具体位置，应通过计量而定。

对整个龙骨架的安装质量及连接质量进行彻底检查。连接件应错位安装，龙骨连接处的偏差不得超过相关规范规定。

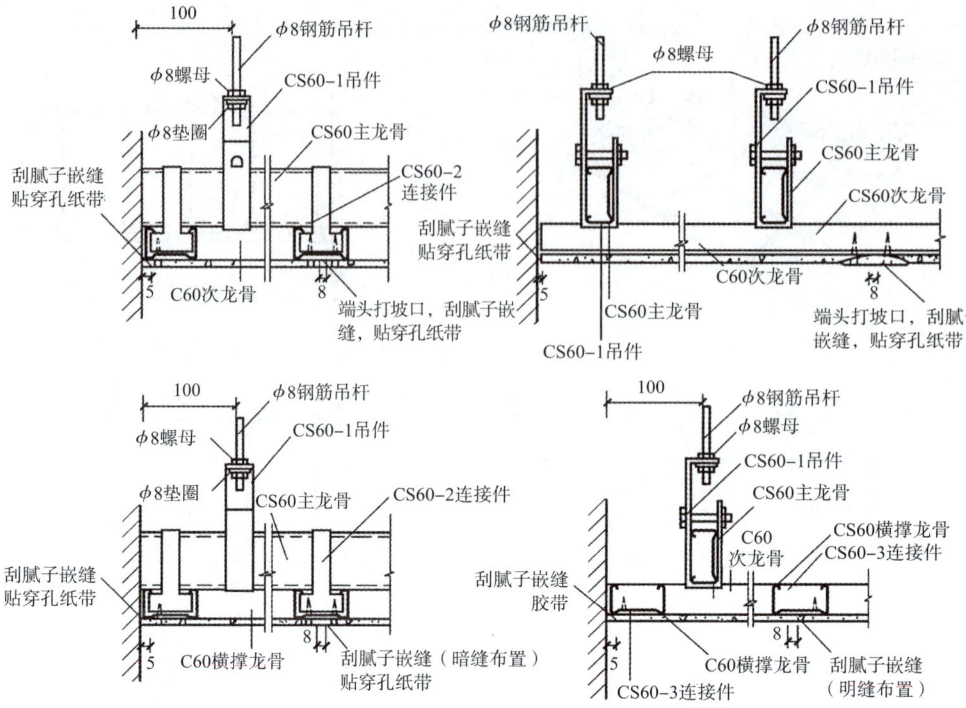

图3-12　轻钢龙骨纸面石膏板顶棚构造节点示意图

对主龙骨、次龙骨、边龙骨、横撑龙骨以及相关配件等进行详细质量检查，如发现有翘曲或扭曲之处以及位置不正、部位不对等处，均应彻底纠正。

6. 安装纸面石膏板

普通纸面石膏板在上顶之前，应根据设计的规格尺寸、花色品种进行选板，凡有裂纹、破损、缺棱、掉角、受潮以及护面纸损坏等均应一律剔除不用。选好的板应平放于有垫板的木架上，以免沾水受潮。

纸面石膏板的安装一般使用规格为M3.5×25的平头自攻螺丝。在进行纸面石膏板安装时，应使纸面石膏板长边（即包封边）与主龙骨平行，从顶棚的一端向另一端开始错缝安装，逐块排列，余量放在最后安装。钉头间距为150～200mm，距板边10～15mm；钉头嵌入板内0.5～1mm，石膏板与墙面留5mm的缝隙，最后用腻子填平。

7. 嵌缝

纸面石膏板全部安装完成后，应检查自攻螺丝钉头是否沉入板内0.5～1mm，并使用防锈漆给钉头做防锈处理，然后用石膏腻子嵌平。

石膏板板缝处应进行嵌缝处理，嵌缝时使用石膏腻子填平缝隙，如缝隙较深可分遍填平。然后粘贴接缝带或网格绷带做防开裂处理。最后满刮腻子2～3遍并打磨修整，然后做乳胶漆或裱糊等其他装饰。

任务4

T形金属龙骨吊顶

T形金属龙骨吊顶属于活动式吊顶，指罩面板搁放在龙骨下翼边缘，能“活动”地将罩面板拿下放上的顶棚，是配套组装式吊顶的一种。其金属龙骨表面经过烤漆处理，质量轻，强度高，外形美观，有较强的抗腐蚀、耐酸碱能力，防火性好，安装简单，较适用于公共建筑内的楼道、会议室、办公室、机房等空间的吊顶工程。

一、T形金属龙骨吊顶构造

T形金属龙骨吊顶属于活动式吊顶，其饰面板用搁置、卡接等方法固定在T形龙骨上，T形龙骨既是吊顶的承重件，又是吊顶饰面板的压条。T形龙骨吊顶的构造形式有双层龙骨吊顶和单层龙骨吊顶两种。

1. 双层龙骨吊顶

双层龙骨吊顶是在结构层下安装吊杆，吊杆连接承载龙骨吊挂件，承重龙骨插入吊挂件内，T形主龙骨用钩挂件与承载龙骨挂在一起，T形次龙骨通过T形主龙骨上的插接孔插接在一起，靠墙边缘采用L形边龙骨收口，如图3-13所示。

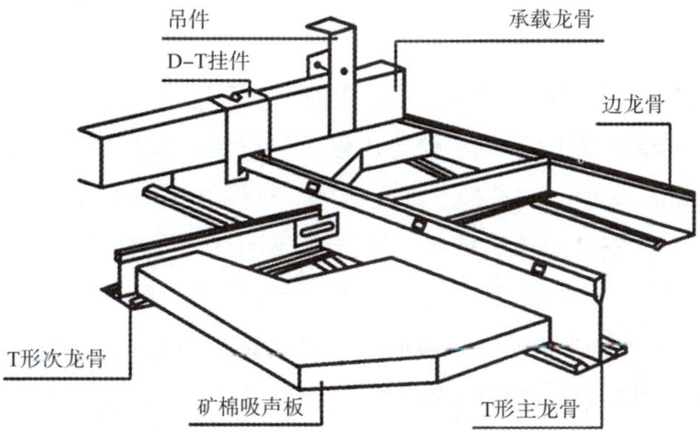

图3-13　T形双层龙骨吊顶示意图

2. 单层龙骨吊顶

单层龙骨吊顶是吊筋下面连接卡挂件，卡挂件直接将T形主龙骨卡挂吊起，T形次龙骨通过T形主龙骨上的插接孔与其插接在一起，组成龙骨架，靠墙边缘采用L形边龙骨收口，如图3-14所示。

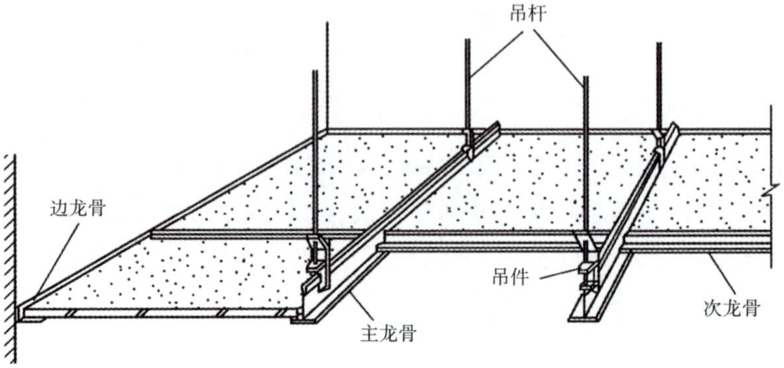

图3-14　T形单层龙骨吊顶示意图

二、T形金属龙骨材料及质量要求

1. T形金属龙骨

T形金属龙骨有轻钢烤漆龙骨和铝合金龙骨两种材质，吊顶体系由主龙骨、次龙骨、边龙骨、吊挂件和吊杆组成。根据截面形状可分为：T形龙骨（T形主龙骨和T形次龙骨）和L形边龙骨。一般主龙骨的长度3000mm，主龙骨的侧面有长方形孔和圆形孔，方形孔供次龙骨穿插连接，圆形孔供悬吊固定。次龙骨的长度根据罩面板的规格确定，一般为600mm。装饰工程中进场的T形金属龙骨表面烤漆应平滑、顺直、无毛刺，烤漆膜厚度一致。

2. 饰面板

T形金属龙骨吊顶面板材料主要有硅钙板和矿棉吸声板等。

（1）硅钙板。硅钙板是以建筑石膏为主要原料，掺入少量纤维材料等制成的有多种图案、花饰的板材，如印花板、穿孔板、浮雕板等。硅钙板是一种新型的室内装饰材料，具有质轻、防火、易加工、安装简单等特点。可结合T形金属龙骨广泛用于公共空间室内吊顶的装饰。常用规格为595m×595mm，厚度为14mm。

（2）矿棉吸声板。以矿渣棉为主要原料，加入适量胶黏剂、防尘剂等，经加压成型、烘干、表面处理等工序制成。矿棉吸声板具有质轻、阻燃、保温、隔热、吸声等优点。其形状主要为长方形和正方形，常用规格为595m×595mm，厚度为14mm和16mm。此外，矿棉板也有大尺寸规格：595m×1195mm，厚度为14mm和16mm，且有多种板边类型可供选择，如图3-15所示。

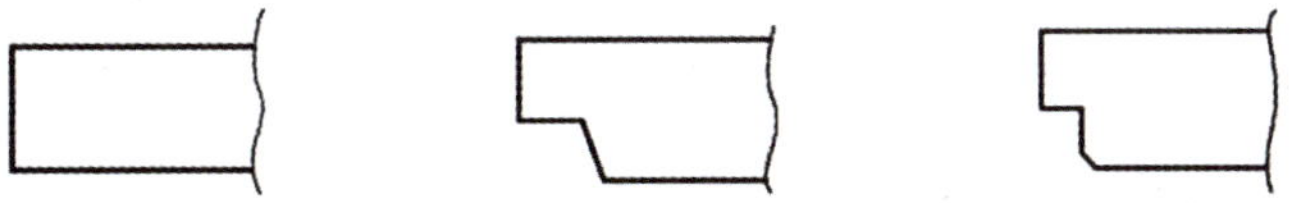

图3-15 矿棉吸声板类型

（a）平板 （b）宽边斜角 （c）窄边切角

需要注意的是，硅钙板和矿棉吸声板的实际尺寸分为公制595mm×595mm和英制603mm×603mm，没有整数，不是习惯上说的600mm×600mm标准，但是部分供应商也提供定制尺寸服务。

3. 附属设备

附属设备有按设计要求选用的LED平板灯、格栅灯、换气扇等。

三、T形金属龙骨吊顶施工机具与工艺流程

1. 施工机具

施工机具主要有型材切割机、冲击钻、射钉枪、激光水准仪、钢锯、钳子、方尺、钢尺、钢水平尺、墨斗、脚手架、人字梯等。

2. 施工工艺流程

T形金属龙骨吊顶施工工艺流程：交接验收→弹线定位→固定边龙骨→固定悬吊体系→主次龙骨安装、调平→安装饰面板→检查修整。

四、T形金属龙骨吊顶施工要点

1. 交接验收

T形金属龙骨吊顶的交接验收工作与UC形轻钢龙骨吊顶一致。

2. 弹线定位

按设计图纸要求弹出吊顶的标高线、主龙骨布置线、吊挂点定位线、大中型设备的吊顶定位线。

3. 固定边龙骨

边龙骨沿吊顶标高线钉牢，固定时可采用木楔铁钉或射钉固定，固定间距500~800mm。一般情况下，边龙骨不能承重，只起到收口的作用。需要注意的是，如果为陶瓷或石材墙面，则边龙骨应使用胶黏剂进行粘贴，禁止使用射钉固定，以免破坏墙面。

4. 固定吊杆和吊挂件

由于T形龙骨吊顶为活动式吊顶，吊顶罩面板拆装方便，内部设备检修随时随地都可进行，且不作上人考虑，所以其悬吊体系比较简单，主要由膨胀螺丝、螺纹丝杆和吊挂件组成。施工时，在主龙骨布置线上按设计要求的吊挂点间距打孔，安装吊杆和吊挂件，孔深应不超过40mm。

5. 主、次龙骨的安装与调平

（1）主、次龙骨的安装。T形主、次龙骨通常采用专用吊挂件与吊杆连接，其固定和调平方法与UC形轻钢龙骨相同，次龙骨应通过主龙骨上的插接孔安装就位，如图3-16所示。如果吊顶为双层结构，T形主、次龙骨应通过专用挂件与承载龙骨连接，如图3-17所示。

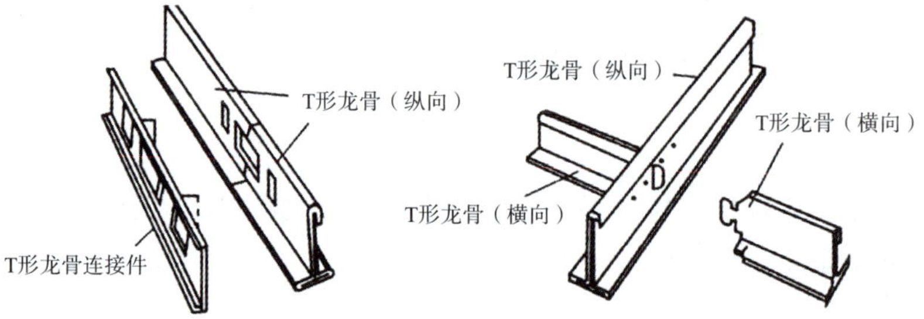

图3-16　T形金属龙骨骨架安装示意图

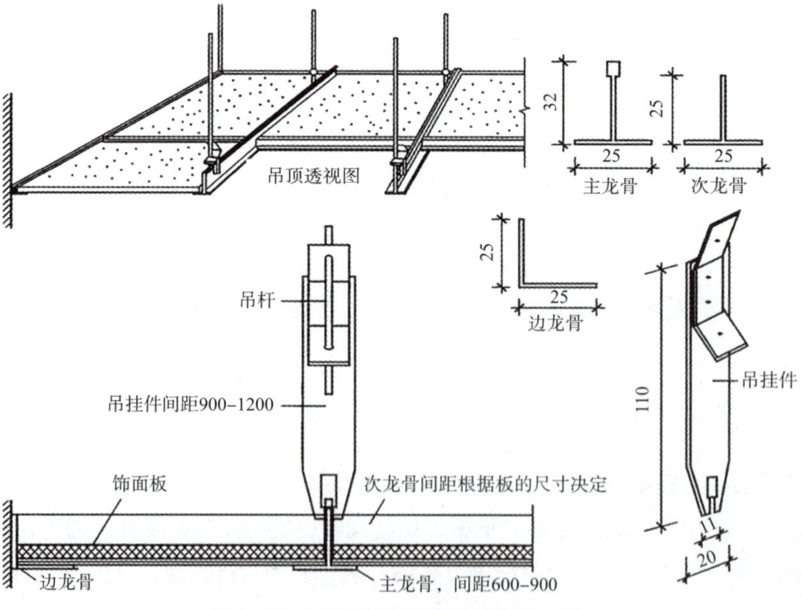

图3-17　T形金属龙骨吊顶安装示意图

（2）龙骨调平。龙骨架安装就位后，沿边龙骨拉出几条纵横控制线，从一端开始，边安装边调整，直到全部龙骨调平、调直为止。

6. 安装饰面板

T形龙骨面板材料的安装分为明龙骨、半隐蔽龙骨、隐蔽式龙骨三种，如图3-18所示。明龙骨构造是将饰面板直接搁置在龙骨架网格的倒T形翼缘上；半隐蔽龙骨和隐蔽式龙骨构造是将饰面板的板边做成卡口，饰面板卡入龙骨。

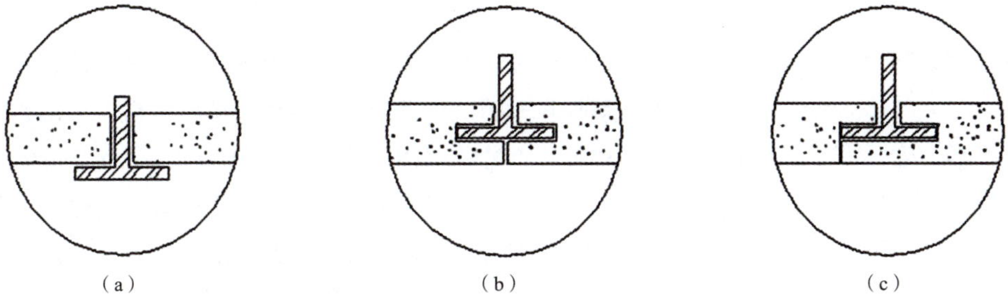

图3-18　T形金属龙骨吊顶饰面板安装示意图

（a）明龙骨　（b）半隐蔽龙骨　（c）隐蔽式龙骨

7. 检查修整

饰面板安装完毕后应进行检查，饰面板拼花不严密或颜色不一致的要调换，花纹图案拼接有误要纠正，然后安装灯具或其他附属设备。

任务5
金属装饰板吊顶

金属装饰板吊顶是配套组装式吊顶的一种，其主要特点是重量较轻、安装方便、施工速度快，安装完毕即可达到装修效果，集吸声、防火、装饰等功能于一体。板材有不锈钢板、防锈铝板、电化铝板、镀铝板、镀锌钢板、彩色镀锌钢板等，表面有抛光、亚光、浮雕、烤漆或喷砂等多种形式。其类型基本分为两大类：一是条形板，其中有封闭式、扣板式、波纹式、重叠式、凹凸式等；二是方形板或矩形板，其中方形板有藻井式、内圆式、龟板式等。金属装饰板一般适用于候车大厅、地铁站、图书馆、展览厅等公共空间；同时，在家装工程中，厨房、阳台、卫生间等空间也有广泛的使用。

一、金属装饰板吊顶的构造

1. 方形金属装饰板安装

方形金属装饰板有两种安装方法：一种是搁置式安装，与活动式吊顶顶棚罩面安装方法相同，如图3-19所示；另一种是卡入式安装，只需将方形板向上的褶边（卷边）卡入嵌龙骨的钳口，调平、调直即可，如图3-20所示，板的安装顺序可任意选择。

2. 长条形金属装饰板安装

长条形金属装饰板沿边分为卡边与扣边两种。

卡边式长条形金属装饰板安装时，只需直接利用板的弹性将板沿按顺序卡入特制带夹齿状的龙骨卡口内，调平、调直即可，不需要任何连接件。此种板形有板缝，故称为“开敞式”（敞缝式）吊顶顶棚。板缝有利于顶棚通风，可以不进行封闭，也可按设计要求加设配套的嵌条予以封闭，如图3-21所示。

扣边式长条金属装饰板可与卡边式金属装饰板一样，安装在带夹齿状龙骨卡口内，利用板本身的弹性相互卡紧。由于此种板有一平伸出的板肢，正好将板缝封闭，故又称封闭式吊顶顶棚。

接下来以家装工程中常用的方形金属装饰板吊顶卡入式安装为例，介绍金属装饰板吊顶的安装施工。

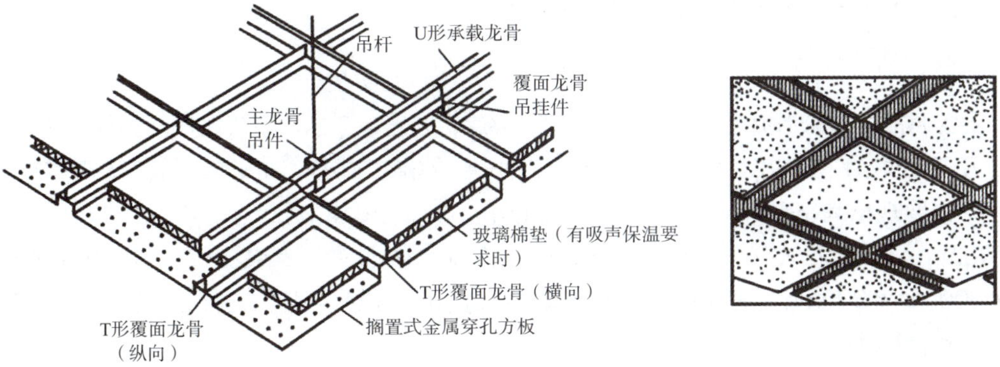

图3-19 方形金属装饰板吊顶搁置式安装示意图

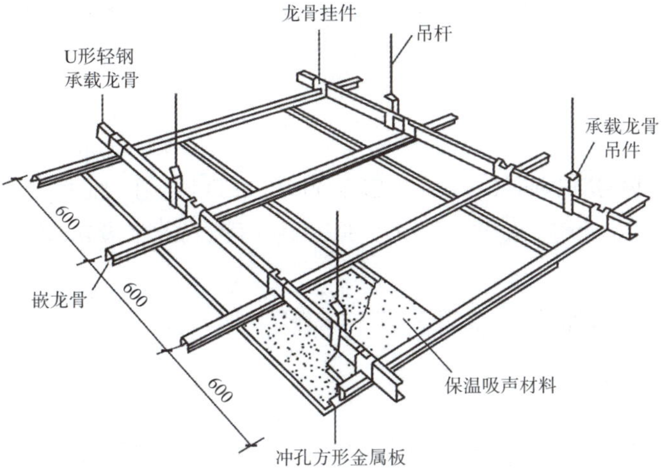

图3-20 方形金属板吊顶卡入式安装示意图

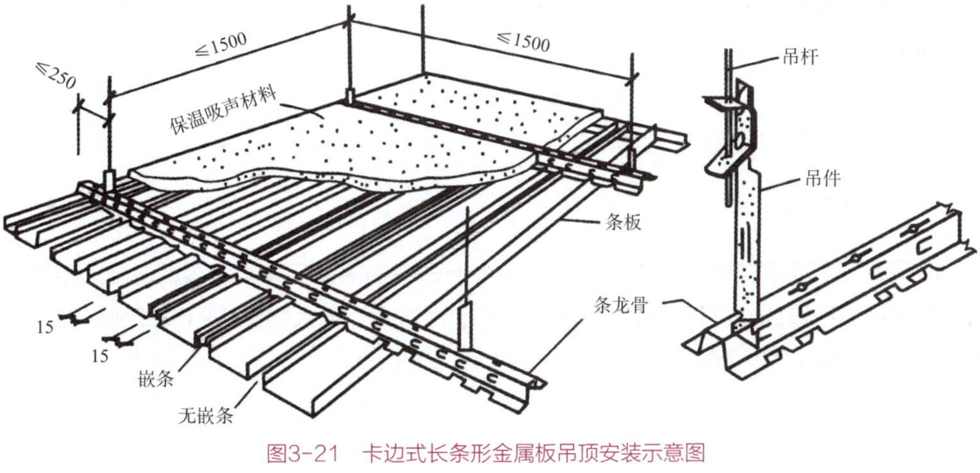

图3-21 卡边式长条形金属板吊顶安装示意图

二、金属装饰板吊顶材料及质量要求

1. 金属扣板

金属扣板又称铝扣板，其表面经吸塑、喷涂、抛光等工艺，耐久性强，不易变形、不易开裂，质感和装饰感均优于塑料扣板，有防火、防潮、防腐、抗静电、吸声、隔声等优点，主要规格有300mm×300mm、350mm×350mm、400mm×400mm、500mm×500mm、600mm×600mm，厚度0.6mm或0.8mm；目前，家装工程中最常用的规格为300mm×300mm。进场的铝扣板应有产品合格证；漆面平整，无脱落、起皮；板边整齐、光滑无毛刺。

2. 专用三角龙骨及配件

专用三角龙角骨及配件有承载龙骨、三角龙骨、边龙骨、三角龙骨专用挂件、螺纹吊杆、承载龙骨挂件、膨胀螺丝，设计有要求的按设计要求选择，设计未说明的须符合相关标准规定。

3. 配套设备

配套设备有风暖浴霸（规格300mm×600mm）、LED平板灯（规格300mm×600mm、300mm×600mm）、凉霸（规格300mm×300mm）等根据业主要求选配。

三、金属装饰板吊顶施工机具与工艺流程

1. 施工机具

施工机具有型材切割机、激光水准仪、冲击钻、手电钻、龙骨剪、水平尺、钢卷尺、钳子、墨斗、马镫等。

2. 施工工艺流程

金属装饰板吊顶施工工艺流程：弹线定位→固定吊挂杆件→龙骨架安装→安装罩面板→板缝处理。

四、金属装饰板吊顶施工要点

1. 弹线定位

使用激光水准仪以地面基准+50cm线为参照，弹出吊顶标高水平线；按吊顶平面图弹出承载龙骨的布置线，承载龙骨应从吊顶中心向两边分，最大间距不超过1200mm，在主龙骨布置线上标出吊杆固定点位置，间距900~1000mm。

2. 固定吊挂杆件

使用膨胀帽或轻钢龙骨吊顶一体射钉固定吊挂杆件。吊杆常用规格为φ6或φ8的螺纹丝杆。

3. 龙骨架安装

（1）安装边龙骨。沿吊顶标高线固定边龙骨，在家装工程中安装金属装饰板的空间墙面大多使用陶瓷内墙砖和石材进行装饰，因此不能使用射钉固定，只能使用胶黏剂将边龙骨粘接固定于墙面上。

（2）安装承载龙骨。承载龙骨及挂件的安装同UC形轻钢龙骨安装方式。

（3）安装三角龙骨。使用专用三角挂片将三角龙骨挂载于承载龙骨上。

4. 安装罩面板

直接将方形板卡入三角龙骨的缝隙中即可，如图3-22至图3-25所示。

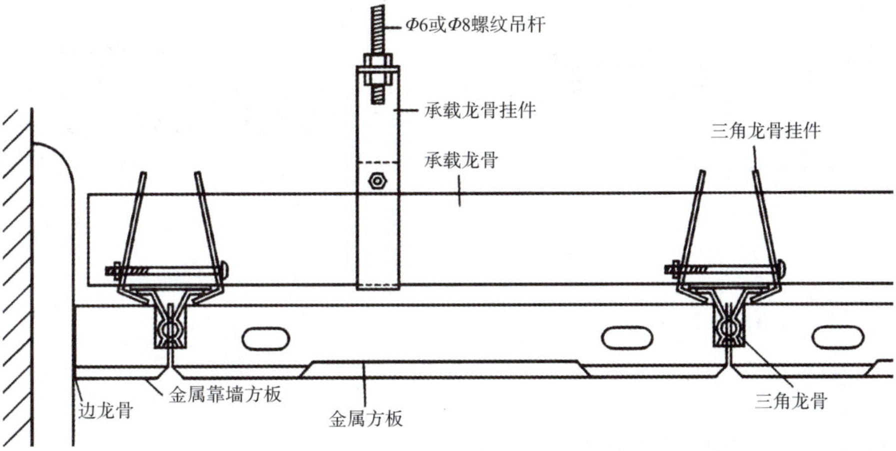

图3-22　方形金属吊顶板卡入式安装示意图（1）

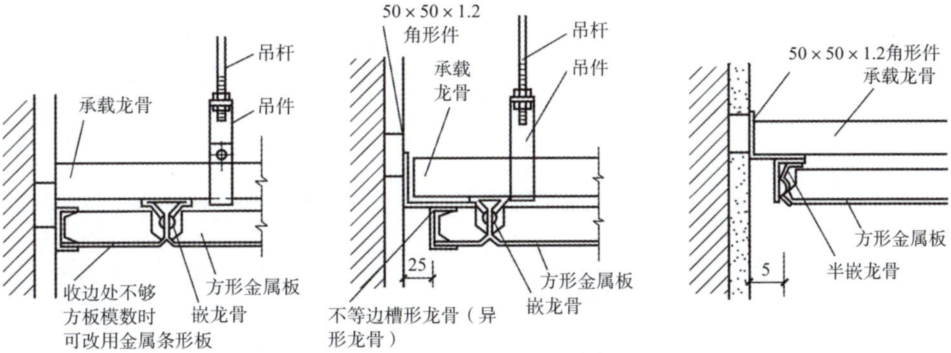

图3-23　方形金属吊顶板卡入式安装示意图（2）

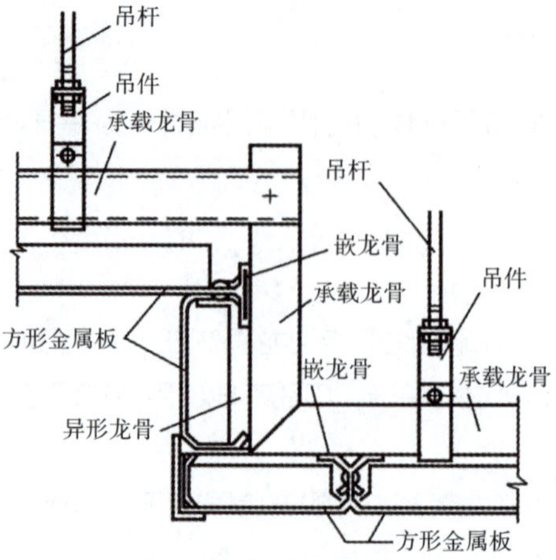

图3-24　方形金属吊顶板变标高构造示意图

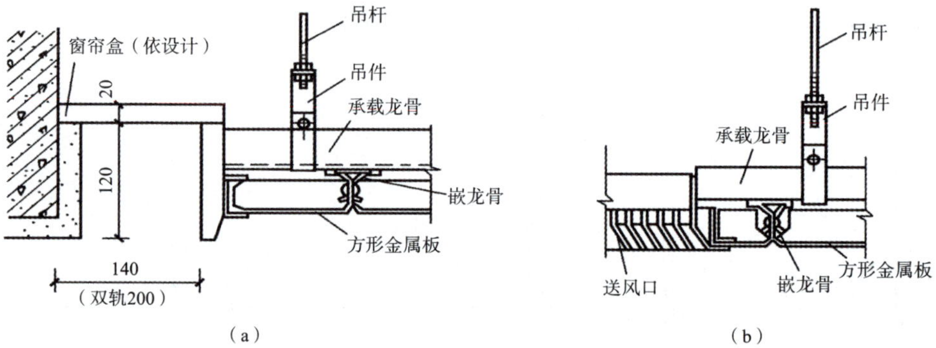

图3-25　方形金属板吊顶窗帘盒与送风口构造做法示意图

（a）窗帘盒与吊顶连接节点　（b）送风口节点做法

5. 缝隙处理

使用密封胶填充边龙骨与墙体之间的缝隙。

任务6
开敞式吊顶

开敞式吊顶是通过一定数量的标准化定型单体构件相互组合成单元体，再将单元体拼排，通过龙骨或不通过龙骨而直接悬吊在结构基体下，形成既遮又透，有利于建筑通风及声学处理，还起到装饰效果的一种新型吊式顶棚。开敞式吊顶特别适用于商场、图书馆等公共空间的装饰。

标准化定型单体构件一般多用木材、金属、塑料等材料制造。金属单元构件重量轻、耐用、防火、防潮、色彩鲜艳，是最常用的材料，主要有铝合金、彩色镀锌钢板、镀锌钢板等。金属单元构件又分为格片型和格栅型两类。

下面以金属单元构件为例，介绍开敞式吊顶施工。因开敞式吊顶结构简单且构件类型和卡接龙骨类型多样，故不再单独介绍材料及施工工艺流程。

一、金属格片型开敞式吊顶施工

1. 单体构件拼装

格片型金属单体构件拼装方式较为简单，只需将金属格片按排列图案先裁锯成规定长度，然后卡入特制的格片龙骨卡口内即可，如图3-26所示。需要注意的是，格片斜交布置式的龙骨必须长短不一，每根均不相同，宜先放样后下料，先在地面上搭架拼成方形或矩形单元体，然后进行吊装；格片纵横布置式及十字交叉布置式可先拼成方形或矩形单元体，

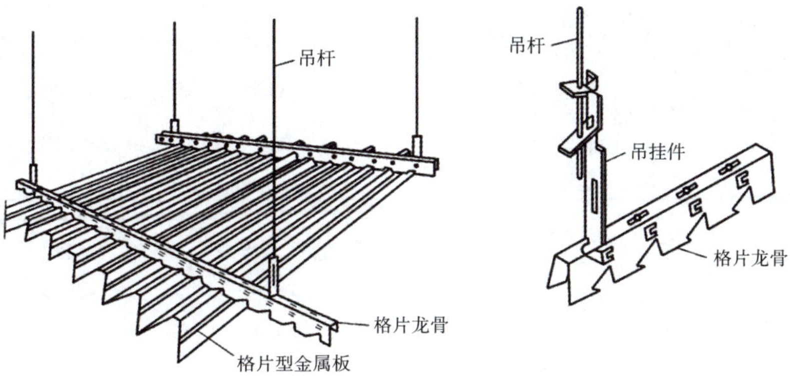

图3-26　格片型金属板单体构件安装及悬吊示意图

然后两块进行吊装，也可先将龙骨安装好，一片片往龙骨卡口内卡入。十字交叉式格片安装时必须采用专用特制的十字连接件，并用龙骨骨架固定其十字连接件，如图3-27所示。

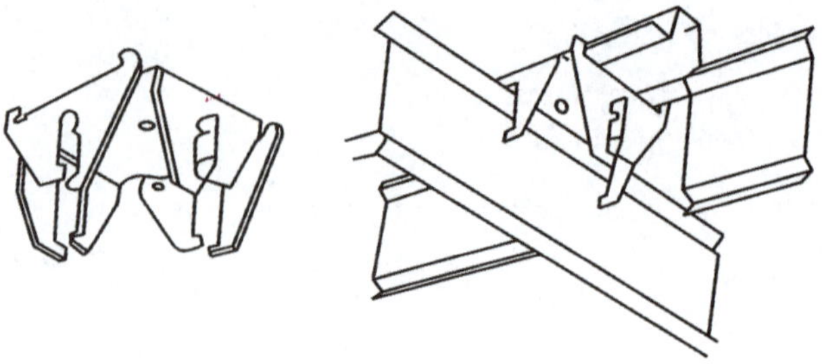
（a）　　（b）

图3-27　格片型金属板的单体十字连接示意图

（a）十字连接件　（b）格片金属板的十字形连接

2. 单元安装固定

格片型金属单元体安装固定一般用圆钢吊杆及专门配套的吊挂件（参见图3-26）与龙骨连接。此种吊挂件可沿吊杆上下移动，压紧两片簧片即松，放松簧片即卡紧，对调整龙骨平整度十分方便。

安装时可先组成单元体，如圆形、方形或矩形，再用吊挂件将龙骨与吊杆连接固定并调平即可。也可将龙骨先安装好，一片一片单独卡入龙骨口内。无论采用何种方法安装，均应将所有龙骨相互连接成整体，且龙骨两端应与墙柱面连接固定，避免整个吊顶棚晃动。安装宜从角边开始，最后一个单元体留下数个格片先不钩挂，待固定龙骨后再挂。

二、金属复合单板网络格栅型开敞式吊顶施工

1. 单体构件拼装

复合单板网络格栅型金属单体构件拼装一般都是以金属复合吸声单板，通过特制的网络支架嵌插组成不同的平面几何图案，如三角形、纵横直线形、四边形、菱形、工字形、六角形等，或将两种以上几何图形组成复合图案，如图3-28至图3-30所示。

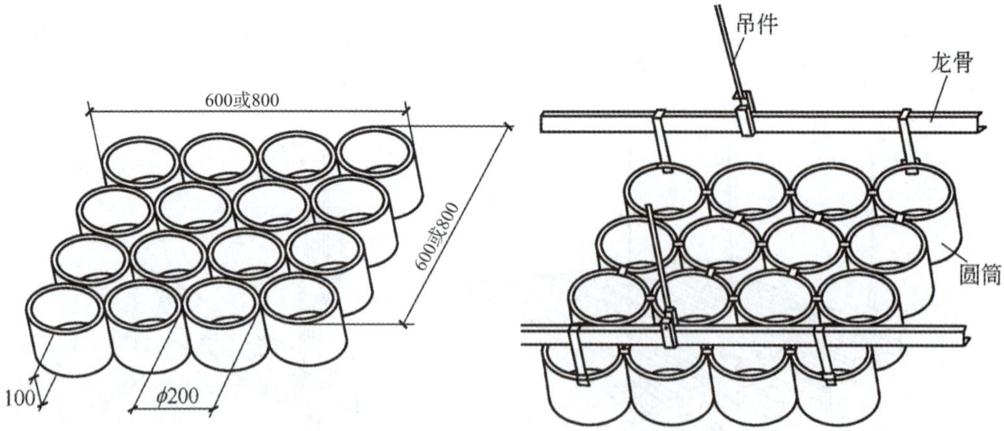

图3-28　铝合金圆筒形天花板吊顶基本构造示意图

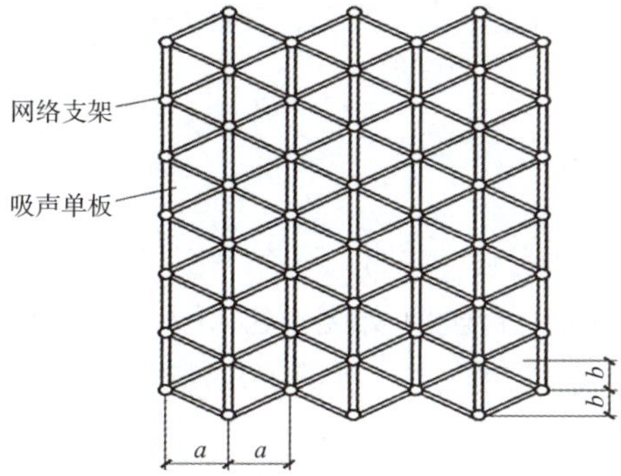

图3-29　网络格栅型吊顶平面效果示意图

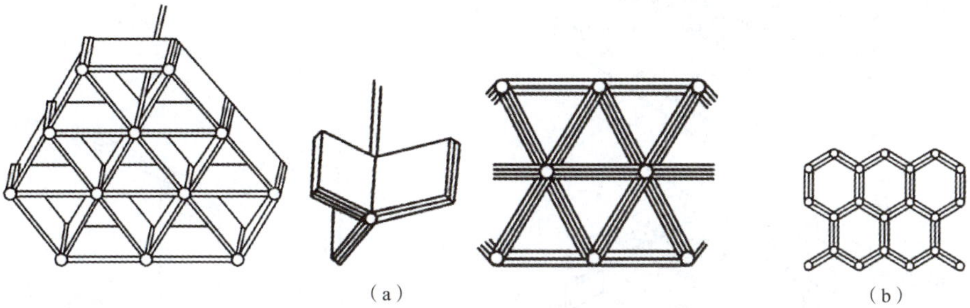

图3-30　利用网络支架做不同的插接形式

（a）三角形图案　（b）六角形图案

2. 单元安装固定

（1）吊顶吊杆固定。此种吊顶顶棚吊点位置即吊杆位置要十分准确，如图3-31所示。吊杆规格按网络体单位面积重量经计算确定，一般采用$\phi8\sim\phi10$mm螺纹丝杆。

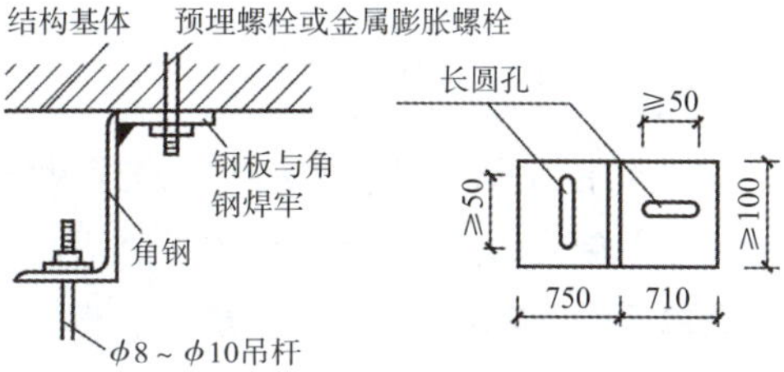

图3-31　吊杆左右位置调整构造示意图

（2）单元安装固定。此种网络格栅单元体整体刚度较好，一般可以逐个单元体直接用人力抬举至结构基体上进行安装。安装时应从一角边开始，循序展开。

三、铝合金格栅型开敞式吊顶施工

1. 施工准备工作

与前述各类开敞式吊顶顶棚施工准备工作相同。由于铝合金格栅型单元比前述格片式、网络型单元体整体刚度较差，故吊装时多用通长钢管和专用卡具，或不用卡具而采用带卡口的吊管，或预先加工好悬吊骨架，将多个单元体组装在一起吊装。此时，吊点位置及相应吊杆数量较少，所以应按事先选定的吊装方案，设计好吊点位置，并埋设或安装好吊点连接件。

2. 单体构件拼装

当格栅型铝合金板采用标准单体构件时，其单体构件之间的连接拼装，使用与网格支架作用相似的托架及专用十字连接件连接，如图3-32所示。当采用铝合金格栅型标准单体构件时，通常采用插接、挂接或榫接的方法，如图3-33所示。

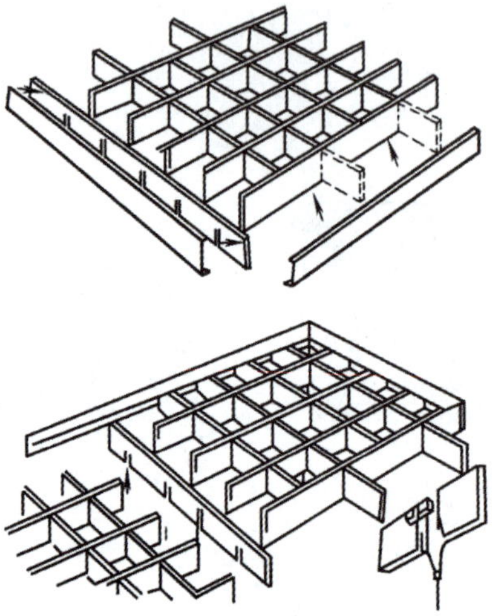

图3-32 铝合金格栅十字连接件组装示意图

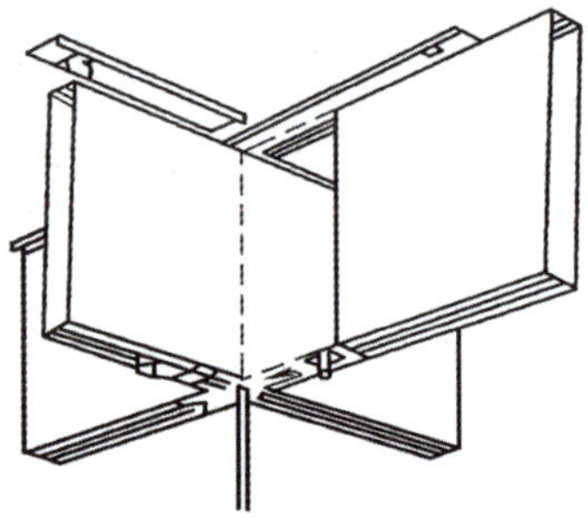

图3-33 铝合金格栅型吊顶板拼装示意图

3. 单元安装固定

（1）吊杆固定。吊杆固定方法与其他开敞式吊顶相同（参见图3-31）。

（2）单元体安装。铝合金格栅型吊顶顶棚安装一般有两种方法：第一种是将组装后的格栅单元体直接用吊杆与结构基体相连，不另设骨架支撑。此种方法使用吊杆较多，施工速度较慢。第二种是将数个格栅单元体先固定在骨架上，并相互连接调平形成一个局部整体，再整个举起，将骨架与结构基体相连。第二种方法使用吊杆较少，施工速度较快，使用专门卡具先将数个单元体连成整体，再用通长的钢管将其与吊杆连接固定，如图3-34所示；再用带卡口的吊管及插管将数个

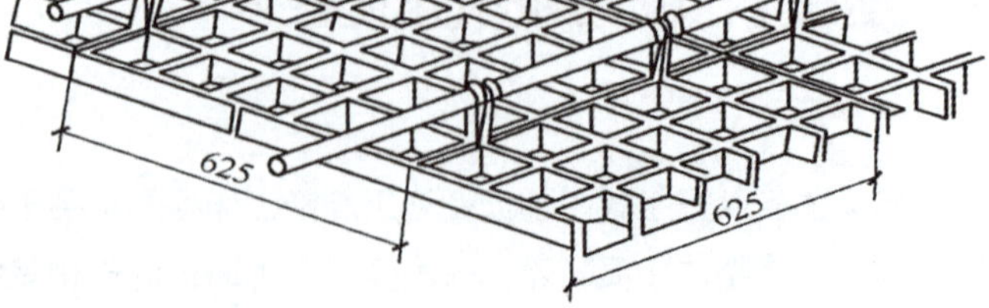

图3-34 使用卡具和通长钢管安装示意图

单元体担住，连成整体，用吊杆将吊管固定于结构的基体下，如图3-35所示。单体构件拼装时即把悬吊骨架与其连成局部整体，而后悬吊固定于结构基体下，如图3-36所示。不论采用何种安装方式，均应及时与墙、柱面连接。

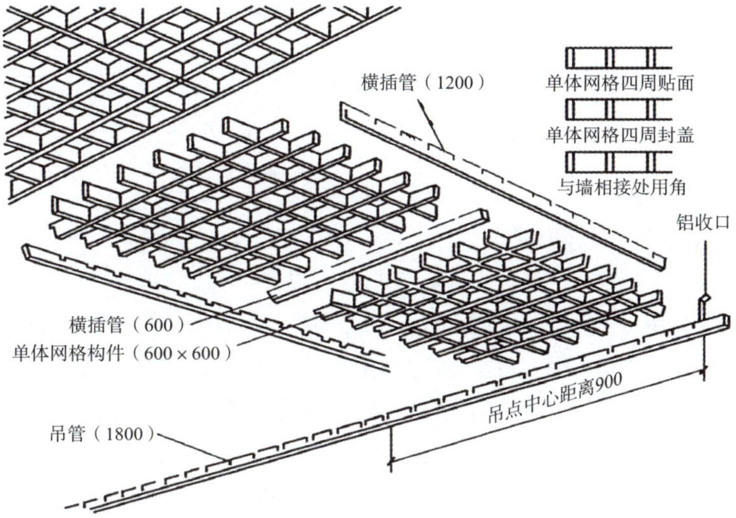

图3-35　不用卡具的吊顶安装构造示意图

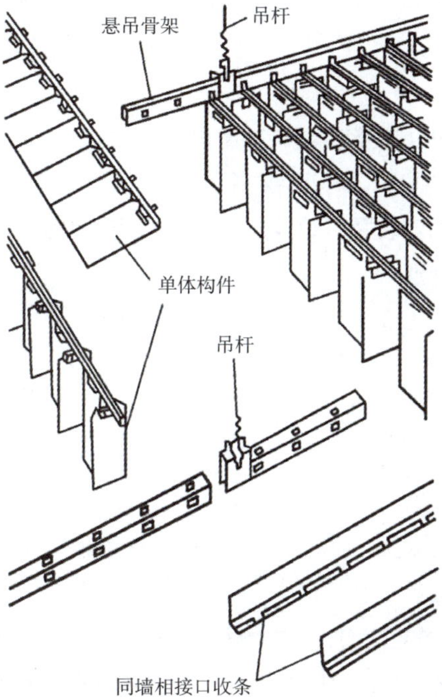

图3-36　预先加工好悬挂构造的吊顶安装示意图

任务7
吊顶工程的质量验收

一、吊顶工程的一般规定

本任务内容适用于整体面层吊顶、板块面层吊顶和格栅吊顶等分项工程的质量验收。整体面层吊顶包括以轻钢龙骨、铝合金龙骨和木龙骨等为骨架，以石膏板、水泥纤维板和木板等为整体面层的吊顶；板块面层吊顶包括以轻钢龙骨、铝合金龙骨和木龙骨等为骨架，以石膏板、金属板、矿棉板、木板、塑料板、玻璃板和复合板等为板块面层的吊顶；格栅吊顶包括以轻钢龙骨、铝合金龙骨和木龙骨等为骨架，以金属、木材、塑料和复合材料等为格栅面层的吊顶。

（1）吊顶工程验收时应检查下列文件和记录：

①吊顶工程的施工图、设计说明及其他设计文件。

②材料的产品合格证书、性能检验报告、进场验收记录和复验报告。

③隐蔽工程验收记录。

④施工记录。

（2）吊顶工程应对人造木板的甲醛释放量进行复验。

（3）吊顶工程应对下列隐蔽工程项目进行验收：

①吊顶内管道、设备的安装及水管试压、风管严密性检验。

②木龙骨防火、防腐处理。

③埋件。

④吊杆安装。

⑤龙骨安装。

⑥填充材料的设置。

⑦反支撑及钢结构转换层。

（4）同一品种的吊顶工程每50间应划分为一个检验批，不足50间也应划分为一个检验批，大面积房间和走廊可按吊顶面积每30m^2计为1间。

（5）每个检验批应至少抽查10%，并不得少于3间，不足3间时应全数检查。

（6）安装龙骨前，应按设计要求对房间净高、洞口标高和吊顶内管道、设备及其支架的标高进行交接检验。

（7）吊顶工程的木龙骨和木面板应进行防火处理，并应符合有关设计防火标准的规定。

（8）吊顶工程中的埋件、钢筋吊杆和型钢吊杆应进行防腐处理。

（9）龙骨端部距离不得大于300mm。当吊杆长度大于1500mm时，应设置反支撑。当吊杆与设备相遇时，应调整并增设吊杆或采用型钢支架。

（10）重型设备和有振动荷载的设备严禁安装在吊顶工程的龙骨上。

（11）吊顶埋件与吊杆的连接、吊杆与龙骨的连接、龙骨与面板的连接应安全可靠。

（12）吊杆上部为网架、钢屋架或吊杆长度大于2500mm时，应设有钢结构转换层。

（13）大面积或狭长形吊顶面层的伸缩缝及分格缝应符合设计要求。

二、整体面层吊顶工程

1. 主控项目

（1）吊顶标高、尺寸、起拱和造型应符合设计要求。检验方法：观察；尺量检查。

（2）面层材料的材质、品种、规格、图案、颜色和性能应符合设计要求及国家现行标准的有关规定。检验方法：观察；检查产品合格证书、性能检验报告、进场验收记录和复验报告。

（3）整体面层吊顶工程的吊杆、龙骨和面板的安装应牢固。检验方法：观察；手扳检查；检查隐蔽工程验收记录和施工记录。

（4）吊杆和龙骨的材质、规格、安装间距及连接方式应符合设计要求。金属吊杆和龙骨应经过表面防腐处理；木龙骨应进行防腐、防火处理。检验方法：观察；尺量检查；检查产品合格证书、性能检验报告、进场验收记录和隐蔽工程验收记录。

（5）石膏板、水泥纤维板的接缝应按其施工工艺标准进行板缝防裂处理。安装双层板时，面层板与基层板的接缝应错开，并不得在同一根龙骨上接缝。检验方法：观察。

2. 一般项目

（1）面层材料表面应洁净、色泽一致，不得有翘曲、裂缝及缺损，压条应平直、宽窄一致。检验方法：观察；尺量检查。

（2）面板上的灯具、烟感器、喷淋头、风口箅子和检修等设备设施的位置应合理、美观，与面板的交接应吻合、严密。检验方法：观察。

（3）金属龙骨的接缝应均匀一致，角缝应吻合，表面应平整，应无翘曲和锤印。木质龙骨应顺直，应无劈裂和变形。检验方法：检查隐蔽工程验收记录和施工记录。

（4）吊顶内填充吸声材料的品种和铺设厚度应符合设计要求，并应有防散落措施。检验方法：检查隐蔽工程验收记录和施工记录。

（5）整体面层吊顶工程安装的允许偏差和检验方法应符合表3-1的规定。

表3-1　整体面层吊顶工程安装的允许偏差和检验方法

项次	项目	允许偏差/mm	检验方法
1	表面平整度	3	用2m靠尺和塞尺检查
2	缝格、凹槽直线度	3	拉5m线，不足5m拉通线，用钢直尺检查

三、板块面层吊顶工程

1. 主控项目

（1）吊顶标高、尺寸、起拱和造型应符合设计要求。检验方法：观察；尺量检查。

（2）面层材料的材质、品种、规格、图案、颜色和性能应符合设计要求及国家现行标准的有关规定。当面层材料为玻璃板时，应使用安全玻璃并采取可靠的安全措施。检验方法：观察；检查产品合格证书、性能检验报告、进场验收记录和复验报告。

（3）面板的安装应稳固严密，面板与龙骨的搭接宽度应大于龙骨受力面宽度的2/3。检验方法：观察：手扳检查：尺量检查。

（4）吊杆和龙骨的材质、规格、安装间距及连接方式应符合设计要求。金属吊杆和龙骨应进行表面防腐处理；木龙骨应进行防腐、防火处理。检验方法：观察；尺量检查；检查产品合格证书、性能检验报告、进场验收记录和隐蔽工程验收记录。

（5）板块面层吊顶工程的吊杆和龙骨安装应牢固。检验方法：手扳检查；检查隐蔽工程验收记录和施工记录。

2. 一般项目

（1）面层材料表面应洁净、色泽一致，不得有翘曲、裂缝及缺损。面板与龙骨的搭接应平整、吻合，压条应平直、宽窄一致。检验方法：观察；尺量检查。

（2）面板上的灯具、烟感器、喷淋头、风口箅子和检修口等设备设施的位置应合理、美观，与面板的交接应吻合、严密。检验方法：观察。

（3）金属龙骨的接缝应平整、吻合、颜色一致，不得有划伤和擦伤等表面缺陷。木质龙骨应平整、顺直，应无劈裂。检验方法：观察。

（4）吊顶内填充吸声材料的品种和铺设厚度应符合设计要求，并应有防散落措施。检验方法：检查隐蔽工程验收记录和施工记录。

（5）板块面层吊顶工程安装的允许偏差和检验方法应符合表3-2的规定。

表3-2　板块面层吊顶工程安装的允许偏差和检验方法

项次	项目	允许偏差/mm				检验方法
		石膏板	金属板	矿棉板	模板、塑料板、玻璃、复合板	
1	表面平整度	3	2	3	2	用2m靠尺和塞尺检查
2	接缝直线度	3	2	3	3	拉5m线，不足5m拉通线，用钢直尺检查
3	接缝高低差	1	1	2	1	用钢直尺和塞尺检查

四、格栅吊顶工程

1. 主控项目

（1）吊顶标高、尺寸、起拱和造型应符合设计要求。检验方法：观察；尺量检查。

（2）格栅的材质、品种、规格、图案、颜色和性能应符合设计要求及国家现行标准的有关规定。检验方法：观察；检查产品合格证书、性能检验报告、进场验收记录和复验报告。

（3）吊杆和龙骨的材质、规格、安装间距及连接方式应符合设计要求。金属吊杆和龙骨应进行表面防腐处理；木龙骨应进行防腐、防火处理。检验方法：观察；尺量检查；检查产品合格证书、性能检验报告、进场验收记录和隐蔽工程验收记录。

（4）格栅吊顶工程的吊杆、龙骨和格栅的安装应牢固。检验方法：观察；手扳检查；检查隐蔽工程验收记录和施工记录。

2. 一般项目

（1）格栅表面应洁净、色泽一致，不得有翘曲、裂缝及缺损。栅条角度应一致，边缘应整齐，接口应无错位，压条应平直、宽窄一致。检验方法：观察；尺量检查。

（2）吊顶的灯具、烟感器、喷淋头、风口箅子和检修口等设备设施的位置应合理、美观，与格栅的套割交接处应吻合、严密。检验方法：观察。

（3）金属龙骨的接缝应平整、吻合、颜色一致，不得有划伤和擦伤等表面缺陷。木质龙骨应平整、顺直，应无劈裂。检验方法：观察。

（4）吊顶内填充吸声材料的品种和铺设厚度应符合设计要求，并应有防散落措施。检验方法：观察；检查隐蔽工程验收记录和施工记录。

（5）格栅吊顶内楼板、管线设备等表面处理应符合设计要求，吊顶内各种设备管线布置应合理、美观。检验方法：观察。

（6）格栅吊顶工程安装的允许偏差和检验方法应符合表3-3的规定。

表3-3　　格栅吊顶工程安装的允许偏差和检验方法

项次	项目	允许偏差		检验方法
		金属格栅	木格栅、塑料格栅、复合材料格栅	
1	表面平整度	2	3	用2m靠尺和塞尺检查
2	格栅直线度	2	3	拉5m线，不足5m拉通线，用钢直尺检查

课后练习

1. 吊顶的功能及类型有哪些?
2. 在家装工程中，经常使用的吊顶有哪些类型？简述这些吊顶的施工工艺流程。
3. 调研需要隐藏在吊顶内部的中央空调、新风机等设备的工作原理与规格尺寸有哪些。
4. 吊顶工程质量验收规范中是如何将吊顶工程如何进行分类的?
5. 家装工程中吊顶施工的常见问题有哪些？如何在吊顶工程施工中避免这些问题的产生?

04

项目4

隔墙与隔断工程

知识目标

1 熟悉隔墙、隔断工程的分类以及隔墙与隔断工程中常用的名词术语。

2 掌握不同类型隔墙、隔断工程的工艺构造及施工中常用主材与辅料的规格与性能特点。

3 熟悉隔墙、隔断工程中常用施工机具的使用方法。

4 掌握不同类型隔墙、隔断工程的施工工艺流程及施工技术要点与质量控制方法。

5 熟悉不同类型隔墙、隔断工程的施工质量验收标准及质量检验方法。

技能目标

1 能够运用国家标准中的专业术语对不同类型的隔墙、隔断工程从实用性、艺术性、工艺性、技术性和经济性等方面进行描述与评价。

2 能够根据设计要求独立承担隔墙、隔断工程施工材料的采购工作，并掌握进场材料的质量检验方法与验收标准。

3 能够运用所学知识设计隔墙、隔断工程，指导施工人员进行隔墙、隔断工程的施工作业或担任隔墙、隔断工程的施工监理人员。

4 能够独立或团队编制室内装饰工程招投标文件中关于隔墙、隔断工程的技术文件。

思政目标

隔墙和隔断是出于使用功能的需要，通过装饰材料与构造手段，对室内空间做更深入、细致的划分，使室内空间层次更丰富，功能更完善。如通过隔墙、隔断工程的施工，使原来的室内空间具有更好的私密性，更好地满足业主或住户对于个人隐私的需求；或者通过对隔墙进行隔音设计，可以围合出更安静的室内空间，这些都更好地满足了使用者的特殊需求，都是设计者或施工人员通过自己的专业技术，更好地满足人民群众、服务人民群众，创造高质量室内装饰工程的范例。

为了划分建筑室内空间，满足使用者对室内空间的功能需求与审美需求，可以使用各种轻质砌块、轻质板条、龙骨骨架或玻璃材料构造隔墙或隔断结构。这些结构虽然不能承重，但由于其墙身薄、自重小，可以提高室内空间的平面利用系数，从而有效利用室内空间面积，且隔墙、隔断拆装方便，还具有隔声、防潮、防火等功能，因此，隔墙与隔断构造在室内装饰工程中经常采用。

任务1
隔墙与隔断工程的基本知识

一、隔墙与隔断的范畴

隔墙与隔断在建筑结构中是非承重构件，根据使用者对室内空间的实际需要，通过设计材料与构造手段，划分建筑室内外空间的装饰工程。现代室内装饰工程中隔墙、隔断设计要求隔断物自身质量轻、厚度薄、拆移方便，并具有一定刚度及隔音、保温能力。因此，隔墙、隔断已逐渐由传统的砌筑空心砖、黏土砖、板条抹灰向各种骨架材料、轻质板材和轻质砌块发展。

隔墙是全封闭式的，一般直接贯穿到顶。它既能在一定程度上遮挡视线，满足隔音的要求，又能在空间限定方面起到较大的作用。隔墙在刚度和稳定性方面比隔断好，隔墙构造一旦完成，进行拆改的成本相对较高。除此之外，在一些比较特殊的场合，隔墙还应该具有防水、防火、防潮、防射线等功能。

隔断是半封闭式的，与隔墙不同，隔断在高度上一般不会到顶，或者虽然在高度上贯穿到顶，但内部构造上保留视觉上的通透。其既遮又透的特点在空间限定程度上较弱。因此，隔断比隔墙的灵活性更大，在使用时不仅可以任意连通或者分割相邻的空间，施工过程中更便于安装和拆卸。

二、隔墙与隔断的分类

目前室内装饰工程中最常用的隔墙、隔断按照构造方式可分为：砌块式、骨架式、轻质板材式及活动式。

1. 砌块式隔墙、隔断

按照一般使用材料可分为普通黏土砖式、加气混凝土砌块式、空心砖砌块式、玻璃砖砌块式等；其中，普通黏土砖虽然是一种十分传统的砌筑材料，且自重较大，但是其相对低廉的成本，使其在现代室内装饰工程中仍有较大市场，尤其是家装工程。

2. 骨架式隔墙、隔断

按照一般使用材料可分为轻钢龙骨式和木龙骨式。其中，轻钢龙骨由于质量轻、强度高、加工方便，可实现装配式施工，因此，在室内装饰工程中逐渐取代木龙骨，成为骨架式隔墙、隔断施工的首选材料。

3. 轻质板材式隔墙、隔断

按照一般使用材料可分为石膏板式、金属夹芯板式、ALC蒸压加气混凝土板式、聚苯夹芯板式等。

4. 活动式隔墙、隔断

按照一般使用材料可分为实木式、铝合金式、塑钢式等。

此外，除上述分类方法以外，按照其使用情况分可分为固定式隔断和活动式隔断；按其外部形式可分为空透式、移动式、屏风式、帐幕式、家具式等。

任务2
骨架式隔墙

骨架隔墙工程包括以轻钢龙骨、木龙骨等为骨架，以纸面石膏板、人造木板、水泥纤维板等为墙面板的隔墙工程。在实际工程中，常用的是轻钢龙骨隔墙和木龙骨隔墙。

一、轻钢龙骨纸面石膏板隔墙

（一）轻钢龙骨纸面石膏板隔墙的基本构造

轻钢龙骨纸面石膏板隔墙，是机械化施工程度较高的一种干作业墙体，具有操作比较方便、施工速度快、工程成本低、劳动强度小、装饰美观、防火性强、隔音性能好等特点，是目前应用较为广泛的一种隔墙。

不同类型、不同规格的轻钢龙骨，可以组成不同的隔墙骨架构造。一般是用沿地、沿顶龙骨与沿墙、沿柱龙骨（用竖龙骨）构成隔墙边框，中间立若干竖向龙骨，它是主要承重龙骨；此外，过高或有门窗的轻钢龙骨隔墙，还要加设通贯龙骨和加强龙骨；竖向龙骨间距根据石膏板宽度而定，一般在石膏板板边、板中各放置一根，间距一般为300mm、400mm或600mm，如图4-1和图4-2所示。轻钢龙骨纸面石膏板隔墙有限制高度，根据轻钢龙骨的断面、刚度和龙骨间距、墙体厚度、石膏板层数等因素而定。

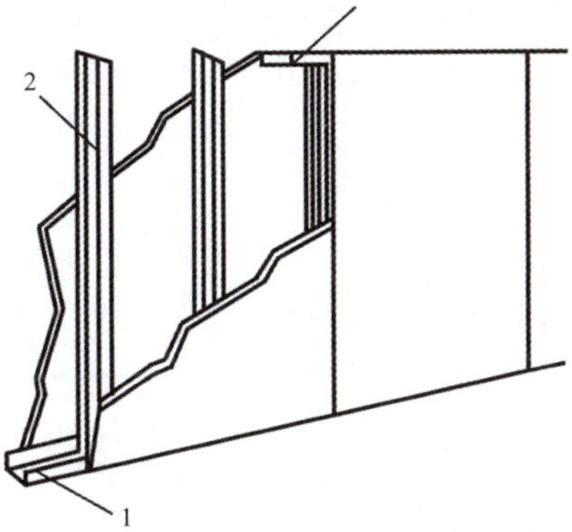

1—沿地龙骨；2—竖龙骨；3—沿顶龙骨。

图4-1　隔墙龙骨布置示意图

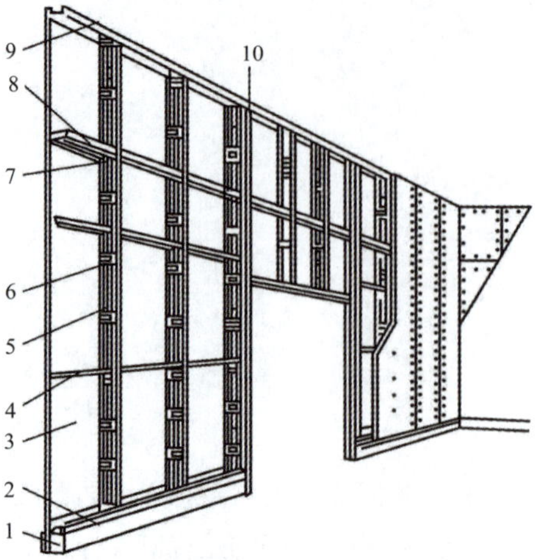

1—混凝土踢脚座；2—沿地龙骨；3—石膏板；4—通贯龙骨；5—贯通孔；
6—支撑卡；7—竖龙骨；8—横撑龙骨；9—沿顶龙骨；10—加强龙骨。

图4-2　轻钢龙骨纸面石膏板隔墙示意图

（二）轻钢龙骨纸面石膏板隔墙材料及质量要求

1. 龙骨材料

轻钢龙骨是以厚度为0.5～1.5mm的镀锌钢带、薄壁冷轧退火卷带或彩色喷塑钢带为原料，经龙骨机辊压而制成的轻质隔墙骨架支承材料。

轻钢龙骨的分类方法很多，按其截面形状的不同，可以分为C形和U形两种；按其使用功能不同，可分为横龙骨（沿顶、沿地、沿墙）、竖龙骨、通贯龙骨和加强龙骨四种；除横龙骨、竖龙骨、通贯龙骨和加强龙骨以外，还有支撑卡、卡托、角托、贯通龙骨连接件、固定件等配件。按其规格尺寸不同，主要可分为Q50（50系列）、Q75（75系列）、Q100（100系列）和Q150（150系列）。一般情况下，3.5m以下的隔墙，可采用50系列轻钢龙骨；对于施工要求及使用要求较高的空间，可采用70系列或100系列。

在装饰施工中，轻钢龙骨的配置应符合设计要求，进场的龙骨材料应有产品质量合格证书，龙骨表面应平整、棱角挺直，过渡角及切边不允许有裂口和毛刺，表面不得有严重的污染、腐蚀和机械损伤。

2. 紧固材料

轻钢龙骨隔墙紧固材料有射钉、膨胀螺栓、自攻螺钉、木楔、铁钉等，紧固材料的质量、规格、数量等应符合设计要求。

3. 垫层材料

垫层材料主要为橡胶条或其他防潮、隔音材料，主要用于轻钢龙骨隔墙和地面或混凝土踢脚座之间的防潮、隔音；垫层材料的质量、规格、数量等应符合设计要求。

4. 填充材料

填充材料主要有玻璃棉、岩棉等保温、隔音、防火材料；填充材料的质量、规格、数量等应符合设计要求。

5. 面板材料

轻钢龙骨隔墙的面板材料一般宜选用纸面石膏板。纸面石膏板分为普通纸面石膏板、防火纸面石膏板和防水纸面石膏板三类，其具有质轻、高强、抗震、防火、防蛀、隔热保温、隔音性能好、可加工性良好等特点。干燥的室内空间宜采用普通纸面石膏板，潮湿和有防水要求的空间宜采用防水纸面石膏板。隔墙用纸面石膏板常用规格为2400mm×1200mm、3000mm×1200mm，厚度有9mm、9.5mm、12mm、15mm等。进场的纸面石膏板应有产品合格证，石膏板的种类、规格应按设计要求选用，外观质量、尺寸、性能等均应符合国家相关质量标准要求。

（三）轻钢龙骨纸面石膏板隔墙施工机具与工艺流程

1. 施工机具

施工机具主要有型材切割机、冲击钻、手电钻、龙骨钳、龙骨剪、铆钉枪、激光水准仪、墨斗等。

2. 施工工艺流程

轻钢龙骨纸面石膏板隔墙施工工艺流程：基层处理与清理→墙位放线→混凝土踢脚座施工→轻钢龙骨安装→安装附墙设备管线→安装纸面石膏板→接缝处理。

（四）轻钢龙骨纸面石膏板隔墙施工技术要点

1. 基层处理与清理

（1）施工条件：

①轻钢龙骨石膏板隔墙在施工前应先完成墙体的基本验收工作，石膏板安装应待屋面、顶棚和墙抹灰完成后进行。

②设计要求隔墙有混凝土踢脚座时，应待踢脚座施工完毕，并达到设计要求的强度后，方可进行轻钢龙骨的安装。

③当主体结构墙、柱为砖砌体时，应在隔墙的交接处按1000mm的间距预埋混凝土预制块，以便进行连接。

（2）基层清理。及时清理轻钢龙骨与建筑物基体相接处的水泥浮灰和污渍。

2. 墙位放线

根据设计图纸，在室内地面确定隔墙的位置线，并将其引至顶棚和侧墙。在地上放出的墙线应为双线，即隔墙两个垂面在地面上的投影线；同时，将门洞口位置、竖向龙骨位置在地面和顶板线上分别标出。

3. 混凝土踢脚座施工

当设计要求设置混凝土踢脚座时，应先对楼地面基层进行清理，并涂刷一遍界面处理剂，然后支模版，浇筑C20素混凝土踢脚座。踢脚座要求上表面应平整，两个侧面应垂直；踢脚座内是否配置构造钢筋或埋设预埋件，应根据设计要求确定。

4. 安装轻钢龙骨

（1）安装沿地、沿顶及沿边龙骨。固定沿地、沿顶及沿边龙骨，可采用射钉或膨胀螺栓，间距一般以900mm为宜，最大不应超过1000mm。轻钢龙骨与建筑基体表面的接触处，一般要求在龙骨与建筑基体的接触面铺设一根通长的橡胶密封条，以起防水和隔音作用。射钉的位置应避开已敷设的暗管。沿地、沿顶及沿边龙骨的固定方法如图4-3所示。

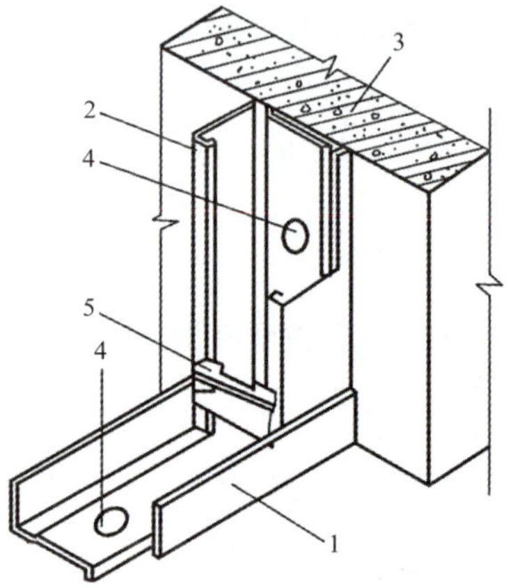

1—沿地龙骨；2—竖向龙骨；3—墙或柱；4—射钉及垫圈；5—支撑卡。

图4-3 沿地、沿墙龙骨与墙、地面固定

（2）安装竖龙骨。竖龙骨间距按设计要求确定，设计无要求时可按纸面石膏板板宽确定。当选用板宽1200mm的纸面石膏板时，竖龙骨间距可定为300mm、400mm、600mm。竖向龙骨与沿地、沿顶龙骨的连接应采用拉铆钉或龙骨钳固定。当隔断墙体较高时，其竖龙骨布置应适当加密。

竖龙骨安装时应由隔断墙的一端开始排列，设有门窗的要从门窗洞口开始分别向两侧展开。当最后一根竖龙骨距离沿墙（柱）龙骨的尺寸大于设计规定的龙骨中距时，必须增加一根竖龙骨。将预先截好长度的竖龙骨推向沿顶、沿地龙骨之间，将预先截好长度的竖龙骨推向沿顶、沿地龙骨之间，按设计间距就位。龙骨的上下端如为刚性连接，均用龙骨钳或抽心铆钉与横向龙骨固定，如图4-4所示。圆曲面隔墙墙体的构造，应根据曲面要求将沿地龙骨、沿顶龙骨切锯成锯齿形，固定在顶面和地面上，然后按较小的间距（一般为150mm）排立竖向龙骨，如图4-5所示。

注意：当采用有冲孔的竖龙骨时，其上下方向不能颠倒。竖龙骨现场截断时，应一律从其上端切割，并应保证各条龙骨的贯通孔高度必须在同一水平面上。

门窗洞口处的竖龙骨安装应按照设计要求进行，两根并用或扣盒子加强龙骨。如果门的尺寸较大且门扇较重时，应在门框外的四周增设斜撑。在安装门窗洞口竖龙骨的同时，应将

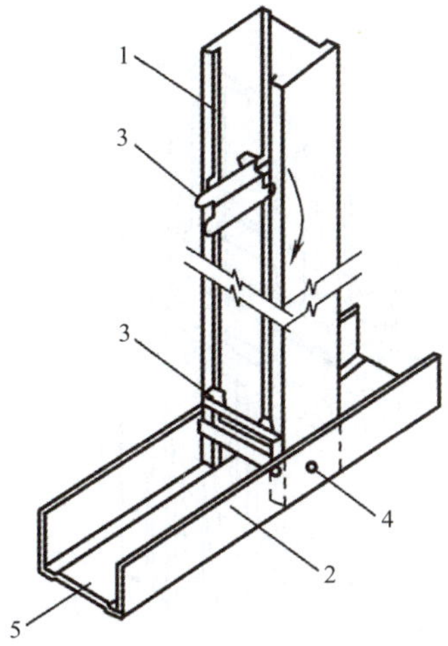

1—竖向龙骨；2—沿地龙骨；
3—支撑卡；4—铆孔；5—橡皮条。

图4-4　竖向龙骨与沿地龙骨固定

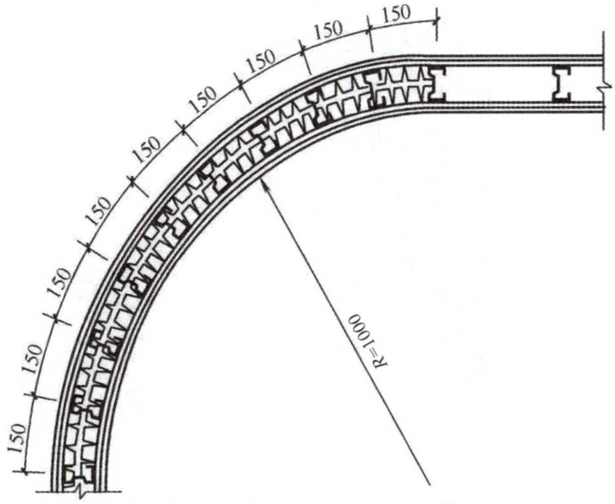

图4-5　圆曲面隔墙轻钢龙骨构造示意图

门口与竖龙骨一并就位固定。

（3）安装横撑龙骨。当隔墙高度超过石膏板长度时，应根据实际需要安装横撑龙骨，横撑龙骨的布置应保证纸面石膏板错缝安装，避免在同一面墙上出现过长的纸面石膏板板缝。

（4）安装通贯龙骨。通贯横撑龙骨的设置，一种是低于3m的隔断墙安装1道，另一种是高3～5m的隔断墙安装2～3道。通贯龙骨横穿各条竖龙骨上的贯通冲孔，需要接长时使用其配套的连接件。在竖龙骨开口面安装支撑卡，与通贯横撑龙骨连接并锁紧，如图4-6和图4-7所示。

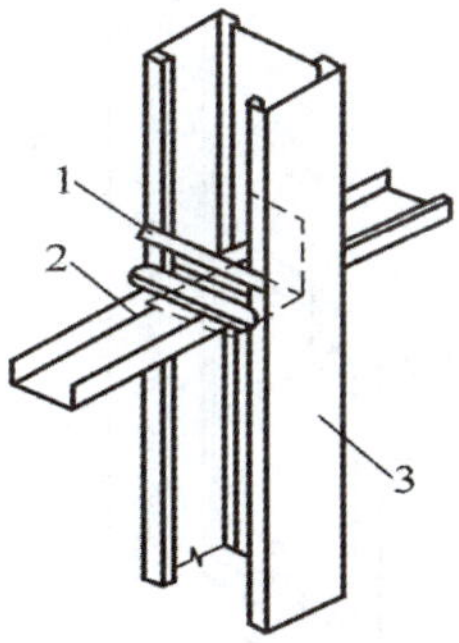

1—支撑卡；2—通贯龙骨；3—竖龙骨。

图4-6　通贯龙骨与竖龙骨的连接

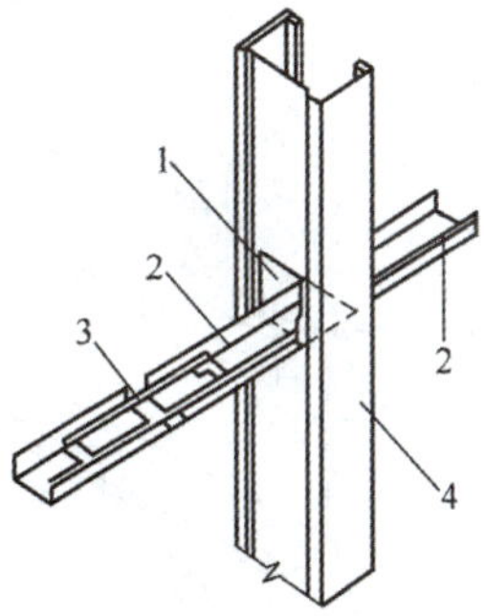

1—贯通孔；2—通贯龙骨；3—通贯龙骨连接件；4—竖龙骨（或加强龙骨）。

图4-7　通贯龙骨的接长

（5）固定门窗洞口。门框和竖向龙骨的连接，根据龙骨类型不同有多种做法，有采取加强龙骨与木门框连接的做法；也有用木门框两侧框向上延长，插入沿顶龙骨，然后固定于沿顶龙骨和竖龙骨上；也可采用其他固定方法，如图4-8所示。

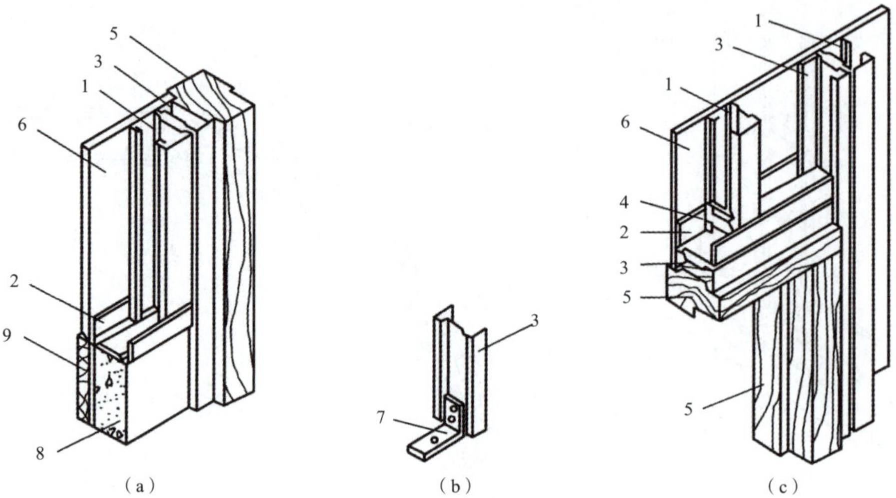

1—竖向龙骨；2—沿地龙骨；3—加强龙骨；4—支撑卡；5—木门框；
6—石膏板；7—固定件；8—混凝土踢脚座；9—踢脚板。

图4-8　木门框处的构造

（a）木门框处下部构造　（b）用固定件与加强龙骨连接　（c）木门框处上部构造

5. 安装附墙设备管线

按照图纸要求预埋管道和附墙设备。要求其与轻钢龙骨的安装同步进行，或者在安装完一面纸面石膏板后进行。安装附墙设备和管线时应采取加强措施，固定牢固。电器设备在墙中铺设电器设备管线时，应避免切断横、竖向龙骨，同时应避免沿墙下端设置管线，如图4-9所示。

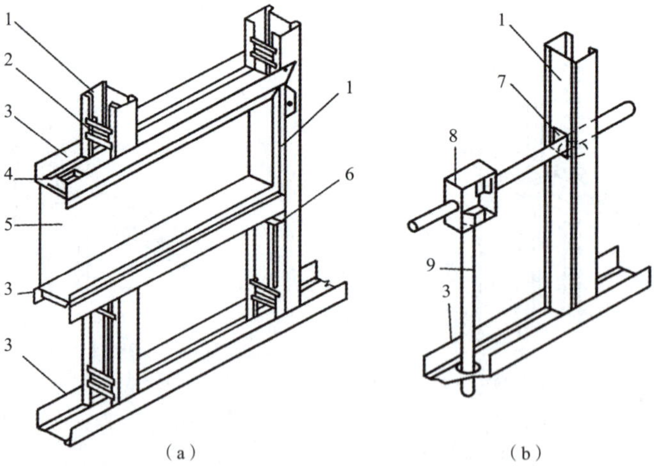

1—竖龙骨；2—支撑卡；3—沿地龙骨；4—穿管开洞；5—配电箱；6—卡托；
7—贯通孔；8—开关盒；9—电线管。

图4-9　配电箱和开关盒的构造示意图

（a）配电箱装设构造　（b）开关盒装设构造

6. 安装纸面石膏板

（1）石膏板安装应用竖向排列，龙骨两侧的石膏板错缝排列，如图4-10所示。石膏板宜采用自攻螺钉固定，顺序是从板的中间向两边进行固定。

图4-10　隔墙构造示意图

（a）单排龙骨单层石膏板墙　（b）双排龙骨双层石膏板墙

（2）12mm厚的石膏板用长25mm螺钉，两层12mm厚的石膏板用长35mm螺钉。自攻螺钉在纸面石膏板上的固定位置：离纸包边的板边大于10mm且小于16mm，离切割边的板边至少15mm；板边的螺钉间距250mm，边中的螺钉间距300mm。螺钉帽略埋入板内，并不得损坏纸面。

（3）隔墙下端的石膏板不应直接与地面接触，应留出10～15mm的缝隙，缝隙用密封膏嵌严。

（4）卫生间及湿度较大的房间隔墙，应设置墙垫，并采用防水石膏板。石膏板下端与墙垫间留出5mm缝，并用密封膏嵌严。

（5）纸面石膏板上开孔处理。开较大圆孔时应用花钻开孔，开方孔时应用钻钻孔后再用锯条修边。

7. 接缝处理

缝的处理采用嵌接腻子方法，即将缝中浮尘和杂物清理干净，用油灰刀将腻子嵌入缝内，与板边取平。待嵌入腻子凝固后，刮约1mm厚的腻子，并粘贴玻璃纤维接缝带，再在开刀处往下一个方向施压、刮平，使多余的腻子从接缝带网眼中挤出。随即满刮腻子2～3遍，并打磨修整，随即可做裱糊、乳胶漆等饰面装饰。

二、木龙骨轻质隔墙

在室内装饰工程中，木龙骨轻质隔墙应用广泛，它主要由木龙骨和木质罩面板、纸面石膏板或其板材组装而成，具有墙体轻薄、造价低廉、拆装方便等优点，但防火、防潮性能较差。目前主要应用于家装工程中。

（一）木龙骨轻质隔墙的基本构造

木龙骨隔墙的木龙骨由上槛、下槛、主柱（墙筋）和斜撑组成。按立面构造，木龙骨隔墙分为全封隔墙、有门窗隔墙和半高隔墙三种类型。不同类型的隔墙，其结构形式也不尽相同。

1. 大木方结构

大木方结构隔墙，通常用50mm×80mm或50mm×100mm的大木方制作主框架，框体的规格为500mm×500mm左右的方框架或500mm×800mm左右的长方形框架，再用4～5mm厚的木夹板作为基面板，如图4-11所示。这种结构多用于墙面较高、较宽的木龙骨隔墙。

图4-11　大木方结构骨架

2. 小木方双层结构

为使木龙骨隔墙有一定的厚度，常用规格为30mm×40mm的木方，采用半槽扣接的方式，制成两片规格300mm×300mm或400mm×400mm的框架，再将两个框架用木方横杆相连。这种结构适用于宽度为150mm左右的木龙骨隔墙，如图4-12所示。

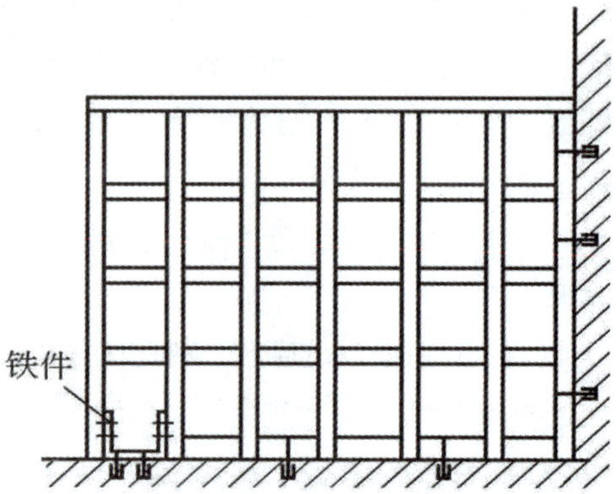

图4-12　短隔墙的固定

（二）木龙骨轻质隔墙材料及质量要求

1. 木龙骨

隔墙木龙骨骨架所用木材的规格、树种、材质等级、含水率以及防腐、防火处理，必须符合设计要求和《木结构工程施工质量验收规范》（GB 50206—2012）的有关规定。接触砖、石、混凝土的木龙骨骨架和预埋木砖应经过防腐处理，连接用的铁件必须经过镀锌防锈处理。常用木龙骨规格为大木方50mm×60mm、50mm×80mm、50mm×100mm，小木方30mm×40mm。

2. 罩面板

罩面板常用板材有纸面石膏板、木工板、胶合板等，不管使用哪种板材，表面都应平整，边缘整齐，不应有污垢、裂纹、缺角、翘曲、起皮、色差、图案不完整等缺陷。使用胶合板、木质纤维板应不脱胶、不变色和无腐朽。所用板材应有出厂合格证，环保指标应达到国家相关标准。

3. 防火涂料

木材专用防火涂料应有出厂合格证和使用说明等相关资料。

4. 其他辅料

其他辅料主要有膨胀螺栓、自攻螺丝等。

（三）木龙骨轻质隔墙施工机具与工艺流程

1. 施工机具

施工机具主要有冲击钻、手电钻、木工锯、电刨、气钉枪、空压机、激光水准仪、凿刀、水平尺等。

2. 施工工艺流程

木龙骨轻质隔墙施工工艺流程：弹线打孔→固定木龙骨→木龙骨架与吊顶连接→安装罩面板→饰面→收口。

（四）木龙骨轻质隔墙的施工技术要点

1. 弹线打孔

根据设计图纸要求，在楼地面和墙面上弹出隔墙的位置线（中心线）和隔墙厚度线（边线），同时按300～400mm的间距确定固定点的位置，用直径7.8mm或10.8mm的钻头在中心线上打孔，孔深45mm左右，向孔内放入M6或M8的膨胀螺栓。注意：打孔的位置与骨架竖向木方错开位置。如果用木楔铁钉固定，就需打出直径20mm左右的孔，孔深50mm左右，再向孔内打入木楔。

2. 固定木龙骨

固定木龙骨的方法很多，为保证装饰工程的结构安全，在室内装饰工程中，通常遵循不破坏原建筑结构的原则进行龙骨的固定。木龙骨的固定一般按以下步骤进行：

（1）固定木龙骨的位置，通常在沿地、沿墙、沿顶等处。

（2）在固定木龙骨前，应按对应地面和顶面的隔墙固定点的位置，在木龙骨骨架上画线，标出固定点位置，进而在固定点打孔，孔的直径略微大于膨胀螺栓的直径。

（3）对于半高矮隔墙来说，主要靠地面固定和端头的建筑墙面固定。如果矮隔墙的端头处无法与墙面固定，常采用铁件来加固端头处。加固部分主要是地面与竖向木方之间，如图4-12所示。

（4）门框构造。木隔墙的门框是以门洞口两侧的竖向木龙骨为基体，配以挡位框、饰边板或饰边线组合而成的。传统的大木方骨架的隔墙门洞竖龙骨断面大，其挡位框的木方可直接固定于竖向木龙骨上。对于小木方双层构架的隔墙，由于其木方断面较小，应该先在门洞内侧钉固12mm厚的胶合板或实木板之后，才可在其上固定挡位框。如对木隔墙门的设置要求较高，其门框的竖向木方应具有较大断面，并采取铁件加固法，如图4-13所示。这样做可以保证不会由于门的频繁启闭震动而造成隔墙的颤动或松动。

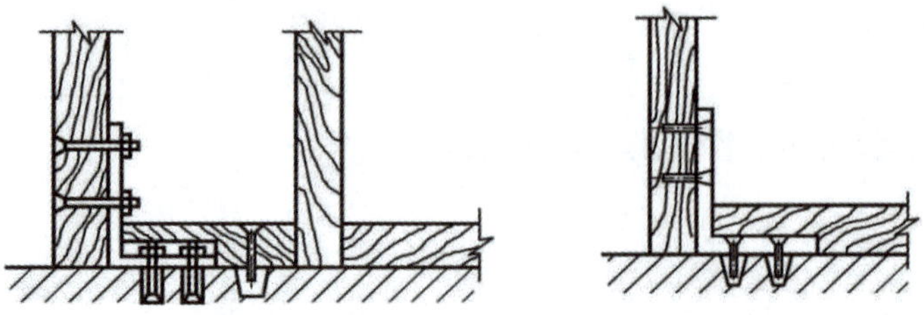

图4-13　木隔墙门框采用铁件加固的构造做法

（a）用胀铆螺栓固定　（b）用螺钉固定

在设置木质隔墙门框挡位框的同时，为了收边、封口和装饰美观，一般都采取包框饰边的结构形式，常见的有厚胶合板加木线包边、阶梯式包边、大木线条压边等。安装固定时可使用胶黏剂胶合，装设牢固，注意铁钉应冲入面层。

（5）窗框构造。木隔墙中的窗框是在制作木隔墙时预留出的，然后用木夹板和木线条进行压边或定位。木隔墙的窗有固定式和活动窗扇式。固定窗是用木条把玻璃定位在窗框中，活动窗扇式与普通活动窗基本相同。

3. 木龙骨骨架安装

一般情况下，隔墙木龙骨骨架的顶部与建筑楼板底的连接可有多种选择，采用射钉固定连接件、采用膨胀螺栓或采用木楔圆钉等做法均可。若隔墙上部的顶端不是建筑结构，而是与装饰吊顶相接触时，其处理方法需要根据吊顶结构确定。

对于不设开启门扇的隔墙，当其与铝合金或轻钢龙骨吊顶接触时，只要求与吊顶面间的缝隙要小而平直，隔墙木骨架可直接与吊顶内建筑楼板以木楔圆钉固定。当其与吊顶的木龙骨接触时，应将吊顶木龙骨与隔墙木龙骨的沿顶龙骨钉接起来，如果两者之间有接缝，还应垫实接缝后再钉钉子。

对于设有开启门扇的隔墙，考虑到门的启闭震动及人的往来碰撞，其顶端应采取较牢靠的固定措施，一般做法是使竖向龙骨穿过吊顶面，与建筑楼板底面固定，需采用斜角支撑。斜角支撑的材料可以是方木，也可以是角钢，斜角支撑杆件与楼板底面的夹角以60°为宜。斜角支撑与基体的固定可用木楔铁钉或膨胀螺栓，如图4-14所示。

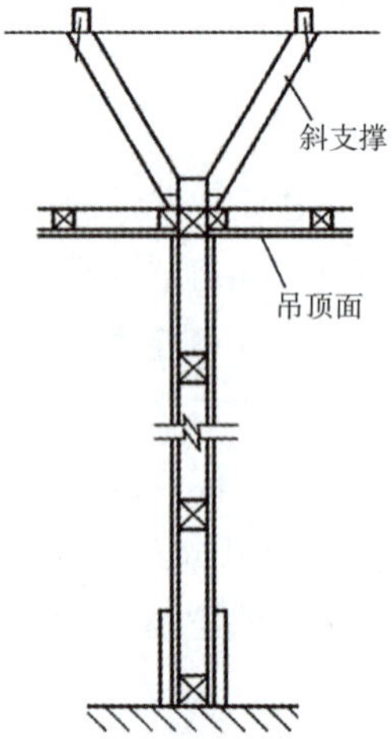

图4-14　带木门隔墙与建筑顶面的连接固定

4. 安装罩面板

（1）纸面石膏板。安装要求及注意事项同轻钢龙骨纸面石膏板隔墙。

（2）人造饰面板。人造饰面板无须重新饰面，直接安装在木龙骨骨架上或者安装在有基层板的骨架上。以实木格栅板（长城板）为例，可采用直钉固定，阳角处使用专用收口条进行收口。

（3）木夹板。有明缝和拼缝两种安装方式。明缝一般要求缝隙的宽度一致，大小由设计规定；拼缝要求对木夹板正面进行倒角处理，以便在进行基层处理时可以将木夹板之间的缝隙补平。连接时一般采用射钉进行固定，布钉要均匀，钉间距为100mm左右。此外，如果设计要求木龙骨轻质隔墙有保温、隔音作用，应在隔墙内填充玻璃棉或岩棉，具体方法如下：一侧木夹板安装固定完毕之后，且固定另一侧的木夹板之前，在隔墙中安装岩棉或玻璃棉，以提高隔墙的耐火极限，并且达到设计上的隔音要求。安装时，使用塑料或铝制保温钉，将切割好的岩棉或玻璃棉填到龙骨中间，填好之后再安装另一侧的木夹板。需要注意的是，在安装罩面板时，两侧木夹板的竖缝、横缝必须错开。

5. 饰面

在木龙骨夹板墙身基面上，可进行的饰面种类有涂料饰面、裱糊饰面、镶嵌各种罩面板等。

6. 收口

木龙骨轻质隔断、隔墙的收口部位主要是与之相连接的顶面、墙面及附墙门窗之间位置，一般可用实木、PVC等专用线条填充收口。

三、骨架隔墙工程的质量验收标准

1. 主控项目

（1）骨架隔墙所用龙骨、配件、隔墙板、填充材料及嵌缝材料的品种、规格、性能和木材的含水率应符合设计要求。有隔音、隔热、阻燃、防潮等特殊要求的工程，材料应有相应性能等级的检测报告。检验方法：观察；检查产品合格证书、进场验收记录、性能检验报告和复验报告。

（2）骨架隔墙地、梁所用材料、尺寸及位置等应符合设计要求。骨架隔墙的沿地、沿顶及边框龙骨应与基体结构连接牢固。检验方法：手扳检查；尺量检查；检查隐蔽工程验收记录。

（3）骨架隔墙中龙骨间距和构造连接方法应符合设计要求。骨架内设备管线的安装、门窗洞口等部位加强龙骨的安装应牢固、位置正确。填充材料的品种、厚度及设置应符合设计要求。检验方法：检查隐蔽工程验收记录。

（4）木龙骨及木墙面板的防火和防腐处理应符合设计要求。检验方法：检查隐蔽工程验收记录。

（5）骨架隔墙的墙面板应安装牢固，无脱层、翘曲、折裂及缺损。检验方法：观察；手板检查。

（6）墙面板所用接缝材料的接缝方法应符合设计要求。检验方法：观察。

2. 一般项目

（1）骨架隔墙表面应平整光滑、色泽一致、洁净、无裂缝，接缝应均匀、顺直。检验方法：观察；手摸检查。

（2）骨架隔墙上的孔洞、槽、盒应位置正确、套割吻合、边缘整齐。检验方法：观察。

（3）骨架隔墙内的填充材料应干燥，填充应密实、均匀、无下坠。检验方法：轻敲检查；检查隐蔽工程验收记录。

（4）骨架隔墙安装的允许偏差和检验方法应符合表4-1的规定。

表4-1　骨架隔墙安装的允许偏差及检验方法

项次	项目	允许偏差/mm		检验方法
		纸面石膏板	人造木板、水泥纤维板	
1	立面垂直度	3	4	用2m垂直检测尺检查
2	表面平整度	3	3	用2m垂直检测尺检查
3	阴阳角方正	3	3	用200mm直角检测尺检查
4	接缝直线度	—	3	拉5m线，不足5m拉通线，用钢直尺检查
5	压条直线度	—	3	拉5m线，不足5m拉通线，用钢直尺检查
6	接缝高低差	1	1	用钢直尺和塞尺检查

任务3
轻质板材隔墙

轻质板材隔墙是隔墙与隔断工程中最常用的一种形式，目前室内装饰工程中常用的条板材料有ALC蒸压加气混凝土板隔墙、聚苯夹芯板、金属夹芯板隔墙、泰柏板等。板式隔墙的特点是：不需要设置墙体龙骨骨架，采用高度等于室内净高的条形板材进行拼装。安装条板的方法一般有上加楔和下加楔两种，通常采用下加楔比较多。下加楔的具体做法是：在板顶和板侧涂抹胶黏剂，使条板的顶面与平顶顶紧，下面用木楔从板底两侧打进，调整板的位置达到设计要求，最后用细石混凝土灌缝。此类隔墙多用于墙体较高、面积较大的公共空间装饰工程中，在家装工程中应用较少。下面以建筑室内装饰工程中常用的加气混凝土条板为例，介绍轻质板材隔墙施工。

加气混凝土条板全称蒸压加气混凝土板，是以硅质材料和钙质材料为主要原料，以铝粉为发气材料，配上经过防腐处理的钢筋网片，经过加水搅拌、浇注成型、预养切割、蒸压养护制成的多气孔板材。具有保温隔热、轻质高强、耐火、阻燃、吸声隔音、承载性好等特点，且经济环保、施工方便。它既可作为室内隔墙，也可作为非承重的外墙板。由于加气混凝土能利用工业废料，产品成本比较低，能大幅度降低建筑物的自重，生产效率较高，保温性能较好，因此具有较好的技术经济效果。

一、加气混凝土条板隔墙的基本构造

加气混凝土条板隔墙一般采用垂直安装，板的两侧应与主体结构连接牢固，板与板之间用黏结砂浆黏结，沿板缝上下各1/3处按30°角钉入铁销，在转角墙和丁字墙交接处，在板高上下1/3处，应斜向钉入长度不小于200mm、直径8mm的铁销（在部分体量较小、构造简单的工程中，也可不使用铁销对板材进行横向加固）。加气混凝土条板上下部的连接，一般采用刚性节点做法，即在板的上端抹黏结砂浆，与梁或楼板的底部黏结，下部两侧用木楔顶紧，最后将下部的缝隙用细石混凝土填实，如图4-15至图4-17所示。

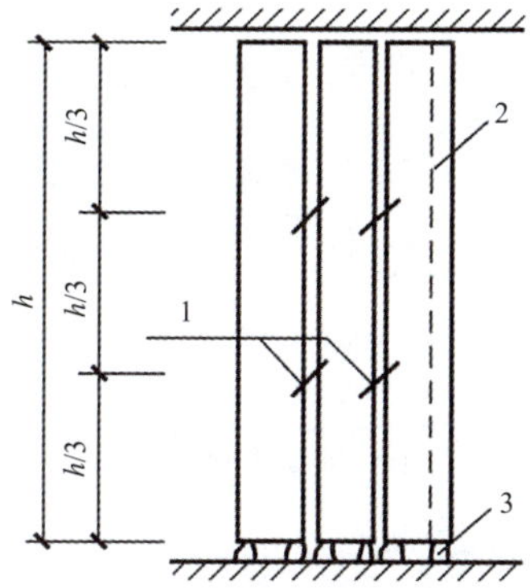

1—铁销；2—铁钉；3—木楔。

图4-15　加气混凝土条板用铁销、铁钉横向连接示意图

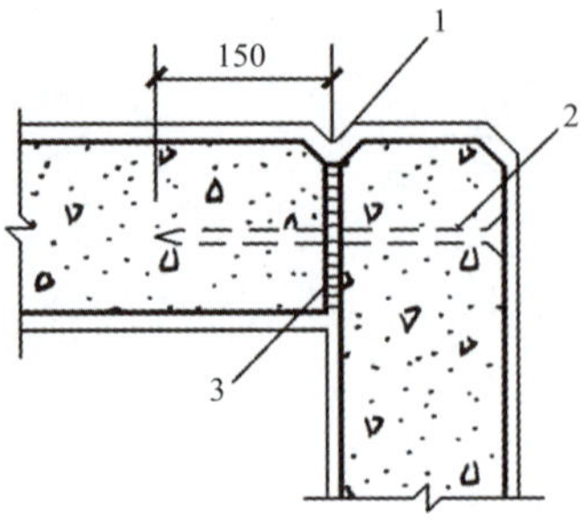

1—八字缝；2—用直径8mm钢筋打尖；3—黏结砂浆。

图4-16　转角墙节点构造

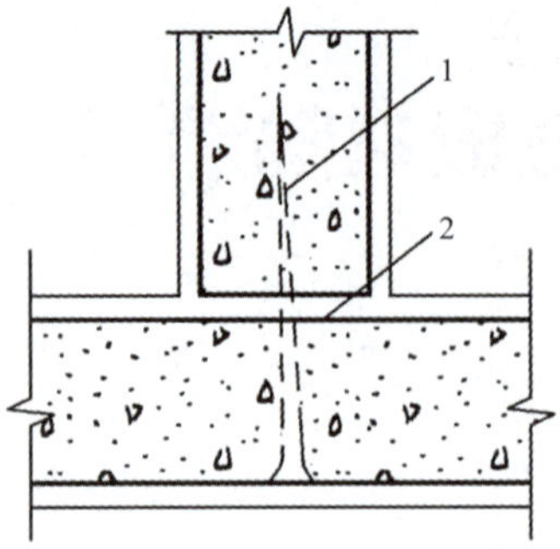

1—用直径8mm钢筋打尖；2—黏结砂浆。

图4-17　丁字墙节点构造

二、加气混凝土条板隔墙的材料及质量要求

1. 蒸压加气混凝土板

加气混凝土条板是以钙质材料（水泥、石灰）、含硅材料（石英砂、尾矿粉、粉煤灰、粒化高炉矿渣、页岩等）和加气剂作为原料，经过磨细、配料、搅拌、浇注、切割和压蒸养护（0.8～1.5MPa下养护6～8h）等工序制成的一种多孔轻质墙板。条板内配有适量的钢筋，钢筋宜预先经过防锈处理，并用点焊加工成网片。

加气混凝土条板按其原材料不同，可分为水泥-矿渣-砂、水泥-石灰-砂和水泥-石灰-粉煤灰加气混凝土条板。加气混凝土隔墙条板厚度有75mm、100mm、120mm、125mm，宽度一般为600mm，长度根据设计要求而定。条板之间黏结砂浆层的厚度一般为2～3mm，要求饱满、均匀，以使条板与条板黏结牢固。

进场隔墙板材的品种、规格、颜色和性能应符合设计要求，有隔音、隔热、阻燃和防潮等特殊要求的工程，板材应有相应性能等级的检验报告。所选板材应符合《蒸压加气混凝土板》（GB 15762—2020）、《建筑装饰装修工程质量验收标准》（GB 50210—2018）、《建筑工程施工质量验收统一标准》（GB 50300—2013）等相关规范的要求。

2. 管卡、U形钢板卡

根据板材厚度75mm、100mm、120mm、125mm等选择相应的管卡、U形板钢卡规格。管卡、钢板卡表面应平整、光滑，镀锌防锈层不应有损坏。

3. 铁销

根据设计要求选择铁销，其长度、直径应符合设计要求。

4. 专用胶黏剂

专用胶黏剂用于板条与板条之间的连接，也可以使用水泥、细砂、108胶、水按照1：1：0.2：0.3的比例配制黏结材料。

5. 水泥

使用抗压强度32.5MPa及以上的普通硅酸盐水泥或矿渣硅酸盐水泥，关于水泥的质量要求同抹灰工程。

三、加气混凝土条板隔墙的施工机具与工艺流程

1. 施工机具

施工机具主要有激光水准仪、电动台锯（主要用于板材切割）、钢锯、手板锯（局部切割或异形构件切割）、固定式摩擦夹具（吊装横向墙板、窗过梁，主要用于外墙施工）、转动式摩擦夹具（吊装竖向墙板，主要用于外墙）、手推车（主要用于板条运输与安装就位）、电钻、镂槽器（墙面开槽）、墨斗等。

2. 施工工艺流程

加气混凝土条板隔墙的施工工艺流程：技术准备→墙体定位、放线→安装管卡→涂刷专用胶黏剂→板材就位安装、调整→固定管卡→勾缝、修补。

四、加气混凝土条板隔墙的施工技术要点

1. 技术准备

（1）组织工程技术人员仔细研究图纸，明确设计意图，对图纸中存在的问题做到早发现早解决，避免在施工过程中出现错误。

（2）在规模较大的装饰工程中，应编制全面而详细的方案和技术交底，明确工艺和质量标准、质量目标；并且在施工过程中严格按照交底进行监理工作，交底需提前3天下达施工班组。根据图纸要求提前做好施工工程量统计表、材料和机具计划、劳力计划、施工进度计划；每一道新工序开始前必须对一线施工人员进行现场交底，确保每个工人对整个工艺理解并掌握。

（3）暖通、电气、消防专业工程师需绘制水电预留洞图，并在加气混凝土板上弹线，验收合格后，在隔墙安装完成7天后方可进行机械切割。加强各专业人员间交流，避免发生返工情况。

2. 墙体定位、放线

根据施工图纸，放出墙体边线、门窗洞口（门窗洞口尺寸为施工图纸中所标门洞尺寸）位置线及柱边线。放线完毕后，需根据施工图纸进行验收复核，验收通过后再进入下道工序施工。

3. 安装管卡

加气混凝土条板内隔墙安装，应从门洞处向两端依次进行，门洞两侧宜用整块条板。无

门洞时，应按照从一端向另一端安装。安装第一片板材时，应在板材上端80mm处钉入一只管卡，如图4-18所示；如板材与结构柱或外墙体连接，还应在板材靠结构一侧的上下端距板端1/3处各加一个U形卡，如图4-19所示；如两个U形卡间距大于1500mm，还需在中间部位另增加一只，如图4-20所示。

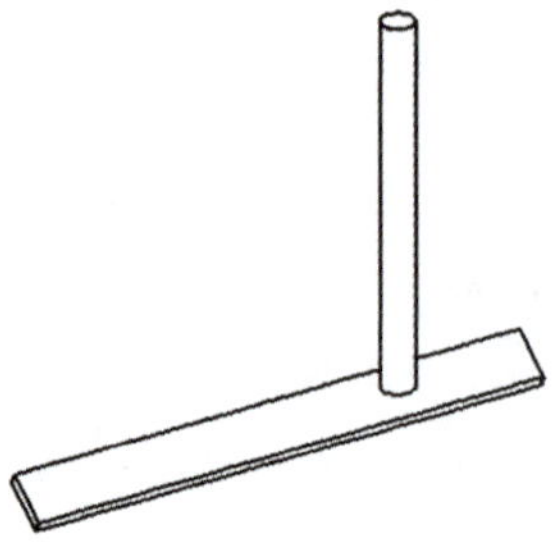

图4-18　管卡示意图

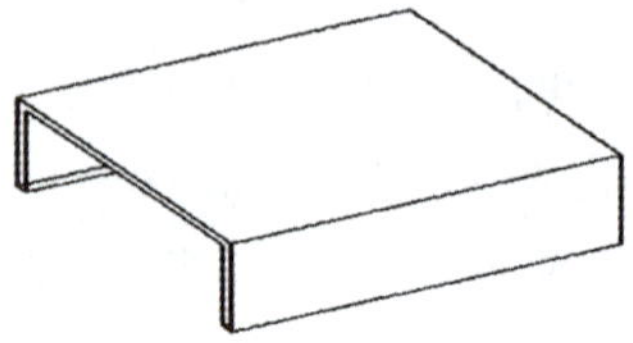

图4-19　U形钢板卡示意图

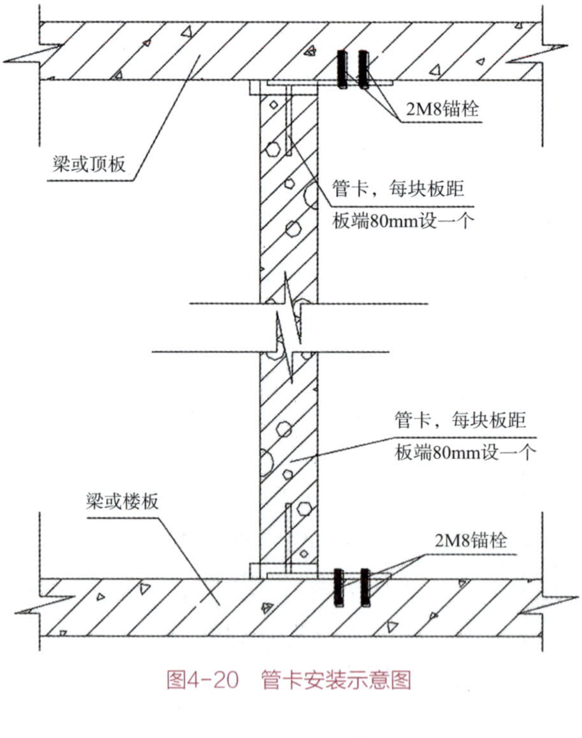

图4-20　管卡安装示意图

4. 涂刷专用胶黏剂

第一片板材与墙柱之间或板材与板材之间，安装时需在板材接缝处涂刷专用胶黏剂，专用胶黏剂要按照使用说明书随配随用，一次配制胶黏剂应在说明书规定的时间内用完。墙板拼接时板缝宽度以2～3mm为宜，一般不得超过5mm，安装时应以缝隙间挤出砂浆为宜。在墙体黏缝没有产生一定强度前，严禁碰撞，否则易造成松脱。

5. 板材就位安装、调整

板材就位安装可采用手推车移动就位或电动卷扬机吊装方式。扶起板材后，在其下端垫入木楔。根据安装控制线，通过调整木楔，对板片的平面安装位置、垂直度做调节，从而减少因对板材的直接驳动而造成的板材损伤，直至将板片调整到正确位置。

蒸压加气混凝土板与其他墙、梁、柱连接时，端部必须留有10～20mm缝隙，缝中应用专用嵌缝剂填充。板材与钢筋混凝土墙、柱、梁交接处采用耐碱玻璃纤维网格布压入抗裂砂浆，以防止接缝处开裂。

板材下端与楼面处缝隙用1：3水泥砂浆嵌填密实。应在水泥砂浆凝固后取出木楔，且填补同品种材质。

6. 固定管卡

第一片板材调整合格后，用锚栓将管卡固定在结构上。靠近下一片板材一侧的管卡，应顺安装方向固定在墙体上部的楼（梁）底上。板材安装后，上下端应留缝隙20～30mm。

第一片板材固定后，就可以安装第二片板材。从第二片板材起，只在靠近下一片板材一侧的80mm处安装一只管卡，用同样的方法接板，并对板片作调整，相邻两片板材之间应靠紧。用2m靠尺检查平整度，用线锤和2m靠尺检查垂直度，用橡皮锤调整，直至合格，用射钉枪固定管卡。以此类推，顺序安装，安装顺序如图4-21所示。

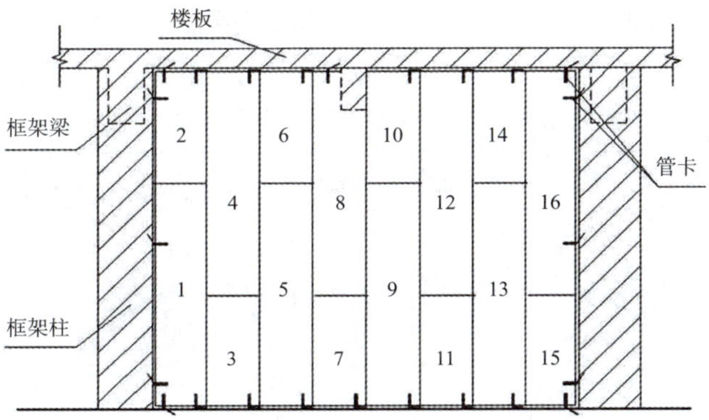

图4-21　加气混凝土条板安装顺序示意图

7. 勾缝、修补

墙体板材安装完成，应全面检查墙体平整度、垂直度，并对板面和边棱损坏处进行修补，其性能、颜色、质感应与板材产品一致。板材接缝处采用耐碱玻璃纤维网格布压入抗裂砂浆，以防止接缝处开裂，网格布宽度应不低于10cm。

在蒸压加气混凝土板上开槽时，应沿板的纵向切槽，深度不大于1/3板厚；当必须沿板的横向切槽时，外墙板槽长不大于1/2板宽，槽深不大于20mm，槽宽不大于30mm；内墙板槽深度不大于1/3板厚。

完成水电安装后，可在墙面进行其他饰面施工。

五、轻质板材隔墙的质量验收标准

1. 主控项目

（1）隔墙板材的品种、规格、颜色和性能应符合设计要求。有隔音、隔热、阻燃和防潮等特殊要求的工程，板材应有相应性能等级的检验报告。检验方法：目测；检查产品合格证书、进场验收记录和性能检验报告。

（2）安装隔墙板材所需预埋件、连接件的位置、数量及连接方法应符合设计要求。检验方法：目测；尺量检查；检查隐蔽工程验收记录。

（3）隔墙板材安装应牢固。检验方法：目测；手扳检查。

（4）隔墙板材所用接缝材料的品种及接缝方法应符合设计要求。检验方法：目测；检查产品合格证书和施工记录。

（5）隔墙板材安装应位置正确，板材不应有裂缝或缺损。检验方法：观察；尺量检查。

2. 一般项目

（1）板材隔墙表面应光洁、平顺、色泽一致，接缝应均匀、顺直。检验方法：目测；手摸检查。

（2）隔墙上的孔洞、槽、盒应位置正确、套割方正、边缘整齐。检查方法：目测。

（3）板材隔墙安装的允许偏差和检验方法应符合表4-2的规定。

表4-2　板材隔墙安装的允许偏差和检验方法

项次	项目	允许偏差/mm				检验方法
		复合轻质墙板		石膏空心板	增强水泥板、混凝土轻质板	
		金属夹心板	其他复合板			
1	立面垂直度	2	3	3	3	用2m垂直检测尺检查
2	表面平整度	2	3	3	3	用2m靠尺和塞尺检查
3	阴阳角方正	3	3	3	4	用200mm直角检测尺检查
4	接缝高低差	1	2	2	3	用钢直尺和塞尺检查

任务4
轻质砌块隔墙

砌块式隔墙是一种较为传统的隔墙，采用传统黏土砖、混凝土砖等垒砌而成，它比骨架式隔墙更为厚实，强度和稳定性更高，墙体的保温、隔声性能更好，防水、防潮性能更好。目前建筑室内装饰工程中，除了传统的黏土砖、水泥砖仍有广泛应用之外，轻质砌块材料也被广泛应用，下面以室内装饰工程中常用的蒸压加气混凝土砌块为例，讲解轻质砌块隔墙的施工工艺。

一、蒸压加气混凝土砌块隔墙的基本构造

蒸压加气混凝土砌块隔墙采用传统水泥砂浆砌筑形式，一般用在填充墙，所用砌块强度等级一般为室内隔墙A3.5，室外墙A5，砌筑砂浆强度不低于M5。在建筑室内装饰工程中，规格较大的砌块隔墙也可根据实际需要加设横向钢筋、构造柱、混凝土圈梁、抱框柱等构造。加气混凝土砌块隔墙如图4-22所示。

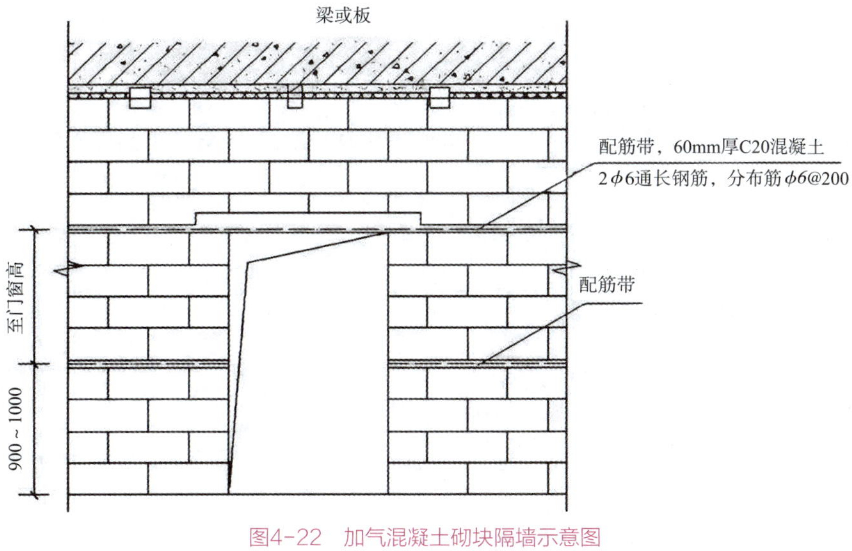

图4-22　加气混凝土砌块隔墙示意图

二、蒸压加气混凝土砌块隔墙的材料和质量要求

1. 蒸压加气混凝土砌块

蒸压加气混凝土砌块是以水泥、石灰、砂、粉煤灰、铝粉等为原料，经磨细、计量配料、搅拌浇注、发气膨胀、蒸压养护、静停切割等工艺制造而成的，具有质轻、高强、耐久、保温、隔音、防火、抗渗、锚固性能好等特点，适用于建筑工程内、外墙体的砌筑。根据配料不同，可分为：水泥-石灰-粉煤灰加气混凝土，水泥-石灰-灰砂加气混凝土，水泥-石灰-（粉煤灰+砂）混合型加气混凝土。灰砂加气砼性能相对要好，市场上主要是混合型加气混凝土。

常用规格：600mm×200mm、600mm×250mm、600mm×300mm，厚度75mm、100mm、125mm、150mm、175mm、200mm等，按其抗压强度分为：A1、A2、A2.5、A3.5、A5、A7.5、A10七个强度等级。按其密度分为：B03、B04、B05、B06、B07、B08六个密度级别。按尺寸偏差与外观质量、密度和抗压强度分为优等品、一等品和合格品。加气混凝土砌块砌体一般用于填充墙，所用砌块强度等级一般为隔墙A3.5、外墙A5。

2. 水泥

抗压强度不低于32.5MPa的普通硅酸盐水泥或矿渣硅酸盐水泥，保存期不超过3个月，且无受潮结块。

3. 砂

宜采用中砂，含泥量不超过3%，使用前过5mm孔径的筛，所配制的砂浆强度不低于M5。

4. 胶黏剂

108胶或其他建筑胶黏剂，不论采用哪种型号的胶黏剂，其有害物质释放量均应符合国家有关标准限量。

5. 其他

ϕ6钢筋、锚固铁板等。

三、蒸压加气混凝土砌块隔墙的施工机具与工艺流程

1. 施工机具

施工机具主要有激光水准仪、砂浆搅拌机、灰槽、抹子、靠尺板、水平尺、皮锤、脚手架、手板锯等。

2. 施工工艺流程

蒸压加气混凝土砌块隔墙的施工工艺流程：墙体放线→制作地枕带→砌块排列→砌筑→镶砖→勾缝。

四、蒸压加气混凝土砌块隔墙的作业条件和施工技术要点

（一）加气混凝土砌块隔墙施工的作业条件

（1）建筑物基层验收合格；砌筑墙体部位的楼地面灰渣、杂物及高出部分应清除干净。

（2）现场存放场地应平整且无积水，混凝土砌块应码放整齐，堆置高度不宜超过2m。装运过程中应轻拿轻放，避免损坏，并减少二次搬运。

（3）在结构墙、柱上弹好+50cm水平线、加气混凝土墙立边线、门口位置线。

（4）做好地面垫层，在砌块墙底部砌好踏脚板高度的黏土砖或多孔砖墙或现浇混凝土基础带。

（5）砌筑前一天应该将加气混凝土砌块与原结构相接处洒水湿润。

（6）按照砌块每皮高度制作皮数杆，并立在墙的两侧，在两个相对皮数杆之间拉出准线。

（二）加气混凝土砌块隔墙的施工技术要点

1. 墙体放线

施工前应将基础面或楼层结构面按标高找平，依据施工图纸放出隔墙的轴线、边线和门窗洞口线。

2. 制作地枕带

在隔墙底部使用小规格实心砌块砌筑（水泥砖等）或现浇C20细石混凝土地枕带，高度宜不小于150mm。浇注地枕带（或钢筋混凝土圈梁）前应清理基面，扫除灰渣，洒水湿润或涂刷界面剂处理，同时，圈梁模板也应洒水润湿，然后浇筑。

3. 砌块排列

砌筑墙体之前，按照墙段实际测量尺寸和砌块规格尺寸进行排列摆块，不足整块的可以锯截成合适尺寸，但一般不得小于砌块长度的1/3，切锯砌块应使用专用工具（手板锯），不得用斧或瓦刀任意砍劈；上下皮错缝砌筑，上下皮搭接长度不宜小于砌块长度的1/3，且不小于150mm；转角处相互咬砌搭接；丁字相接处应使横墙砌块隔皮露头。加气混凝土砌块转角、交接处砌法如图4-23所示。

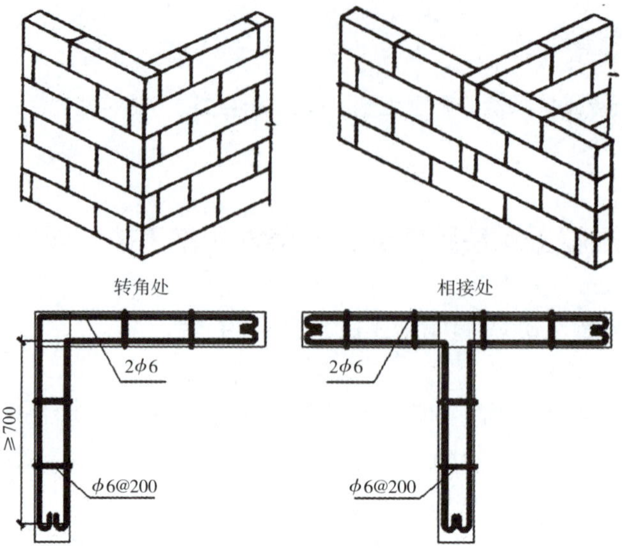

图4-23 加气混凝土砌块转角、相接处砌法示意图

4. 砌筑

（1）砌筑前，构造柱及腰梁应与主体框架同时现浇完成。

（2）加气混凝土砌块砌筑时，砌块含水率宜为40%～50%。如砌块干燥，应在砌筑前向砌筑面适量浇水，但禁止使用水管喷淋，宜使用水舀浇水，渗湿深度8mm左右，以手摸湿润但表面无明水为宜。

（3）不同干密度和强度等级的加气混凝土砌块不应混砌。加气混凝土砌块也不得与其他砖、砌块混砌，但在墙底、墙顶局部采用小块实心砖和多孔砖砌筑不视为混砌。

（4）砌筑时每皮砌块均需拉线找平，灰缝要求横平竖直。将1：2水泥砂浆铺满砌块黏结面，铺浆要厚薄均匀，浆面平整，保证灰缝厚度一致。铺浆后立即放置砌块，要求一次摆正找平；如放置砌块时间较晚（只可上下按放，不可左右推动），砂浆凝固，须铲去砂浆，重新砌筑。隔墙转角处和交接处的各方向砌块应同时砌筑。对不能同时砌筑而又必须留置的临时间断处，应按如图4-24所示斜茬留置。接茬时，应先清理基面、浇适度水润湿，然后铺浆接砌，埋入砌体内部的拉结钢筋应设置正确、平直，其预留拉结外露部分在施工中不得任意弯折。构造柱马牙茬应先退后进，进退尺寸大于60mm，进退高度宜为砌块1～2层高度，且在300mm左右，如图4-25所示。

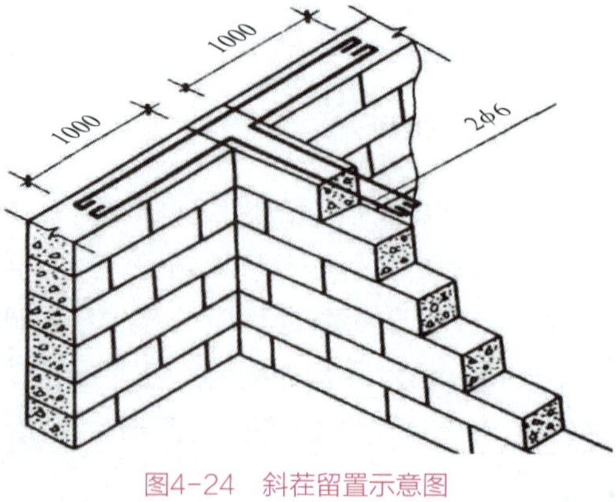

图4-24 斜茬留置示意图

（5）砌块墙与承重墙或柱相接处，应在承重墙或柱的水平灰缝内预埋拉结钢筋，拉结钢筋沿墙或柱高每500mm

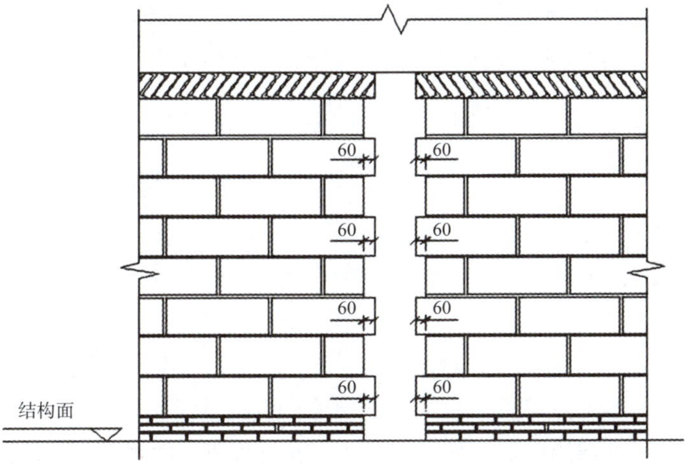

图4-25　马牙茬留置示意图

左右（与砌块模数相同）设一道，每道为2根直径6mm的钢筋（带弯钩），伸入墙或柱面长度不小于1000mm，拉结筋按照实际排砖位置钻孔，孔深不小于100mm，灌入植筋胶插筋，砌筑时将此拉结钢筋伸出部分埋置于砌块墙的水平灰缝中。

（6）墙体洞口上部应设过梁，每边支撑长度不小于300mm，如图4-26所示。若采取后塞口，则将预制好埋有木砖或铁件的混凝土块，按洞口高度2m以内每边砌筑3块，洞口高度大于2m时，每边砌筑4块的方式进行预埋；安装门框时用电钻在边框预先钻出孔眼，然后将木框与混凝土内预埋木砖钉牢。

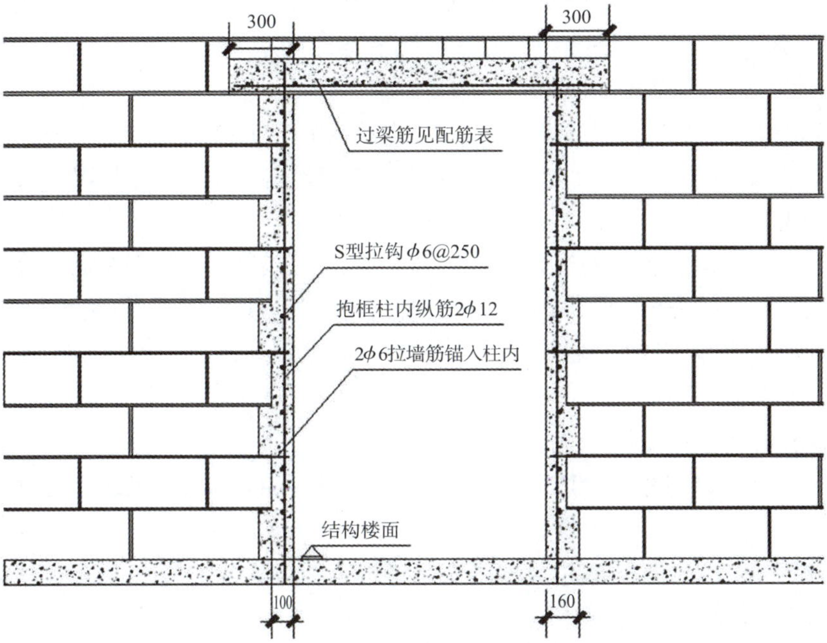

图4-26　墙体洞口抱框柱、过梁示意图

（7）加气混凝土砌块墙上不得留脚手架孔眼。墙上孔洞需要堵塞时，应用经切锯而成的异形砌块和加气混凝土修补砂浆填堵，不得用其他材料塞堵（如碎砖、混凝土或普通砂浆等）。

5. 镶砖

砌到接近上层梁、板底约300mm时，待下部砌体沉缩。在抹灰前（间隔时间不少于7天），宜用普通黏土砖或其他实心砖斜砌、挤紧，砖倾斜60°左右，砂浆应饱满。

6. 勾缝

每砌一皮砌块，就位校正后用砂浆灌垂直缝，当垂直缝大于30mm时必须采用细石混凝土灌实。然后进行灰缝的勾缝（原浆勾缝），勾成深度3～5mm凹缝。

五、蒸压加气混凝土砌块隔墙的质量验收标准

此处质量验收标准参照《砌体结构工程施工质量验收规范》（GB 50203—2011）。

1. 一般规定

（1）适用于烧结空心砖、蒸压加气混凝土砌块、轻骨料混凝土小型空心砌块等填充墙砌体工程。

（2）砌筑填充墙时，轻骨料混凝土小型空心砌块和蒸压加气混凝土砌块的产品龄期应不小于28天，蒸压加气混凝土砌块的含水率宜小于30%。

（3）烧结空心砖、蒸压加气混凝土砌块、轻骨料混凝土小型空心砌块等在运输、装卸过程中，严禁抛掷和倾倒；进场后应按品种、规格堆放整齐，堆置高度不宜超过2m。蒸压加气混凝土砌块在运输及堆放中应防止雨淋。

（4）吸水率较小的轻骨料混凝土小型空心砌块及采用薄灰砌筑法施工的蒸压加气混凝土砌块，砌筑前不应对其浇（喷）水湿润；在气候干燥炎热的情况下，对吸水率较小的轻骨料混凝土小型空心砌块宜在砌筑前喷水湿润。

（5）采用普通砌筑砂浆砌筑填充墙时，烧结空心砖、吸水率较大的轻骨料混凝土小型空心砌块应提前1～2天浇（喷）水湿润。蒸压加气混凝土砌块采用蒸压加气混凝土砌块砌筑砂浆或普通砌筑砂浆砌筑时，应在砌筑当天对砌块砌筑面喷水湿润。块体湿润程度宜符合下列规定：

①烧结空心砖的相对含水率为60%～70%。

②吸水率较大的轻骨料混凝土小型空心砌块、蒸压加气混凝土砌块的相对含水率为40%～50%。

（6）在厨房、卫生间、浴室等处采用轻骨料混凝土小型空心砌块、蒸压加气混凝土砌块砌筑墙体时，墙底部宜现浇混凝土坎台，其高度宜为150mm。

（7）填充墙拉结筋处的下皮小砌块宜采用半盲孔小砌块或用混凝土灌实孔洞的小砌块；

用薄灰砌筑法施工的蒸压加气混凝土砌块砌体，拉结筋应放置在砌块上表面设置的沟槽内。

（8）蒸压加气混凝土砌块、轻骨料混凝土小型空心砌块不应与其他块体混砌，不同强度等级的同类块体也不得混砌。

注：窗台处或因安装门窗需要时，在门窗洞口两侧填充墙上、中、下部可采用其他块体局部嵌砌；对与框架柱、梁不脱开方法的填充墙，可采用其他块体填塞填充墙顶部与梁之间缝隙。

（9）填充墙砌体砌筑，应待承重主体结构检验批验收合格后进行。填充墙与承重主体结构间的空（缝）隙部位施工，应在填充墙砌筑14天后进行。

2. 主控项目

（1）烧结空心砖、小砌块和砌筑砂浆的强度等级应符合设计要求。抽检数量：烧结空心砖每10万块为一验收批，小砌块每1万块为一验收批，不足上述数量时按一批计，抽检数量为1组。砂浆试块的抽检数量执行《砌体结构工程施工质量验收规范》（GB 50203—2011）第4.0.12条的有关规定。检验方法：查砖、小砌块进场复验报告和砂浆试块试验报告。

（2）填充墙砌体应与主体结构可靠连接，其连接构造应符合设计要求，未经设计同意，不得随意改变连接构造方法。每一填充墙与柱的拉结筋的位置超过一皮块体高度的数量不得多于一处。抽检数量：每检验批抽查不应少于5处。检验方法：观察检查。

（3）填充墙与承重墙、柱、梁的连接钢筋，当采用化学植筋的连接方式时，应进行实体检测。锚固钢筋拉拔试验的轴向受拉非破坏承载力检验值应为6.0kN。抽检钢筋在检验值作用下应基材无裂缝、钢筋无滑移宏观裂损现象；持荷2min期间，荷载值降低不大于5%。检验批验收可按《砌体结构工程施工质量验收规范》（GB 50203—2011）表B.0.1通过正常检验一次、二次抽样判定。填充墙砌体植筋锚固力检测记录可按《砌体结构工程施工质量验收规范》（GB 50203—2011）表C.0.1填写。抽检数量：按表4-3确定。检验方法：原位试验检查。

表4-3　检验批抽检锚固钢筋样本最小容量　　单位：个

检验批的容量	样本最小容量	检验批的容量	样本最小容量
≤90	5	281～500	20
91～150	8	501～1200	32
151～280	13	1201～3200	50

3. 一般项目

（1）填充墙砌体尺寸、位置的允许偏差及检验方法应符合表4-4的规定。抽检数量：每检验批抽查不应少于5处。

表4-4　　填充墙砌体尺寸、位置的允许偏差及检验方法

<table>
<tr><th>项次</th><th colspan="2">项目</th><th>允许偏差/mm</th><th>检验方法</th></tr>
<tr><td>1</td><td colspan="2">轴线位移/m</td><td>10</td><td>用尺检查</td></tr>
<tr><td rowspan="2">2</td><td rowspan="2">垂直度（每层）</td><td>≤3</td><td>5</td><td rowspan="2">用2m托线板或吊线、尺检查</td></tr>
<tr><td>>3</td><td>10</td></tr>
<tr><td>3</td><td colspan="2">表面平整度</td><td>8</td><td>用2m靠尺和楔形尺检查</td></tr>
<tr><td>4</td><td colspan="2">门窗洞口高、宽（后塞口）</td><td>±10</td><td>用尺检查</td></tr>
<tr><td>5</td><td colspan="2">外墙上、下窗口便宜</td><td>20</td><td>用经纬仪或吊线检查</td></tr>
</table>

（2）填充墙砌体的砂浆饱满度及检验方法应符合表4-5的规定。抽检数量：每检验批抽查不应少于5处。

表4-5　　填充墙砌体的砂浆饱满度及检验方法

<table>
<tr><th>砌体分类</th><th>灰缝</th><th>饱满度要求/%</th><th>检验方法</th></tr>
<tr><td rowspan="2">空心砖砌体</td><td>水平</td><td>≥80</td><td rowspan="4">采用百格网检查块体底面或侧面砂浆的黏结痕迹面积</td></tr>
<tr><td>垂直</td><td>填满砂浆，不得有透明缝、瞎缝、假缝</td></tr>
<tr><td rowspan="2">蒸压加气混凝土砌块、轻骨料混凝土小型空心砌块砌体</td><td>水平</td><td>≥80</td></tr>
<tr><td>垂直</td><td>≥80</td></tr>
</table>

（3）填充墙留置的拉结钢筋或网片的位置应与块体皮数相符合。拉结钢筋或网片应置于灰缝中，埋置长度应符合设计要求，竖向位置偏差不应超过一皮高度。抽检数量：每检验批抽查不应少于5处。检验方法：观察和用尺量检查。

（4）砌筑填充墙时应错缝搭砌，蒸压加气混凝土砌块搭砌长度不应小于砌块长度的1/3；轻骨料混凝土小型空心砌块搭砌长度不应小于90mm；竖向通缝不应大于2皮。抽检数量：每检验批抽查不应少于5处。检验方法：观察检查。

（5）填充墙的水平灰缝厚度和竖向灰缝宽度应正确，烧结空心砖、轻骨料混凝土小型空心砌块砌体的灰缝应为8～12mm；蒸压加气混凝土砌块砌体当采用水泥砂浆、水泥混合砂浆或蒸压加气混凝土砌块砌筑砂浆时，水平灰缝厚度和竖向灰缝宽度不应超过15mm；当蒸压加气混凝土砌块砌体采用蒸压加气混凝土砌块黏结砂浆时，水平灰缝厚度和竖向灰缝宽度宜为3～4mm。抽检数量：每检验批抽查不应少于5处。检验方法：水平灰缝厚度用尺量5皮小砌块的高度折算；竖向灰缝宽度用尺量2m砌体长度折算。

任务5
玻璃隔墙

在建筑装饰工程中，玻璃常用于门窗、内外墙饰面、隔墙等部位，作为围护结构，如门窗、屏风、隔墙及玻璃幕墙等。从装饰的角度来讲，在满足使用要求的前提下，大多数用于建筑工程的玻璃品种，都具有一定的艺术装饰效果。

玻璃隔墙的形式主要有两种：一种是玻璃板隔墙，主要用骨架来镶嵌玻璃。玻璃板隔墙按照骨架材料不同，一般可分为木骨架和金属骨架两种类型；隔墙按玻璃所占比例不同，一般可分为半玻型和全玻型，在当前室内装饰工程中此类玻璃隔墙多采用定制式，本任务中不做讲解。另一种是空心玻璃砖隔墙，这种隔墙具有强度高、外观整洁、清洗方便、防火性好、光洁明亮、透光不透明等特点。玻璃砖主要用于室内隔墙或其他局部墙体，它不仅能分割室内空间，其透光与散光的特点还可作为采光墙壁，具有较强的装饰效果。下面以空心玻璃砖隔墙、隔断为例介绍玻璃隔墙、隔断的施工。

一、空心玻璃砖隔墙的基本构造

空心玻璃砖隔墙、隔断是使用水泥砂浆或瓷砖胶，并根据实际需要加设金属导轨和加强筋进行砌筑的隔墙、隔断工程，如图4-27所示。

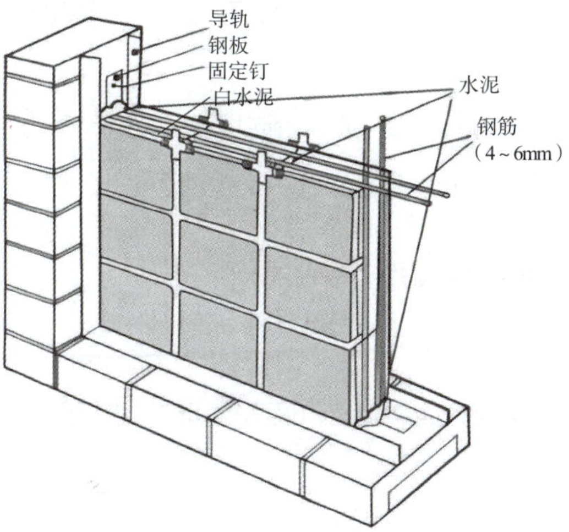

图4-27　空心玻璃砖隔墙示意图

二、空心玻璃砖隔墙的材料和质量要求

1. 玻璃砖

玻璃砖有实心砖和空心砖之分，当前应用最广泛的是空心玻璃砖。空心玻璃砖是采用箱式模具压制而成的两块凹形玻璃熔接或胶结成整体的具有一个或两个空腔的玻璃制品，空腔中充以干燥空气或其他绝热材料，经退火后涂饰侧面而成。

空心玻璃砖的规格很多，装饰工程中常见的有115mm×115mm×95mm、140mm×140mm×95mm、190mm×190mm×95mm、240mm×240mm×95mm、200mm×100mm×20mm、100mm×100mm×50mm等尺寸，主要品种有透明、半透明、磨砂及各种纹路砖。

2. 水泥

一般宜采用抗压强度42.5MPa白色硅酸盐水泥，水泥无受潮、结块现象，保存期不超过3个月。

3. 砂

一般宜采用粒径小于3mm的水洗砂，含泥量不大于3%。

4. 十字定位卡

常用设缝宽度有3mm、6mm、9mm、10mm等规格，长度应与玻璃砖厚度相匹配。

三、空心玻璃砖隔墙的施工机具与工艺流程

1. 施工机具

施工机具主要有激光水准仪、冲击钻、水平尺、靠尺、橡胶锤、砌筑工具、勾缝工具。

2. 施工工艺流程

空心玻璃砖隔墙的施工工艺流程：放线→固定边框型材→扎筋→排砖→砌砖→勾缝→边饰处理。

四、空心玻璃砖隔墙的施工技术要点

1. 放线

根据施工图纸，对墙体与地面、墙面和顶面相邻位置进行弹线。

2. 固定边框型材

砌筑前应将空心玻璃砖墙的夹持型材固定在基层上，其型材可选用槽钢和角钢。固定采

用ϕ8膨胀螺栓，螺栓最大间距为500mm。

3. 扎筋

室内空心玻璃砖隔墙、隔断的高度和长度超过1.5m时，应在垂直方向上每两层空心玻璃砖水平设置2根直径为6mm的钢筋；当不采用错缝砌筑方式时，在水平方向上每三缝至少设置1根钢筋，钢筋每端伸入金属型材框的尺寸不得小于35mm。最上层的空心玻璃砖应深入顶部的金属型材框中，深入尺寸不得小于10mm，且不得大于25mm。

4. 排砖

玻璃砖砌体采用十字缝立砖砌法。按照排砖图弹好的位置线，认真核对玻璃砖墙长度尺寸是否符合排砖模数，可通过调整隔墙两侧的槽钢或木框的厚度及砖缝宽度进行调节。注意隔墙两侧调整的宽度要保持一致，隔墙上部槽钢调整后的宽度也应保持一致。

5. 砌砖

空心玻璃砖砌筑可采用1：1白色水泥砂浆或瓷砖胶砌筑，自下而上进行砌筑。砖缝宽度应根据排砖模数确定或根据设计要求确定；每层玻璃砖在砌筑之前，应在玻璃砖上放置设计要求的十字定位架，卡在玻璃砖的凹槽内。每砌筑一层后，用湿布将玻璃砖面上的水泥浆擦去。

玻璃砖墙宜以1500mm高为一个施工段，待下部施工段胶结材料达到设计强度后再进行上部施工；最上层的空心玻璃砖应伸入顶部的金属型材边框内，和边框腹面之间的胀缝可用木楔固定，玻璃砖墙与金属型材两翼接触的部位应留有滑缝，可使用泡沫塑料条填充，最后使用弹性密封材料密封。

6. 勾缝

玻璃砖墙砌筑完成后，取下十字定位架的外露部分，进行表面勾缝。勾缝应饱满，先沟水平缝，再沟竖缝，缝内要平滑，勾缝的深度要一致。勾缝后应立即用海绵块或抹布将勾缝灰浆擦净。

五、空心玻璃隔墙的质量验收标准

1. 主控项目

（1）玻璃隔墙工程所用材料的品种、规格、图案、颜色和性能应符合设计要求。玻璃板隔墙应使用安全玻璃。检验方法：观察；检查产品合格证书、进场验收记录和性能检验报告。

（2）玻璃板安装及玻璃砖砌筑方法应符合设计要求。检验方法：观察。

（3）有框玻璃板隔墙的受力杆件应与基体结构连接牢固，玻璃板安装橡胶垫位置应正确。玻璃板安装应牢固，受力应均匀。检验方法：观察；手推检查；检查施工记录。

（4）无框玻璃板隔墙的受力爪件应与基体结构连接牢固，爪件的数量、位置应正确，爪件与玻璃板的连接应牢固。检验方法：观察；手推检查；检查施工记录。

（5）玻璃门与玻璃墙板的连接、地弹簧的安装位置应符合设计要求。检验方法：观察；开启检查；检查施工记录。

（6）玻璃砖隔墙砌筑中埋设的拉结筋应与基体结构连接牢固，数量、位置应正确。检验方法：手扳检查；尺量检查；检查隐蔽工程验收记录。

2. 一般项目

（1）玻璃隔墙表面应色泽一致、平整洁净、清晰美观。检验方法：观察。

（2）玻璃隔墙接缝应横平、竖直，玻璃应无裂痕、缺损和划痕。检验方法：观察。

（3）玻璃板隔墙嵌缝及玻璃砖隔墙勾缝应密实平整、均匀顺直、深浅一致。检验方法：观察。

（4）玻璃隔墙安装的允许偏差和检验方法应符合表4-6的规定。

表4-6　玻璃隔墙安装的允许偏差和检验方法

项次	项目	允许偏差/mm		检验方法
		玻璃板	玻璃砖	
1	立面垂直度	2	3	用2m垂直检测尺检查
2	表面平整度	—	3	用2m靠尺和塞尺检查
3	阴阳角方正	2	—	用200mm直角检测尺检查
4	接缝直线度	2	—	拉5m线，不足5m拉通线，用钢直尺检查
5	接缝高低差	2	3	用钢直尺和塞尺检查
6	接缝宽度	1	—	用钢直尺检查

任务6
其他隔断工程

隔断除了具有分割空间的功能外，还具有很强的装饰性。它不受隔音和遮透的限制，可高可低、可空可透、可虚可实、可静可动、选材多样、效果甚佳。与隔墙相比，隔断更具有灵活性，更能增加室内空间的层次和深度。用隔断来划分室内空间，可以产生灵活而丰富的空间效果，让室内更加活泼、典雅。

装饰隔断的类型很多，按照隔断的固定方式分，有固定式隔断和活动式隔断；按隔断的开启方式分，有推拉式隔断、折叠式隔断、直滑式隔断和拼装式隔断；按隔断的材料不同分，有木隔断、竹隔断、玻璃隔断等；按隔断的装饰形式分，有花格空透式隔断和其他装饰隔断。在室内隔断应用上，常见的有空透式隔断和活动式隔断。

一、空透式隔断

空透式隔断，主要是指以限定空间为主，以隔音、隔视线为辅，甚至不隔音、不隔视线的隔断，其形式多呈花格状。在室内设置的空透式隔断，主要包括花格、落地罩、隔扇和博古架等各种花格隔断。这类隔断有水泥制品花格空透式隔断、竹木花格空透式隔断和金属花格空透式隔断。

1. 水泥制品花格空透式隔断

水泥制品组成的隔断可分为两大类：一类是由各种形状小型花格组成，另一类是由条板和小花格或其他花饰组成。在设计小型花格时，首先要明确隔断的用途和性质，并以此为据确定花格的封闭、空透、轻盈、厚重程度。基本型要具有可变性，辅助型要与基本的尺寸相协调。

2. 竹木花格空透式隔断

竹木花格空透式隔断是仿中国传统室内装饰的一种隔断形式，竹木花格空透式隔断具有自重较轻、制作容易、玲珑剔透、格调清新等特点，运用传统图案可雕刻成各种花纹，并容易与绿化、水体相配合，从而形成一种自然古朴的风格。

3. 金属花格空透式隔断

金属花格的成型方法有两种：一种为浇铸成型，即利用设计好的模型浇铸出铁、铜、铝等花格；另一种是弯曲成型，即用扁钢、钢管、钢筋等弯曲成各种花格。花格与花格、花格与边框可以焊接、铆接或螺栓连接而组成空透式隔断。隔断上可另加有机玻璃等装饰件，由于金属花格成型方法多，其品种繁多、图案丰富、坚固耐久、造型美观，深受人们的喜爱，尤其是容易形成圆润、流畅的曲线，使隔断显得更加活泼。

二、活动式隔断

活动式隔断又称为活动隔墙、隔断、活动展板、活动屏风、移动隔断、移动屏风等。其最大的特点是使用时灵活多变，可以随时打开和关闭，使相邻空间形成不同的空间。根据使用和装配方法的不同，常见的主要有拼装式活动隔断、折叠式隔断和帷幕式隔断等。

1. 拼装式活动隔断

拼装式活动隔断是用可装拆的壁板或隔扇拼装而成，不需要设置滑轮和轨道。为了装卸方便，在隔断的上、下设长槛。

2. 折叠式隔断

折叠式隔断是将拼装式隔断独立扇用滑轮挂置在轨道上，是一种可沿轨道推拉、移动、折叠的隔断。下部一般不宜安装导轨和滑轮，以防止垃圾堵塞导轨。隔断板的下部可用弹簧卡顶着地板，以防止产生晃动。

活动式隔断具有稳定、安全、隔音环保、隔热、节能、防火、美观大方、收放灵活、收藏方便、应用广泛等优点。目前，活动式隔断系列产品已经广泛使用于多功能厅、宴会厅、写字楼、展厅、金融机构、医院、工厂等。

课后练习

1. 隔墙、隔断的功能及类型有哪些？
2. 家装工程中常用的隔墙、隔断类型有哪些？
3. 深入市场或装饰公司进行调研，除空心玻璃砖隔墙、隔断外，还有哪些形式的玻璃砖隔墙、隔断？
4. 建筑室内装饰工程中隔墙、隔断施工的常见问题有哪些？如何在工程施工中避免这些问题？

05 项目5

楼地面工程

知识目标

1 熟悉不同类型楼地面装饰工程的分类，以及楼地面装饰工程施工中常用的名词术语。

2 掌握不同类型楼地面工程的装饰构造以及不同类型楼地面装饰常用材料的品类、规格、性能特点和市场单价。

3 熟悉不同类型楼地面工程施工中多种施工机具的使用方法、维护保养要点以及常规零部件的更换方式。

4 掌握不同类型楼地面工程的施工工艺流程以及工程质量控制要点。

5 熟悉不同类型楼地面工程的质量验收标准及检验方法，以及在施工和质量验收过程中所依据的相关国家标准。

技能目标

1 能够运用专业术语，从实用性、技术性、经济性、艺术性等方面对不同类型楼地面工程的设计方案或施工工艺流程进行介绍。

2 能够运用所学理论知识，指导施工人员进行不同类型楼地面工程的施工作业实践；能够担任相关工程的施工监理人员或质检员；能够在所参与的工程中总结实践经验，举一反三。

3 能够编制室内装饰工程招投标文件中涉及不同类型楼地面工程施工流程、工序以及施工工艺方面的技术资料。

思政目标

1 楼地面是日常生活中与人接触最频繁，受到物理撞击、摩擦以及化学腐蚀最多的装饰部位，在装饰施工中的质量问题更是关系到每一个使用者的使用体验。以家装工程为例，在块材式楼地面铺装中，石材和地砖的铺贴十分容易因施工原因产生空鼓的质量问题，一旦产生空鼓现象，后期使用过程中随着地面荷载和踩踏撞击，地面块材就会产生起翘、断裂，从而影响使用效果。因此，在石材和地砖的铺设施工中，施工人员要发扬精益求精的工匠精神，在正式铺贴前应反复找平垫层砂浆，再进行正式铺贴，打造精品工程。

2 楼地面工程施工面积较大，不管采用哪种装饰材料，都会成为装饰工程中的主材之一。因此，在地面工程施工前应认真对材料用量进行计算，对装饰效果和施工工艺进行设计优化，以最大限度节省材料，降低工程造价，节省工程预算，并减少对装饰材料的浪费，达到节能减排的目的。

任务1
楼地面工程的基本知识

楼地面是建筑物底层地面（包括部分室外地面，主要为建筑一层）与楼层地面的总称（主要为建筑一层以上）。人们在楼地面上从事各类活动，放置各类家具和设备。地面除了要经受各种侵蚀、摩擦、冲击，还要保证人们对防滑、隔音、保温、美观的环境需求，因此，要求楼地面要有足够的强度，要具有防潮、防滑、耐腐蚀以及装饰性能。其主要提供良好的使用功能，营造具有艺术感的空间氛围，同时能够保护建筑结构层。

一、楼地面的装饰功能及要求

楼地面是日常生活中接触最频繁的部位，也是建筑物直接承受载荷且经常受撞击、摩擦、洗刷的部位。因此，要求地面装饰在满足人们视觉效果与审美需求时，更多的应满足以下使用功能：

（1）行走舒适性。首先应满足人行走时的舒适感，应平整、光洁、防滑。

（2）热舒适性。宜结合材料的导热、散热及人的感受等综合因素，具有良好的保温、散热功能。

（3）声舒适性。应有足够的隔音、吸声性能，可以隔绝空气声、撞击声、摩擦声，满足基本的隔音、吸声要求。

（4）耐久性。应根据使用环境、状况及材料特性来选择楼地面的材质，使其具备足够的强度和耐久性，经得起各种物体、设备的直接撞击、磨损。

（5）安全性。指地面自身的稳定性以及材料的安全性，包括防滑、阻燃、绝缘、防雨、防潮、防渗漏、防腐、防蚀、防酸碱等。

（6）整体感。必须同顶棚、墙面、室内家具、植物等统一设计，综合考虑风格、色彩、光影，创造出整体而协调的空间效果。

楼地面的装饰效果是整个室内装饰效果的重要组成部分，要结合室内装饰工程预算、整体布局和使用要求，综合考虑楼地面装饰材料和构造工艺。

二、楼地面的组成

楼地面由面层、垫层和基层等部分组成。

1. 基层

地面的基层多为土。地面下的填土应采用合格的填料分层填筑与夯实，土块的粒径不宜大于50mm；每层虚铺厚度：机械压实厚度不大于300mm，人工夯实厚度不大于200mm。回填土的含水量应按最佳含水量控制，太干的土要洒水湿润，太湿的土应晾干后使用，每层夯实后的干密度应符合设计要求。通常情况下，在一般的建筑室内装饰工程中建筑施工方在建筑主体结构施工中已经完成地面的施工工作，本部分不需要由室内装饰公司进行施工。

楼面的基层为楼板，垫层施工前应做好板缝的滥浆、堵塞工作和板面的清理工作。基层施工应抄平、弹线，统一标高。一般在室内四壁上弹离地面高500mm的标高线，作为统一控制线。

2. 垫层

垫层有刚性垫层、半刚性垫层和柔性垫层。

刚性垫层是指水泥混凝土、碎砖混凝土、水泥矿渣混凝土和水泥灰炉渣混凝土等各种低强度等级混凝土。刚性垫层厚度一般为70～100mm，强度等级不宜低于C10，粗骨料的粒径不应超过50mm。施工方法与一般混凝土施工方法相近，工艺过程为清理基层→检测弹线→基层洒水湿润→浇筑混凝土垫层→养护。

半刚性垫层一般有灰土垫层、碎砖三合土垫层、四合土垫层和石灰炉渣垫层等。灰土垫层由熟石灰、黏土拌制而成，比例为3：7，铺设时应分层铺设、分层夯实，在其晾干后再进行面层施工。碎砖三合土垫层，采用石灰、碎砖和砂（可掺少量黏土）按比例配制而成，铺设时应拍平夯实，硬化期间应避免被水浸湿，铺设厚度不应小于100mm。四合土垫层应采用水泥、石灰、砂（可掺少量黏土）与碎砖的拌和料铺设，其厚度不应小于80mm。石灰炉渣垫层是用石灰、炉渣拌和而成，炉渣粒径不应大于40mm，且颗粒粒径在5mm以下时，不得超过总体积的40%；炉渣或水泥炉渣垫层的炉渣，使用前应浇水闷透；水石灰炉渣垫层的炉渣，使用前应用石灰浆或用熟化石灰浇水拌和闷透；闷透时间均不得少于5天。

柔性垫层包括用土、砂石、炉渣等散状材料经压实的垫层。砂垫层厚度不小于60mm，适当浇水后用平板振动器振实。砂石垫层厚度不小于100mm，砂石应选用天然级配材料。铺设时不应有粗细颗粒分离现象，压（夯）至不松动为止。

各种不同的基层和垫层都必须具备一定的强度及表面平整度，以确保面层的施工质量。

三、楼地面面层的分类

楼地面工程按照面层结构可分为：整体面层，板块面层，木、竹面层（分类依据GB 50209—2010）；按照装饰材料可分为：水泥砂浆、水磨石、大理石、花岗石、陶瓷地砖、木地板、塑料地板、地毯等楼地面。

四、楼地面装饰的一般要求

（1）楼面与地面各层所用的材料和制品，其种类、规格、配合比、强度等级、各层厚度、连接方式等，均应根据设计要求选用，并应当符合国家和行业等有关现行标准及地面、楼面施工验收规范的规定。

（2）位于沟槽、暗管等上面的地面与楼面工程的装饰，应当在以上工程完工经检查合格后方可进行。

（3）铺设各层地面与楼面工程时，其下面一层应在符合规范有关规定后，方可继续施工，并应做好隐蔽工程验收记录。

（4）铺设楼地面的各类面层，一般宜在其他室内装饰工程基本完工后进行。当铺设木地板、强化复合地板和涂料类面层时，其基层必须干燥后进行，尽量避免在气候潮湿的情况下施工。

（5）当采用混凝土、水泥砂浆和水磨石面层时，同一房间要均匀分格或按设计要求进行分缝。

（6）在钢筋混凝土板上铺设有坡度的地面与楼面时，应用垫层或找平层找坡。

（7）凡用水泥砂浆作为结合层铺砌的地面，均应在常温下养护，一般不得少于10天。

（8）用胶黏剂粘贴各种地面装饰材料时，施工温度应符合所用胶黏剂对施工温度的要求。

任务2
整体式楼地面

整体地面主要是指水泥砂浆地面、现浇水磨石地面、混凝土地面等。这是一种应用较为广泛、施工方法较为传统的地面，各类型整体式地面的基层和垫层的做法基本相同，仅面层所用材料和施工方法有所区别。此外，大部分工程的基层和垫层在土建工程中完成，在装饰工程中仅进行面层的施工。由于在实际工程中应用水泥砂浆地面和现浇水磨石地面较多，所以本任务重点介绍这两种地面的施工工艺。

一、水泥砂浆楼地面的施工

（一）水泥砂浆楼地面的基本构造

水泥砂浆地面面层是以水泥作为胶凝材料，砂作为骨料，按相应的配合比配制抹压而成，其构造及做法如图5-1所示。水泥砂浆地面的优点是造价较低、施工简便、使用耐久，但容易出现起灰、起砂、裂缝、空鼓等质量问题。

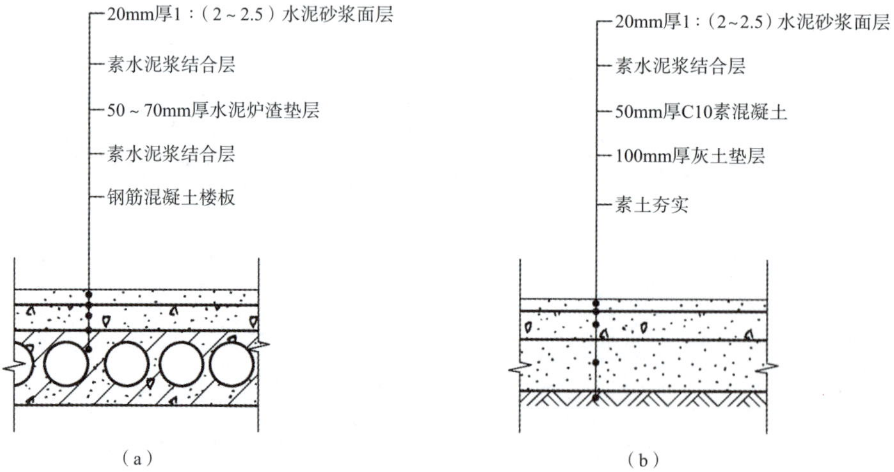

图5-1　水泥砂浆楼地面构造示意图

（a）水泥砂浆楼面　（b）水泥砂浆地面

（二）水泥砂浆楼地面材料及质量要求

1. 水泥

水泥砂浆楼地面所用的胶凝材料为水泥，应优先选择硅酸盐水泥、普通硅酸盐水泥，其强度等级一般不得低于32.5MPa。如果采用矿渣硅酸盐水泥，其强度等级应大于32.5MPa；在施工中严禁不同品种、不同标号的水泥混用；存放日期不超过3个月，无受潮、结块现象。

2. 砂

水泥砂浆面层所用的细骨料为砂，一般多采用中砂和粗砂，其含泥量不得大于3%（质量分数）。因为细砂的级配不好，拌制的砂浆强度比中砂、粗砂拌制的强度低25%～35%，其不仅耐磨性较差，而且干缩性较大，容易产生收缩、裂缝等质量问题。

3. 地面固化剂

地面固化剂简称地固，采用高分子聚合物经过多道工序复合而成，高分子聚合物能渗透建筑物原水泥地面，封锁地面的松散颗粒，使地面形成紧密一体，便于装饰材料与地面的密切结合，有效防止水泥砂浆地面、水磨石地面、地砖地面的空鼓现象。

（三）水泥砂浆楼地面施工机具与工艺流程

1. 施工机具

施工机具主要有砂浆搅拌机、铝合金刮杠、木抹子、方头铁抹子、圆头铁抹子、喷壶、铁锹、水桶、扫帚、钢丝刷、錾子（用于去除原地面的水泥、落灰等）、锤子、墨斗等。

2. 施工工艺流程

水泥砂浆楼地面的施工工艺流程：基层处理→弹线、找规矩→铺抹水泥砂浆→养护。

（四）水泥砂浆楼地面施工要点

1. 基层清理

水泥砂浆面层多铺抹在楼地面混凝土垫层上，基层处理是防止水泥砂浆面层空鼓、裂纹、起砂等质量缺陷的关键工序。表面比较光滑的基层，应进行凿毛，并用清水冲洗干净，冲洗后的基层，最好不要上人；在冲洗干净的基层涂刷地固，能够更好地防止水泥砂浆地面出现空鼓。

在现浇混凝土或水泥砂浆垫层、找平层上做水泥砂浆地面面层时，其抗压强度达到1.2MPa才能铺设面层，这样不致破坏其内部结构。

2. 找规矩

（1）弹基准线。地面抹灰前，应先在四周墙上弹出一道水平基准线，作为确定水泥砂浆面层标高的依据。做法是以地面±0.00为依据，根据实际情况在四周墙上弹出0.5m或1.0m，作为水平基准线。据水平基准线量出地面标高，并弹于墙上（水平辅助基准线），作为地面面层上皮的水平基准，如图5-2所示。要注意按设计要求的水泥砂浆面层厚度弹线。

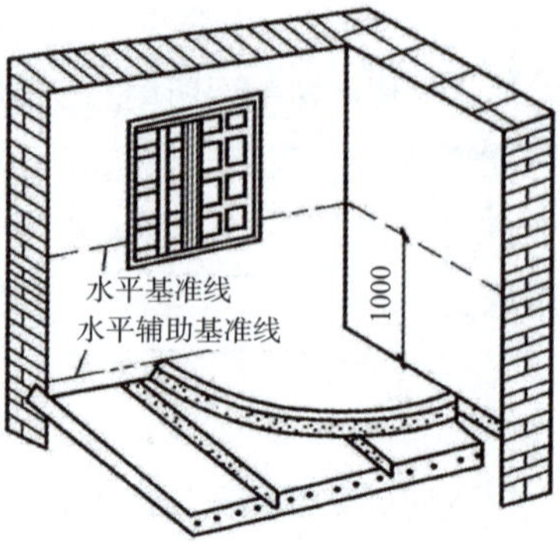

图5-2　弹基准线

（2）做标筋。根据水平辅助基准线，从墙角处开始，沿墙每隔1.5～2.0m用1：2水泥砂浆抹标志块；标志块大小一般是8～10cm见方。待标志块结硬后，再以标志块的高度做出纵横方向通长的标筋，以控制面层的标高，如图5-3所示。地面标筋用1：2水泥砂浆，宽度一般为8～10cm。做标筋时，要注意控制面层标高应与门框的锯口线吻合；需要说明的是，在当前的室内装饰工程中，通常情况下室内的门都是在工程施工后期进行定制和安装，这样前期地面抹灰不会和门套或门框产生冲突。

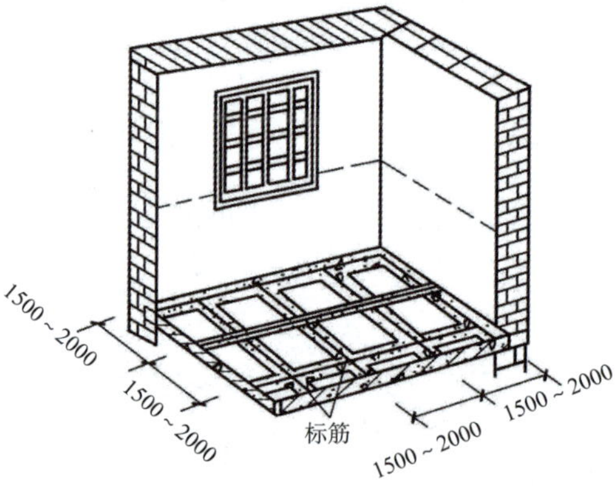

图5-3　做标筋

（3）找坡度。对于厨房、浴室、厕所等房间的地面，要找好排水坡度。有地漏的房间，要在地漏四周做出不小于5%的泛水，以避免地面“倒流水”或产生积水。抄平时要注意各室内地面与走廊高度的关系。

（4）校核找正。地面铺设前，还要将门框再一次校核找正。其方法是先将门框锯口线抄平找正，并注意当地面面层铺设后，门扇与地面的间隙应符合规定要求，然后将门框固定，防止松动、位移。

3. 铺抹水泥砂浆

（1）制备水泥砂浆。面层水泥砂浆的配比应符合设计有关要求，一般不低于1：2，水灰比为1：（0.3~0.4），其稠度不大于3.5cm。水泥砂浆要求拌和均匀，颜色一致。铺抹前，先将基层浇水湿润，第二天先刷一道水灰比为0.4~0.5的水泥素浆结合层（或界面剂），随即进行面层铺抹。如果水泥素浆结合层过早涂刷，则起不到与基层和面层两者黏结的作用，反而易造成地面空鼓，所以一定要随刷随抹。

（2）第一遍抹压。地面面层的铺抹方法是在标筋之间铺上砂浆，并随铺随用木抹子拍实，用铝合金刮杠按标筋标高刮平。刮平时，要从室内由里往外刮，再用木抹子搓平，并用铁皮抹子紧跟着压光一遍。压光时用力要轻一些，使抹纹浅一些，以压光后表面不出现水纹为宜。如果面层上有多余的水分，可根据水分的多少适当均匀撒一层干水泥或干拌水泥砂浆，用来吸收面层上多余的水分，再压实、压光。但表层无多余水分时，不得撒干水泥。

（3）第二遍抹压。当水泥砂浆开始初凝时，即人踩上去有脚印但不塌陷，即可开始用铁皮抹子压第二遍。这一遍是确保面层质量最关键的环节，一定要压实、压光、不漏压，并要把死坑、砂眼和脚印全部压平，要做到清除气泡、孔隙，平整、光滑。

（4）第三遍抹压。待水泥砂浆达到终凝前，即人踩上去有细微脚印，抹子抹上去不再有纹时，再用铁皮抹子压第三遍。抹压时用力要稍微大一些，并把第二遍留下的抹子纹、毛细孔压平、压实、压光。

水泥地面压光要三遍成活，每遍抹压的时间要掌握适当，以保证工程质量。压光过早或过迟，都会造成地面起砂的质量问题。

4. 养护

面层抹压完毕后，在常温下铺盖草垫或锯木屑，洒水养护，使其在湿润的状态下进行硬化。养护洒水要适时，如果洒水过早容易起皮，过晚则易产生裂纹或起砂。一般夏天在24h后进行养护，春秋季节应在48h后进行养护。当采用硅酸盐水泥和普通硅酸盐水泥时，养护时间不得少于7天；当采用矿渣硅酸盐水泥时，养护时间不得少于14天。面层强度达到5MPa以上后，才允许人在地面上行走或进行其他作业。

（五）水泥砂浆楼地面质量验收标准与验收方法

本部分内容主要参考《建筑地面工程施工质量验收规范》（GB 50209—2010）（以下简称本规范）。水泥砂浆面层的厚度应符合设计要求。

1. 主控项目

（1）水泥宜采用硅酸盐水泥、普通硅酸盐水泥，不同品种、不同强度等级的水泥不应混用；砂应为中粗砂，当采用石屑时，其粒径应为1~5mm，且含泥量不应大于3%；防水水泥砂浆采用的砂或石屑，其含泥量不应大于1%。检验方法：观察检查和检查质量合格证明文件。检查数量：同一工程、同一强度等级、同一配比检查一次。

（2）防水水泥砂浆中掺入的外加剂的技术性能应符合国家现行有关标准的规定，外加剂的品种和掺量应经试验确定。检验方法：观察检查和检查质量合格证明文件、配比试验报告。检查数量：同一工程、同一强度等级、同一配比、同一外加剂品种、同一掺量检查一次。

（3）水泥砂浆的体积比（强度等级）应符合设计要求，且体积比应为1：2，强度等级不应小于M15。检验方法：检查强度等级检测报告。检查数量：检验同一施工批次、同一配合比水泥混凝土和水泥砂浆强度的试块，应按每一层（或检验批）建筑地面工程不少于1组。当每一层（或检验批）建筑地面工程面积大于1000m^2时，每增加1000m^2应增做1组试块，小于1000m^2按1000m^2计算，取样1组；检验同一施工批次、同一配比的散水、明沟、踏步、台阶、坡道的水泥混凝土、水泥砂浆强度的试块，应按每延长150m不少于1组。

（4）有排水要求的水泥砂浆地面，坡向应正确、排水通畅；防水水泥砂浆面层不应渗漏。检验方法：观察检查和蓄水、泼水检验或坡度尺检查及检查检验记录。检查数量：基层（各构造层）和各类面层的分项工程的施工质量验收应按每一层次或每层施工段（或变形缝）划分检验批，高层建筑的标准层可按每三层（不足三层按三层计）划分检验批。

每检验批应以各子分部工程的基层（各构造层）和各类面层所划分的分项工程按自然间（或标准间）检验，抽查数量应随机检验不应少于3间；不足3间，应全数检查；其中走廊（过道）应以每延长10m^2为1间，工业厂房（按单跨计）、礼堂、门厅应以两个轴线为1间计算。

有防水要求的建筑地面子分部工程的分项工程施工质量每检验批抽查数量应按其房间总数随机检验不应少于4间，不足4间，应全数检查。

（5）面层与下一层应结合牢固，且应无空鼓和开裂。当出现空鼓时，空鼓面积不应大于400cm^2，且每自然间或标准间不应多于2处。检验方法：观察和用小锤轻击检查。检查数量同主控项目中第（4）条。

2. 一般项目

（1）面层表面的坡度应符合设计要求，不应有倒泛水和积水现象。检验方法：观察和采用泼水或坡度尺检查。检查数量同主控项目中第（4）条。

（2）面层表面应洁净，不应有裂纹、脱皮、麻面、起砂等现象。检验方法：观察检查。检查数量同主控项目中第（4）条。

（3）踢脚线与柱、墙面应紧密结合，踢脚线高度及出柱、墙厚度应符合设计要求且均匀一致。当出现空鼓时，局部空鼓长度不应大于300mm，且每自然间或标准间不应多于2处。检验方法：用小锤轻击、钢尺和观察检查。检查数量同主控项目中第（4）条。

（4）楼梯、台阶踏步的宽度、高度应符合设计要求。楼层梯段相邻踏步高度差不应大于10mm；每踏步两端宽度差不应大于10mm，旋转楼梯梯段的每踏步两端宽度的允许偏差不应大于5mm。踏步面层应做防滑处理，齿角应整齐，防滑条应顺直、牢固。检验方法：观察和用钢尺检查。检查数量同主控项目中第（4）条。

（5）水泥砂浆楼地面的允许偏差和检验方法应符合表5-1的规定。检查数量同主控项目中第（4）条相关规定。其中主控项目，应达到本规范规定的质量标准，认定为合格；一般项目80%以上的检查点（处）符合本规范规定的质量要求，其他检查点（处）不得有明显影响使用，且最大偏差值不超过允许偏差值的50%为合格。凡达不到质量标准时，应按现行国家标准的规定处理。

表5-1 水泥砂浆楼地面的允许偏差和检验方法

项次	项目	允许偏差/mm	检验方法
		水泥砂浆面层	
1	表面平整度	4	用2m靠尺和楔形塞尺检查
2	踢脚线上口平直	4	拉5m线和用钢尺检查
3	缝格平直	3	

二、现浇水磨石楼地面施工

现浇水磨石地面具有饰面美观大方、平整光滑、整体性好、坚固耐久、易于保洁等优点，主要适用于清洁度要求较高的场所，如商场、医院、酒店门厅等场所。现浇水磨石现场湿作业工序多，施工周期长。采用的手推式磨石机，机身重量较轻，能磨去的表面厚度很少，因此，只能采用粒径小、轻软的石粒，其装饰效果不如预制水磨石。但是随着装饰材料的发展与施工工艺的改善，现浇水磨石地面的装饰效果和施工质量也不断提高，使这种传统的装饰工艺在室内装饰工程中再次焕发生机。

（一）现浇水磨石楼地面的基本构造

现浇水磨石地面是在水泥砂浆垫层已完成的基层上，根据设计要求弹线分格，镶贴分格条，然后抹水泥石子浆，待水泥石子浆硬化后研磨露出石渣，并经补浆、细磨、打蜡制成。现浇水磨石的构造做法如图5-4所示。

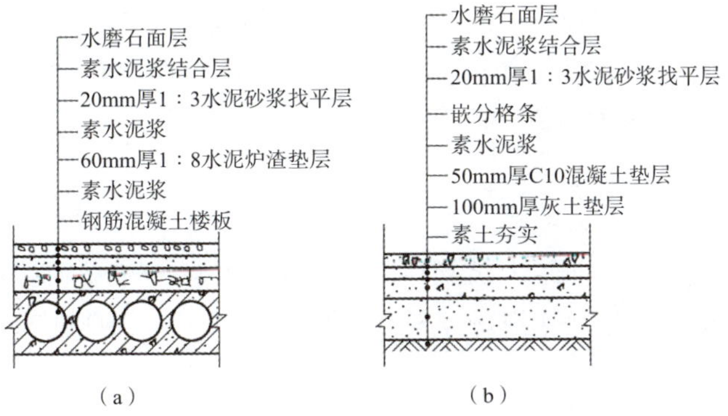

图5-4 现浇水磨石地（楼）面构造示意图

（a）现浇水磨石楼面 （b）现浇水磨石地面

（二）现浇水磨石楼地面的材料及质量要求

1. 水泥

白色、浅色或彩色水磨石面层施工应采用白色水泥；深色水磨石面层施工应采用硅酸盐水泥、普通硅酸盐水泥或矿渣硅酸盐水泥；相同颜色的面层应使用同厂、同批次水泥。无论使用何种水泥，其强度等级不应低于32.5MPa。对于未超期而受潮的水泥，当用手捏无硬粒、色泽比较新鲜时，可考虑降低强度5%使用；肉眼观察存有小球粒，但仍可散成粉末时，则可考虑降低强度的15%左右使用；对于已有部分结成硬块时则不能再使用。其他要求同水泥砂浆地面。

2. 石粒

水磨石石粒应采用质地坚硬、耐磨、洁净的大理石、白云石、方解石、花岗石、玄武岩、辉绿岩等，要求石粒中不得含有风化颗粒和草屑、泥块、砂粒等杂质，按不同的品种、规格、颜色分别存放。石粒的最大粒径以比水磨石面层厚度小1～2mm为宜（面层厚度除有特殊要求外，宜为12～18mm），如表5-2所示。

表5-2　石粒粒径要求

水磨石面层厚度/mm	10	15	20	25
石子最大粒径/mm	9	14	18	23

3. 颜料

用于水磨石的颜料，一般应采用耐碱、耐光、耐潮湿的矿物颜料。要求选用同厂、同批次产品；颜料呈粉末状，不得受潮结块；其掺入量宜为水泥质量的3%～6%或根据设计要求制作样板试验确定。

4. 分隔条

常用分隔条材料有铜条、铝条、彩色塑料条，使用时切成需要的长度并调直，常用规格有3mm×3mm×10mm、3mm×3mm×15mm、4mm×4mm×12mm、5mm×5mm×15mm、5mm×5mm×20mm等。

5. 草酸

草酸为水磨石地面面层抛光材料，无色透明晶体。有块状和粉末状两种，易溶于水，有毒，会腐蚀皮肤。使用前用沸水溶解成质量浓度为100～250g/L的溶液冷却后使用。

6. 地板蜡

可选用成品水磨石地板蜡，其材料性能应符合设计要求和国家相关规定。

（三）现浇水磨石楼地面的施工机具

施工机具主要有磨石机（打磨水磨石面层）、湿式磨光机（抛光水磨石面层）、搅拌机、激光水准仪、碾压滚筒、铁抹子、木抹子、刮杠、水平尺、墨斗等。

（四）现浇水磨石楼地面的施工工艺流程

现浇水磨石面层的施工工艺流程：基层处理→抹找平层→弹线、嵌分格条→铺抹面层石粒浆→面层磨光→抛光上蜡。

1. 基层处理

将混凝土基层上的浮灰、污物清理干净。

2. 抹找平层

在进行抹底灰前，地漏或安装管道处要做临时堵塞。先刷素水泥浆一遍，随即做标志块、标筋，养护好后抹底、中层灰，用木抹子搓实、压平，至少两遍，找平层24h后洒水养护。

3. 弹线、嵌分格条

先在找平层上按设计要求弹上纵横垂直水平线或图案分格墨线，然后按墨线固定铜条或玻璃嵌条，并埋牢，作为铺设面层的标志。水磨石分格条的嵌固是一项非常重要的工作，在施工中应特别注意水泥浆的黏嵌高度和角度。

分格条正确的黏嵌方法是黏嵌高度略大于分格条高度的二分之一，水泥浆斜面与地面夹角以30°为准，如图5-5所示。在铺设面层水泥石粒浆时，石粒就能靠近分格条，磨光后分格条两边石粒密集，显露均匀、清晰，装饰效果好。

分格条交接处黏嵌水泥浆时，在十字交叉的周围留出20～30mm的空隙，以确保铺设水泥石粒浆饱满，磨光后外形美观，如图5-6所示。

分格条间距按设计要求而定，一般不超过1m，否则砂浆收缩会产生裂缝，通常间距以90cm左右为标准。分格条黏嵌好后，经24h后可洒水养护，一般养护3～5天。

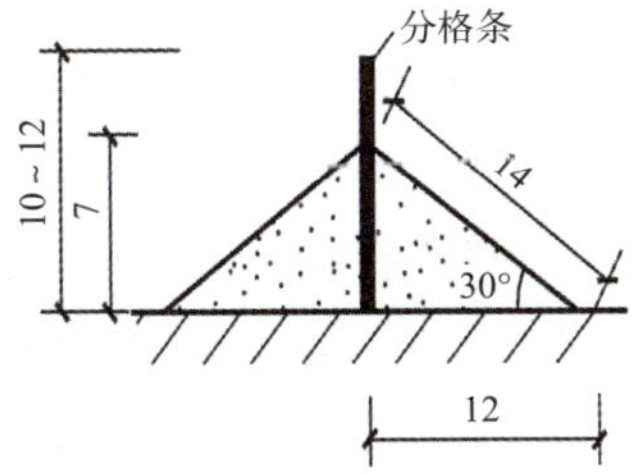

图5-5 分隔条的粘贴方式

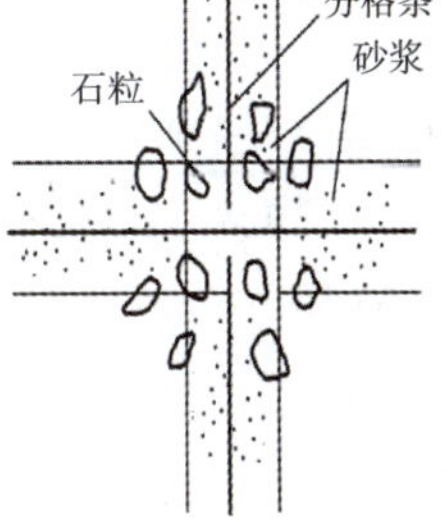

图5-6 分格条交叉处黏嵌方式

4. 铺抹面层石粒浆

分格条黏嵌养护后，清除积水浮砂，刷素水泥浆一道，随刷随铺设面层水泥石粒浆。调配水泥石粒浆时，应先按配比将水泥和颜料干拌均匀，过筛后装袋备用。铺设前，再将石料加入彩色水泥粉中，石粒和水泥干拌2～3遍，然后加水湿拌。

一般情况下，水泥石粒浆的稠度为60cm左右，施工配比为1：（1.5～2.0）。同时，从按施工配比备好的材料中取出五分之一石粒，以备撒石用，然后将拌和均匀的石粒浆按分格顺序进行铺设，其厚度应高于分格条1～2mm，以防在滚压时压弯铜条或压碎玻璃条。

水磨石面层另一种铺设方法是干撒滚压施工法。其具体做法：当分格条经养护镶嵌牢固后，刷素水泥浆一道，随即用1：3水泥砂浆进行二次找平，上部留出8～10mm，待二次找平砂浆达终凝后，开始抹彩色水泥浆（水灰比为0.45），厚度为4mm。坐浆后将彩色石粒均匀地撒在坐浆上，用软刮尺刮平，接着用滚筒纵横反复滚压，直至石粒被压平、压实为止，且要求底浆返上60%～80%，再往上浇一遍彩色水泥浆（水灰比为0.65），浇时用水壶往滚筒上浇，边浇边压，直至上下层彩色水泥浆结合为止，最后用铁抹子压一遍，于次日洒水养护。此方法的主要优点：面层石粒密集、美观，特别对于掺有彩色石粒的美术水磨石地面，不仅能清楚地观察彩色石粒的分布是否均匀，而且能节约彩色石粒，降低工程成本。

5. 面层磨光

面层磨光是水磨石地面质量好坏最重要的环节，必须足够重视。开磨的时间应以石粒不松动为准。大面积施工宜采用磨石机，小面积、边角处的水磨石可使用小型湿式磨光机，当工程量不大或无法使用机械时，可采用手工研磨。大面积施工时，在正式开磨前应试磨，试磨成功才能大面积研磨，一般开磨的时间见表5-3。

表5-3　现浇水磨石地面的开磨时间

平均温度/℃	开磨时间/天	
	机磨	人工磨
20～30	2～3	1～2
10～20	3～4	1.5～2.5
5～10	5～6	2～3

在研磨过程中，应确保磨盘下经常有水，并及时清除磨出的石浆。一般采用“二浆三磨”法，即整个磨光过程为补浆二次、磨光三遍。

第一遍先用60～80号粗磨石磨光，要磨匀、磨平，使全部分格条外露，磨后要将泥浆冲洗干净，稍干后涂擦一道同色水泥浆，用以填补砂眼，个别掉落石粒部位要补好，不同颜色应先涂补深色浆，后涂补浅色浆，并养护4～7天。

第二遍用120～180号细磨石磨光，操作方法与第一遍相同，主要是磨去凹痕，磨光后再补上一道色浆。

第三遍用180～240号油磨石磨光，磨至表面石粒均匀显露、平整光滑、无砂眼细孔为止，然后用清水冲洗、晾干。

6. 抛光上蜡

在抛光上蜡之前，涂草酸溶液（热水：草酸=1：0.35，溶化冷却后使用）一遍，然后用280～320号油石研磨出白浆、表面光滑为止，再用水冲洗干净并晾干。也可以将地面冲洗干净，浇上草酸溶液，用布包在磨石机上研磨，磨至表面光滑，再用水冲洗干净并晾干。

上述工序完成后，可进行上蜡工序，其具体方法：在水磨石面层上薄薄涂一层蜡，稍干后用抛光机进行抛光，研磨出光亮后，再上蜡研磨一遍，直至表面光滑洁亮，然后铺上锯末进行养护。

（五）现浇水磨石楼地面质量验收标准

本部分内容主要参考《建筑地面工程施工质量验收规范》（GB 50209—2010）（以下简称本规范）。

（1）水磨石面层应采用水泥与石粒拌和料铺设，有防静电要求时，拌和料内应按设计要求掺入导电材料。面层厚度除有特殊要求外，宜为12～18mm，且宜按石粒粒径确定。水磨石面层的颜色和图案应符合设计要求。

（2）白色或浅色的水磨石面层应采用白水泥；深色的水磨石面层宜采用硅酸盐水泥、普通硅酸盐水泥或矿渣硅酸盐水泥；同颜色的面层应使用同一批水泥。同一彩色面层应使用同厂、同批的颜料；其掺入量宜为水泥重量的3%～6%或由试验确定。

（3）水磨石面层的结合层采用水泥砂浆时，强度等级应符合设计要求且不应小于M10，稠度宜为30～35mm。

（4）防静电水磨石面层中采用导电金属分格条时，分格条应经绝缘处理，且十字交叉处不得碰接。

（5）普通水磨石面层磨光遍数不应少于3遍，高级水磨石面层的厚度和磨光遍数应由设计确定。

（6）水磨石面层磨光后，在涂草酸和上蜡前，其表面不得污染。

（7）防静电水磨石面层应在表面经清洁、干燥后，在表面均匀涂抹一层防静电剂和地板蜡，并应做抛光处理。

（8）主控项目

①水磨石面层的石粒应采用白云石、大理石等岩石加工而成，石粒应洁净无杂物，其粒径除特殊要求外，应为6～16mm；颜料应采用耐光、耐碱的矿物原料，不得使用酸性颜料。检验方法：观察检查和检查质量合格证明文件。检查数量：同一工程、同一体积比检查一次。

②水磨石面层拌和料的体积比应符合设计要求，且水泥与石粒的比例应为（1：1.5）～（1：2.5）。检验方法：检查配合比试验报告。检查数量：同一工程、同一体积比检查一次。

③防静电水磨石面层应在施工前及施工完成表面干燥后进行接地电阻和表面电阻检测，并应做好记录。检验方法：检查施工记录和检测报告。检查数量基层（各构造层）和各类面层的分项工程的施工质量验收应按每一层次或每层施工段（或变形缝）划分检验批，高层建筑的标准层可按每三层（不足三层按三层计）划分检验批。

每检验批应以各子分部工程的基层（各构造层）和各类面层所划分的分项工程按自然间（或标准间）检验，抽查数量应随机检验不应少于3间；不足3间，应全数检查；其中走廊（过道）应以每延长10m^{2}为1间，工业厂房（按单跨计）、礼堂、门厅应以两个轴线为1间计算。

有防水要求的建筑地面子分部工程的分项工程施工质量每检验批抽查数量应按其房间总数随机检验不应少于4间，不足4间，应全数检查。

④面层与下一层结合应牢固，且应无空鼓、裂纹。当出现空鼓时，空鼓面积不应大于400cm^2，且每自然间或标准间不应多于2处。检验方法：观察和用小锤轻击检查。检查数量同主控项目中第③条。

（9）一般项目

①面层表面应光滑，且应无裂纹、砂眼和磨痕；石粒应密实，显露应均匀；颜色图案应一致，不混色；分格条应牢固、顺直和清晰。检验方法：观察检查。检查数量同主控项目中第③条。

②踢脚线与柱、墙面应紧密结合，踢脚线高度及出柱、墙厚度应符合设计要求且均匀一致。当出现空鼓时，局部空鼓长度不应大于300mm，且每自然间或标准间不应多于2处。检验方法：用小锤轻击、钢尺测量和观察检查。检查数量同主控项目中第③条。

③楼梯、台阶踏步的宽度、高度应符合设计要求。楼层梯段相邻踏步高度差不应大于10mm；每踏步两端宽度差不应大于10mm，旋转楼梯梯段的每踏步两端宽度的允许偏差不应大于5mm。踏步面层应做防滑处理，齿角应整齐，防滑条应顺直、牢固。检验方法：观察和用钢尺检查。检查数量同主控项目中第③条。

④水磨石面层的允许偏差和检验方法见表5-4。检查数量同主控项目中第③条。其中主控项目，应达到本规范规定的质量标准，认定为合格；一般项目80%以上的检查点（处）符合本规范规定的质量要求，其他检查点（处）不得有明显影响使用，且最大偏差值不超过允许偏差值的50%为合格。凡达不到质量标准时，应按现行国家标准的规定处理。

表5-4　　水磨石面层的允许偏差和检验方法

项次	项目	允许偏差/mm		检验方法
		普通水磨石	高级水磨石	
1	表面平整度	3	2	用2m靠尺和楔形塞尺检查
2	踢脚线上口平直度	3	3	拉5m线和用钢尺检查
3	缝格平直	3	2	

任务3
块材式楼地面

块料地面是指用天然大理石板、花岗石板、预制水磨石板、陶瓷锦砖、陶瓷地砖等装饰板材，铺贴在楼面或地面上。块料地面铺贴材料花色品种多样，能满足不同的装饰要求。下面以室内装饰工程中使用最普遍的陶瓷地砖和天然大理石板、天然花岗石板为例讲解块材式楼地面的施工。

一、陶瓷地砖楼地面施工

陶瓷地砖用于楼地面装饰已有悠久的历史，由于地砖花色品种多样，装饰效果好，其仍是当今主流的楼地面装饰材料之一。陶瓷楼地面具有强度高、耐磨、色彩多、耐污染、易清洁、施工进度快、造价适中等特点，目前被广泛用于各种室内装饰工程中。

（一）陶瓷地砖楼地面的基本构造

陶瓷地砖楼地面是用水泥砂浆或瓷砖胶等胶凝材料将陶瓷地砖、预制水磨石等块材黏结在干硬性水泥砂浆找平层上，如图5-7所示。

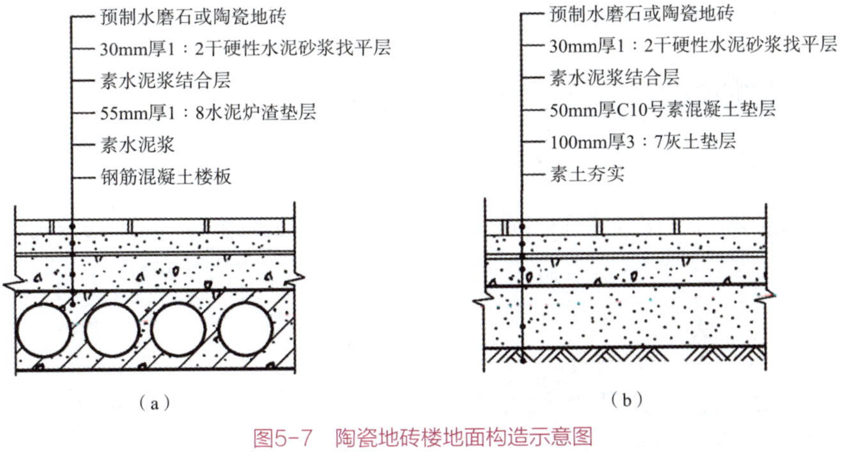

图5-7　陶瓷地砖楼地面构造示意图

（a）陶瓷楼面构造做法　（b）陶瓷地面构造做法

（二）陶瓷地砖楼地面的材料和质量要求

1. 地砖

地砖花色品种非常多，可供选择的余地很大，按材质可分为釉面砖、通体砖（防滑砖）、抛光砖、玻化砖等。在装饰工程施工中，所选用的地砖品种、颜色、规格应符合设计要求，外观颜色一致，表面平整，边角整齐，无裂纹、缺棱掉角等缺陷。目前，市场上的地砖常用规格有600mm×600mm、800mm×800mm、1200mm×1200mm、1200mm×600mm等。

2. 水泥

可选用硅酸盐水泥、普通硅酸盐水泥、矿渣硅酸盐水泥，强度等级不低于32.5MPa；不同品种、不同强度等级的水泥严禁混用，受潮结块水泥禁止使用。勾缝可使用白水泥。

3. 砂

粗砂或中砂，过5mm孔径筛子，含泥量不大于3%。找平层水泥砂浆采用过筛的中砂、粗砂；嵌缝用水泥砂浆可采用细砂。

4. 胶黏剂

地砖镶贴工程施工中选用的瓷砖胶和瓷砖背涂胶，应符合现行国家标准《民用建筑工程室内环境污染控制标准》（GB 50325—2020）的规定。

5. 填缝剂

常用填缝材料有白水泥、填缝剂、瓷缝剂等。

6. 其他辅材

在地砖铺装施工中常用的辅助材料有塑料十字颗粒，在装饰工程中应根据设计要求的地砖缝隙，选择相应规格的十字颗粒，常用规格有2.0mm、2.5mm、3.0mm等。

（三）陶瓷地砖楼地面的施工机具与工艺流程

1. 施工机具

施工机具主要有云石机（瓷砖切割、倒角）、角磨机（瓷砖边缘打磨）、瓷砖找平定位器、地线仪（控制地面水平）、水钻（瓷砖开孔）、水平尺、墨斗、橡皮锤、开刀、水灰铲、灰槽等。

2. 施工工艺流程

陶瓷地砖楼地面的施工工艺流程：基层处理→材料准备→浸砖→弹线（排砖）定位→铺结合层砂浆→铺砖→养护→填缝。

（四）陶瓷地砖楼地面的施工技术要点

1. 基层处理

在地砖正式铺贴施工前，应将基层表面上的砂浆、油污、垃圾等清除干净，对表面比较光滑的楼面应进行凿毛处理，以便使砂浆与楼面牢固黏结。

2. 材料准备

主要检查地砖的规格尺寸、缺陷和颜色。对于尺寸偏差过大、表面残缺的地砖予以剔除，对于表面色泽对比过大的地砖不能混用。

3. 浸砖

为避免地砖从水泥砂浆中过快吸水而影响黏结强度，在地砖铺贴前应在清水中充分浸泡，一般为2～3h，然后交错码放，阴干备用。

4. 弹线（排砖）定位

根据设计要求的地面标高线和平面位置线，在墙面标高点上拉出地面标高线及垂直交叉定位线。需要注意的是弹线应从门口开始，以保证进门处为整砖，非整砖应置于阴角处或家具下面，同一方向非整砖不超过1行。

5. 铺结合层砂浆

摊铺结合层砂浆前浇水湿润基层，再刷一道水灰比0.4～0.5的素水泥浆，随刷随铺1：（2～4）的干硬性水泥砂浆。有防水要求时，应按设计提前在建筑物基层涂刷防水涂料（刚性防水和弹性防水），并做闭水试验或按要求加铺防水卷材（室外露台等处）。

6. 铺砖

根据墙面标高线以及垂直交叉定位线，在定位线的位置上铺贴地砖，铺贴顺序应从内向外。铺贴时，在地砖的背面均匀涂抹水泥素浆，再将地砖铺贴在地面上，用橡皮锤轻轻敲实，并且标高与地面标高线吻合，每铺完一块砖用水平尺双向找平，并随时将板面多余砂浆清理干净。

对于小房间来说，一般做成T字形标准高度面，对于较大面积的房间，通常按房间中心做十字形标准高度面，以便扩大施工面，使多人同时施工，如图5-8所示。有地漏和排水孔的部位，应做放射状标筋，其坡度一般为0.5%～1.0%。

当房间内外地砖品种不同时，其交接应在门扇下中间位置铺设过门石，且门口不应出现非整砖。

7. 养护

地面铺装完成后，及时将砖面清理干净，隔天洒水养护，养护时间不少于7天。

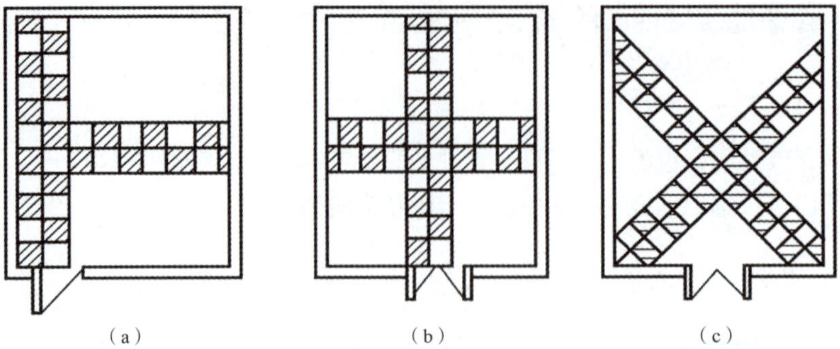

图5-8 标准高度面的做法

（a）面积小的房间做成T字形 （b）面积大的房间做成十字形 （c）斜向铺设十字定位

8. 填缝

填缝可使用白水泥、填缝剂、瓷缝剂等，目前市场上的主流产品为瓷缝剂。施工前将砖缝中的水泥灰浆剔除干净，并吹扫、吸尘，然后在砖两侧打蜡。将瓷缝剂使用胶枪打入砖缝，并用压缝钢球将缝隙压实；隔天将砖缝外部瓷缝剂铲除。

地砖铺装完成后，往往还有木工、油工等项目施工，为防止后续施工污染地砖填缝，可以将地砖填缝施工延后至污染较大项目完成后再进行。

（五）陶瓷地砖楼地面的质量验收标准和检验方法

本部分内容主要参考《建筑地面工程施工质量验收规范》（GB 50209—2010）（以下简称本规范）。

1. 主控项目

（1）砖面层所用板块产品应符合设计要求和国家现行有关标准的规定。检验方法：观察检查和检查型式检验报告、出厂检验报告、出厂合格证。检查数量：同一工程、同一材料、同一生产厂家、同一型号、同一规格、同一批号检查一次。

（2）砖面层所用板块产品进入施工现场时，应有放射性限量合格的检测报告。检验方法：检查检测报告。检查数量：同一工程、同一材料、同一生产厂家、同一型号、同一规格、同一批号检查一次。

（3）面层与下一层的结合（黏结）应牢固，无空鼓（单块砖边角允许有局部空鼓，但每自然间或标准间的空鼓砖不应超过总数的5%）。检验方法：用小锤轻击检查。检查数量：基层（各构造层）和各类面层的分项工程的施工质量验收应按每一层次或每层施工段（或变形缝）划分检验批，高层建筑的标准层可按每三层（不足三层按三层计）划分检验批。

每检验批应以各子分部工程的基层（各构造层）和各类面层所划分的分项工程按自然间（或标准间）检验，抽查数量应随机检验不应少于3间；不足3间，应全数检查；其中走廊（过道）应以每延长10m为1间，工业厂房（按单跨计）、礼堂、门厅应以两个轴线为1间计算。

有防水要求的建筑地面子分部工程的分项工程施工质量每检验批抽查数量应按其房间总数随机检验不应少于4间，不足4间，应全数检查。

2. 一般项目

（1）砖面层的表面应洁净、图案清晰，色泽应一致，接缝应平整，深浅应一致，周边应顺直。板块应无裂纹、掉角和缺棱等缺陷。检验方法：观察检查。检查数量同主控项目中（3）条。

（2）面层邻接处的镶边用料及尺寸应符合设计要求，边角应整齐、光滑。检验方法；观察和用钢尺检查。检查数量同主控项目中（3）条。

（3）踢脚线表面应洁净，与柱、墙面的结合应牢固。踢脚线高度及出柱、墙厚度应符合设计要求，且均匀一致。检验方法：观察和用小锤轻击及钢尺检查。检查数量同主控项目中（3）条。

（4）楼梯、台阶踏步的宽度、高度应符合设计要求。踏步板块的缝隙宽度应一致；楼层梯段相邻踏步高度差不应大于10mm；每踏步两端宽度差不应大于10mm，旋转楼梯梯段的每踏步两端宽度的允许偏差不应大于5mm。踏步面层应做防滑处理，齿角应整齐，防滑条应顺直、牢固。检验方法：观察和用钢尺检查。检查数量同主控项目中（3）条。

（5）面层表面的坡度应符合设计要求，不倒泛水、无积水；与地漏、管道结合处应严密、牢固，无渗漏。检验方法：观察、泼水或用坡度尺及蓄水检查。检查数量同主控项目中（3）条。

（6）陶瓷地砖地面的允许偏差和检验方法应符合表5-5的规定。检查数量同主控项目中第（3）条。其中主控项目，应达到本规范规定的质量标准，认定为合格；一般项目80%以上的检查点（处）符合本规范规定的质量要求，其他检查点（处）不得有明显影响使用，且最大偏差值不超过允许偏差值的50%为合格。凡达不到质量标准时，应按现行国家标准的规定处理。

表5-5 陶瓷类面层的允许偏差和检验方法

项次	项目	允许偏差/mm	检验方法
		陶瓷锦砖面层、高级水磨石板、陶瓷地砖面层	
1	表面平整度	2.0	2m靠尺和楔形塞尺检查
2	格缝平直	3.0	拉5m线和钢尺检查
3	接缝高低差	0.5	用钢尺和楔形塞尺检查
4	踢脚线上口平直	3.0	拉5m线和用钢尺检查
5	板块间隙宽度	2.0	用钢尺检查

二、大理石、花岗石楼地面施工

天然大理石板、花岗石板地面具有强度高、硬度大、耐磨性好、色泽美观、纹理清晰等优点，目前广泛应用于公共空间和住宅空间的高档地面装饰工程施工中。

（一）大理石、花岗石楼地面的基本构造

大理石、花岗石楼地面与陶瓷地砖地面的装饰构造基本相同，如图5-9所示。

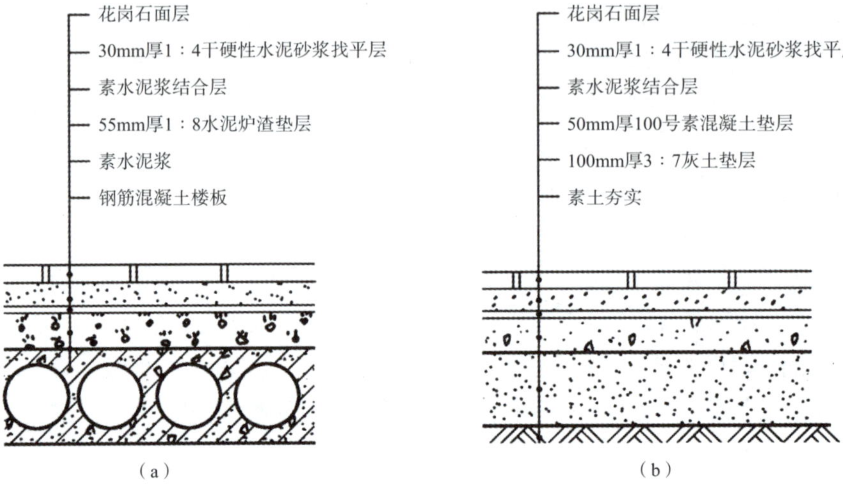

图5-9 大理石、花岗石楼地面的基本构造

（a）楼面构造做法 （b）地面构造做法

（二）大理石、花岗石楼地面的材料及质量要求

1. 石材

天然大理石和花岗石板材是比较高档的装饰材料，其品种、规格、外形尺寸、平整度、外观及放射性物质应符合设计要求和国家现行行业标准的规定，需要说明的是放射性标准只有达到A级的天然石材才可用于建筑室内装饰工程。进场的石材凡有翘曲、歪斜、厚薄偏差太大以及缺边掉角、裂纹、隐伤和局部污染变色的应予剔除，完好的石材板块应套方检查，规格尺寸如有偏差，应磨边修正。

2. 水泥

具体要求同陶瓷地砖地面。

3. 砂

具体要求同陶瓷地砖地面。

4. 辅助材料

辅助材料包括矿物颜料（填缝用）或成品填缝剂、石材抛光蜡、石材清洁剂等，应有出厂合格证及相关性能检测报告。

（三）大理石、花岗石楼地面的施工机具与工艺流程

1. 施工机具

施工机具主要有云石机、水泥砂浆搅拌机、角磨机、激光水准仪、水平尺、铝合金刮杠、橡皮锤、铁抹子、真空吸盘，墨斗、灰槽等。

2. 施工工艺流程

大理石、花岗石楼地面施工工艺流程：施工准备→基层处理→找规矩→试拼、试排→板块浸水湿润→铺结合层砂浆→正式铺贴→贴踢脚线→填缝。

（四）大理石、花岗石楼地面的施工技术要点

1. 施工准备

为避免产生二次污染，大理石、花岗石板材楼地面施工，一般是在顶棚、墙面饰面完成后进行，先铺设楼地面，后安装踢脚板。施工前要清理现场，检查施工部位有没有水、电、暖等工种的预埋件，是否会影响板块的铺贴，要检查板块材料的规格、尺寸和外观要求，凡有翘曲、歪斜、厚薄偏差过大以及裂缝、掉角等缺陷的应予剔除，同一楼地面工程采用同一厂家、同一批号的产品，不同品种的板块材料不得混杂使用。

2. 基层处理

板块地面铺贴之前，应先挂线检查楼地面垫层的平整度，然后清扫基层，并用水冲刷干净。如果是光滑的钢筋混凝土楼面，应凿毛，凿毛深度一般为5～10mm，间距为30mm左右。基层表面应提前1天浇水湿润。

3. 找规矩

根据设计要求，确定平面标高位置，并在相应的立面墙上弹线。石材类地面标高尺寸弹线应考虑石材本身厚度、粘贴石材的素水泥浆厚度和干硬性水泥砂浆结合层厚度。

4. 试拼、试排

根据标准线确定铺贴顺序和标准块的位置。在选定的位置上，按图案、色泽和纹理进行试拼。试拼后按两边方向编号排列，然后按编号码放整齐。

在房间的两个垂直方向，按标准线铺两条干砂，其宽度大于板块。根据设计图要求将板

块排好，以便检查板块之间的缝隙。平板之间的缝隙如果无设计规定时，大理石与花岗石板材一般不大于1mm。根据试排结果，在房间主要部位弹上互相垂直的控制线，并引到墙面的底部，用以检查和控制板块的位置。

5. 板块浸水预湿

为保证板块的铺贴质量，板块在铺贴之前应先浸水湿润，晾干后，擦去背面的浮灰方可使用。这样可以保证面层与板材黏结牢固，防止出现空鼓和起壳等质量通病，从而影响施工中的正常使用。

6. 铺砂浆结合层

结合层一般应采用干硬性水泥砂浆，干硬性水泥砂浆的配比常用1：1~1：3（体积比），水泥的强度等级不低于32.5MPa。铺抹时，砂浆的稠度以2~4cm为宜，或手捏成团颠后即散为度。

摊铺水泥砂浆结合层前，还应在基层上刷一遍水灰比为0.4~0.5的水泥浆，随刷随摊铺水泥砂浆结合层。待板块试铺合格后，还应在干硬性水泥砂浆上再浇一薄层水泥浆，以保证上下层之间结合牢固。

7. 进行正式铺贴

石材楼地面的铺贴，一般由房间中部向两侧退步进行。凡有柱子的大厅宜先铺柱子与柱子的中间部分，然后向两边展开。

砂浆铺设后，将板块安放在铺设位置上，对好纵横缝，用橡皮锤轻轻敲击板块，使砂浆振实振平，待到达铺贴标高后，将板块移至一旁，再认真检查砂浆结合层是否平整、密实，如有不实之处应及时补抹，最后浇上很薄的一层水灰比为0.4~0.5的水泥浆，正式将板块铺贴上去，再用橡皮锤轻轻敲击至平整。

安放板块时，要将板块四角同时平稳下落，对缝轻敲振实后用水平尺进行找平。对缝要根据拉出的对缝控制线进行，注意板块尺寸偏差必须控制在1mm以内，否则后面的对缝越来越难。在锤击板块时，不要敲击边角，也不要敲击已铺贴完毕的板块，以免产生空鼓质量问题。

对于要求镶嵌铜条的地面，板块的尺寸要求更准确。在镶嵌铜条前，先将相邻的两块板铺贴平整，其拼接间隙略小于镶条的厚度，然后向缝隙内灌抹水泥砂浆，灌满后将其表面抹平，而后将镶条嵌入，使外露部分略高于板面（手摸水平面稍有凸出感为宜）。

8. 贴踢脚板

施工前应认真清理墙面，提前浇水湿润，按需要将阳角处踢脚板一端锯切为45°角。镶贴时阳角处开始向两侧试贴，并检查是否平直，缝隙是否严密，待合格后才能实贴。无论采用何种方法铺贴，均应在墙面两端先各镶贴一块踢脚板，作为其他踢脚板铺贴的标准，然后在上面拉通线，以控制上沿平直和平整度。踢脚板的镶贴有以下几种方式：

（1）粘贴法。用配比为（1：2）~（1：2.5）的水泥砂浆打底，并用木抹子将表面搓成毛面。待底层砂浆干硬后，将已湿润的踢脚板抹上2～3mm厚的素水泥浆进行粘贴，并用橡皮锤敲实、平整，注意随时用水平尺靠尺找直，10h后用同色水泥浆擦缝。

（2）灌浆法。将踢脚板先固定在安装位置上，用石膏将相邻两块板及板与地面之间稳固，然后用稠度为10～15cm的1：2的水泥浆灌缝，并随时擦除溢出的水泥砂浆。待灌入的水泥砂浆终凝后，将稳固用的石膏铲掉，用与板面同色水泥浆擦缝。

（3）胶粘法。使用石材胶黏剂将踢脚线直接粘在墙面上。

9. 填缝

对于不设置镶条的大理石与花岗石地面，应在铺贴完毕24h后洒水养护，一般2天后无板块裂缝及空鼓现象，方可进行灌缝。

素水泥灌缝应为板缝的2/3高度，溢出的水泥浆应在凝结之前清除干净，再用与板面颜色相同的水泥浆擦缝，待缝内水泥浆凝结后，将面层清理干净，并对铺贴好的地面采取保护措施，一般在3天内禁止上人及进行其他工序操作。

（五）大理石、花岗石楼地面的质量验收标准与检验方法

本部分内容主要参考《建筑地面工程施工质量验收规范》（GB 50209—2010）（以下简称本规范）。

（1）大理石、花岗石面层采用天然大理石、花岗石（或碎拼大理石、碎拼花岗石）板材，应在结合层上铺设。

（2）板材有裂缝、掉角、翘曲和表面有缺陷时应予剔除，品种不同的板材不得混杂使用；在铺设前，应根据石材的颜色、花纹、图案、纹理等按设计要求，试拼编号。

（3）铺设大理石、花岗石面层前，板材应浸湿、晾干；结合层与板材应分段同时铺设。

（4）主控项目：

①大理石、花岗石面层所用板块产品应符合设计要求和国家现行有关标准的规定。检验方法：观察检查和检查质量合格证明文件。检查数量：同一工程、同一材料、同一生产厂家、同一型号、同一规格、同一批号检查一次。

②大理石、花岗石面层所用板块产品进入施工现场时，应有放射性限量合格的检测报告。检验方法：检查检测报告。检查数量：同一工程、同一材料、同一生产厂家、同一型号、同一规格、同一批号检查一次。

③面层与下一层应结合牢固，无空鼓（单块板块边角允许有局部空鼓，但每自然间或标准间的空鼓板块不应超过总数的5%）。检验方法：用小锤轻击检查。检查数量：基层（各构造层）和各类面层的分项工程的施工质量验收应按每一层次或每层施工段（或变形缝）划分检验批，高层建筑的标准层可按每三层（不足三层按三层计）划分检验批。

每检验批应以各子分部工程的基层（各构造层）和各类面层所划分的分项工程按自然间（或标准间）检验，抽查数量应随机检验不应少于3间；不足3间，应全数检查；其中走廊（过道）应以每延长10m为1间，工业厂房（按单跨计）、礼堂、门厅应以两个轴线为1间

计算。

有防水要求的建筑地面子分部工程的分项工程施工质量每检验批抽查数量应按其房间总数随机检验不应少于4间，不足4间，应全数检查。

（5）一般项目：

①大理石、花岗石面层铺设前，板块的背面和侧面应进行防碱处理。检验方法：观察检查和检查施工记录。检查数量同主控项目中第③条。

②大理石、花岗石面层的表面应洁净、平整、无磨痕，且应图案清晰，色泽一致，接缝均匀，周边顺直，镶嵌正确，板块应无裂纹、掉角、缺棱等缺陷。检验方法：观察检查。检查数量同主控项目中第③条。

③踢脚线表面应洁净，与柱、墙面的结合应牢固。踢脚线高度及出柱、墙厚度应符合设计要求，且均匀一致。检验方法：观察和用小锤轻击及钢尺检查。检查数量同主控项目中第③条。

④楼梯、台阶踏步的宽度、高度应符合设计要求。踏步板块的缝隙宽度应一致；楼层梯段相邻踏步高度差不应大于10mm；每踏步两端宽度差不应大于10mm，旋转楼梯梯段的每踏步两端宽度的允许偏差不应大于5mm。踏步面层应做防滑处理，齿角应整齐，防滑条应顺直、牢固。检验方法：观察和用钢尺检查。检查数量同主控项目中第③条。

⑤面层表面的坡度应符合设计要求，无倒泛水，无积水；与地漏、管道结合处应严密、牢固，无渗漏。检验方法：观察、泼水或用坡度尺及蓄水检查。检查数量同主控项目中第③条。

⑥大理石和花岗石面层的允许偏差和检验方法应符合表5-6要求。检查数量同主控项目中第③条。其中主控项目，应达到本规范规定的质量标准，认定为合格；一般项目80%以上的检查点（处）符合本规范规定的质量要求，其他检查点（处）不得有明显影响使用，且最大偏差值不超过允许偏差值的50%为合格。凡达不到质量标准时，应按现行国家标准的规定处理。

表5-6　　大理石和花岗石面层的允许偏差和检验方法

项次	项目	允许偏差/mm	检验方法
		大理石面层、花岗石面层、人造石面层、金属板面层	
1	表面平整度	1.0	用2m靠尺和楔形塞尺检查
2	缝格平直	2.0	拉5m线和用钢尺检查
3	接缝高低差	0.5	用钢尺和楔形塞尺检查
4	踢脚线上口平直度	1.0	拉5m线和用钢尺检查
5	板块间隙宽度	1.0	用钢尺检查

任务4
木质楼地面

木质楼地面是用实木地板、实木复合地板、强化复合地板、竹木复合地板或软木地板铺设而成。木质楼地面的优点是纹理自然、易清洁、无污染、弹性好、保温、吸声、自重轻等，目前被广泛用于住宅、办公室、体育馆、健身房、舞台等室内空间。缺点是实木地板干缩湿涨明显，保养麻烦，整体价格较高。下面以室内装饰工程中常见的实铺龙骨式铺设和悬浮式铺设为例介绍木质楼地面的施工。

一、实铺有龙骨式木质楼地面

（一）实铺有龙骨式木质楼地面的基本构造

实铺有龙骨式木质楼地面是指实木地板（目前室内装饰工程中实铺有龙骨式主要应用于实木地板的铺设）通过木龙骨与基层相连。实铺有龙骨式木质楼地面的铺设又可分为单层铺设和双层铺设两种形式。单层铺设是指将长条形实木地板直接铺钉于地面木龙骨上，不设毛地板的构造做法；双层铺设是指在条形或块形面层地板下增加毛地板，毛地板铺钉于木龙骨上，面层木地板铺设于毛地板上的构造做法，如图5-10所示。

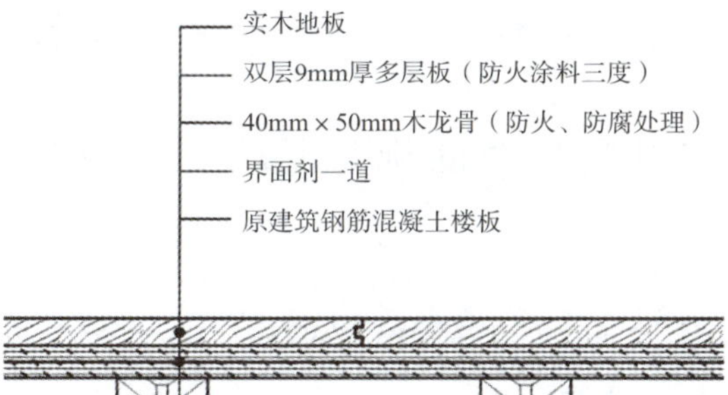

图5-10　实铺有龙骨式木质楼地面双层铺设构造

（二）实铺有龙骨式木质楼地面的材料及质量要求

1. 实木地板

实木地板（又称原木地板）是采用天然木材，经加工处理后制成条板或块状的地面铺设材料。主要优点：花纹自然、脚感舒适、环保安全，且具有良好的保温、隔热、隔音、吸声、绝缘性能。缺点：对室内干湿度要求较高，不宜在湿度变化较大的地方使用，否则易发生涨缩变形。

早期的实木地板施工和保养比较复杂，完工后需上漆打蜡，现今市面上所售卖的基本上是成品漆板，甚至是烤漆板，使用安装简便。实木地板的一般宽度为90～120mm，长度为450～900mm，厚度为12～25mm。优质实木地板价格较高，含水率均控制在10%～15%。

2. 木龙骨

木龙骨的常用规格为：30mm×20mm×3500mm或30mm×40mm×3500mm；加工木龙骨的主要树种为红松、白松，木材经烘干、防腐、防火处理后使用；在施工中使用的木龙骨不得有扭曲变形，长度尺寸按室内空间大小截取。

3. 毛地板

毛地板可选用实木板条、木夹板或刨花板，板厚9～12mm。

4. 踢脚线

室内装饰工程中常用踢脚线有：实木踢脚线、PVC踢脚线、不锈钢踢脚线，宽度8～15cm。

5. 其他辅材

其他辅材有地板钉（常用规格为40mm）、地板防潮膜、收口条、弹簧钢片等。

（三）实铺有龙骨式木质楼地面的施工机具与工艺流程

1. 施工机具

主要施工机具有无尘锯、冲击钻、手电钻、回力钩、地板撬棍、橡皮锤、方尺、钢尺、割角尺、墨斗、铅笔等。

2. 施工工艺流程

实铺有龙骨式木质楼地面的施工工艺流程：基层处理→弹线→安装木龙骨→钉毛地板→安装面层地板→钉踢脚板。

（四）实铺有龙骨式木质楼地面的施工技术要点

1. 基层处理

对基层空鼓、麻点、掉皮、起砂、高低偏差等部位先进行处理，并将基层上的浮浆、落地灰等用錾子或钢丝刷清理掉，再用扫帚将浮土清扫干净，待所有清理工作完成后进行验收，合格后方可弹线，如基层过于潮湿或可能出现返潮情况，施工前对基层进行防潮处理。

2. 弹线

根据地板铺设方向和长度，弹出木龙骨布置线，需要注意的是每块地板至少搁在3条龙骨上，木龙骨间距一般不大于400mm或按设计要求确定。

3. 安装木龙骨

木龙骨与基层的连接固定，通常采用木楔铁钉，即用冲击钻在建筑基层上钻孔，孔深为40mm左右，然后向孔内打入防腐木楔，用铁钉将木龙骨与木楔连接固定；也可用塑料膨胀管固定。

4. 钉毛地板

毛地板材料和铺设方式应根据设计要求确定。当采用双层铺设方式时，木地板面层下铺设毛地板。毛地板表面应刨平，其宽度不宜大于120mm（采用实木板条时），铺设时毛地板应与木龙骨呈30°或45°夹角，用钉斜向与木龙骨钉牢，板间缝隙不应大于3mm。毛地板与墙之间应留有10～15mm缝隙，板条接头应错开。每块毛地板应在每根木龙骨上各钉2枚钉子固定。

毛地板铺钉完毕，弹方格网线，按网点抄平，使用刨子修整，铺防潮膜，采用悬浮铺设面层地板，施工方法详见木质楼地面的悬浮式铺设施工。以下着重讲解实铺有龙骨式木质楼地面单层铺设形式。

5. 安装面层地板

单层条形地板的铺设应与木龙骨垂直，并使板缝顺进门方向、光线入射方向或房间长向。因硬木地板不易直接施钉，可先用手电钻在地板施钉位置斜向预钻钉孔。

钉结面板应使用专用地板钉，钉与地板表面呈45°或60°斜角，钉长为板厚的2～3倍。先将钉帽砸扁，从企口凸榫侧边的凹角处斜向钉入，钉帽冲入板内，不得外露。

安装时，第一行板槽口对墙，从左至右，两板端头企口插接，直到第一行最后一块板，截去长出的部分。地板接缝必须在木龙骨中间位置，且应错缝安装。板间缝隙应紧密，缝宽不大于0.5mm。地板与墙之间应留10～15mm缝隙，用踢脚板封盖，铺钉一段要拉通线检查，确保地板始终通直。

6. 钉实木踢脚板

实木踢脚板应根据设计要求、地板颜色或门套线颜色合理选择。施工前应弹线控制踢脚线上口平直度，再弹一道线，打孔安装防腐木楔，孔距500mm左右。墙面阴阳角转角处可做45°斜角接缝；安装时，实木踢脚板应与墙内木楔贴紧，上口要平直，用明钉钉牢在木楔上，钉帽要砸扁并冲入板内2～3mm，后修色处理，如图5-11所示。

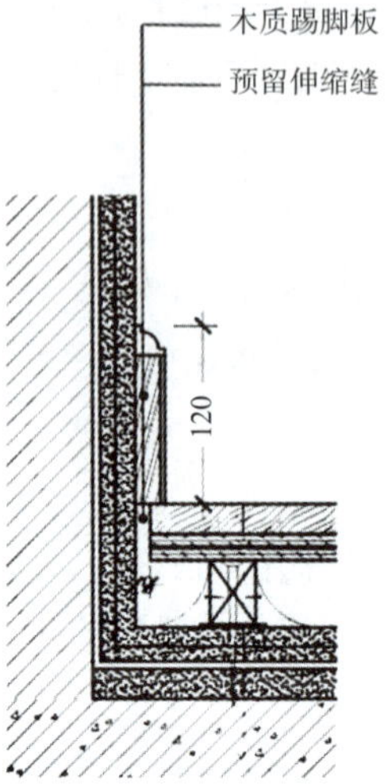

图5-11　木质踢脚板安装示意图

此外，在室内装饰工程中还有空铺式木质楼地面，其铺设方式是先在建筑基层上砌筑地垄墙，然后在地垄墙上铺设垫木和木龙骨，再铺设毛地板和木质地板面层，除砌筑地垄墙外，其他与实铺式木质楼地面和悬浮式铺设木质楼地面的施工基本相同，不再单独介绍。

（五）实铺有龙骨式木质楼地面的允许偏差和检验方法

本部分内容主要参考《建筑地面工程施工质量验收规范》（GB 50209—2010）（以下简称本规范）。

（1）实木地板、实木集成地板、竹地板面层应采用条材或块材或拼花，以空铺或实铺方式在基层上铺设。

（2）实木地板、实木集成地板、竹地板面层可采用双层面层和单层面层铺设，其厚度应符合设计要求；其选材应符合国家现行有关标准的规定。

（3）铺设实木地板、实木集成地板、竹地板面层时，其木搁栅的截面尺寸、间距和稳固方法等均应符合设计要求。木搁栅固定时，不得损坏基层和预埋管线。木搁栅应垫实、钉牢，与柱、墙之间留出20mm的缝隙，表面应平直，其间距不宜大于300mm。

（4）当面层下铺设垫层地板时，垫层地板的髓心应向上，板间缝隙不应大于3mm，与柱、墙之间应留8～12mm的空隙，表面应刨平。

（5）实木地板、实木集成地板、竹地板面层铺设时，相邻板材接头位置应错开不小于300mm的距离；与柱、墙之间应留8～12mm的空隙。

（6）采用实木制作的踢脚线，背面应抽槽，并做防腐处理。

（7）席纹实木地板面层、拼花实木地板面层的铺设应符合本规范的有关要求。

（8）主控项目：

①实木地板、实木集成地板、竹地板面层采用的地板、铺设时的木（竹）材含水率、胶黏剂等应符合设计要求和国家现行有关标准的规定。检验方法：观察检查和检查型式检验报告、出厂检验报告、出厂合格证。检查数量：同一工程、同一材料、同一生产厂家、同一型号、同一规格、同一批号检查一次。

②实木地板、实木集成地板、竹地板面层采用的材料进入施工现场时，应有以下有害物质限量合格的检测报告：地板中的游离甲醛（释放量或含量）；溶剂型胶黏剂中的挥发性有机化合物（VOC）等；水性胶黏剂中的挥发性有机化合物（VOC）和游离甲醛。检验方法：检查检测报告。检查数量：同一工程、同一材料、同一生产厂家、同一型号、同一规格、同一批号检查一次。

③木搁栅、垫木和垫层地板等应做防腐、防蛀处理。检验方法：观察检查和检查验收记录。检查数量：基层（各构造层）和各类面层的分项工程的施工质量验收应按每一层次或每层施工段（或变形缝）划分检验批，高层建筑的标准层可按每三层（不足三层按三层计）划分检验批。

每检验批应以各子分部工程的基层（各构造层）和各类面层所划分的分项工程按自然间（或标准间）检验，抽查数量应随机检验不应少于3间；不足3间，应全数检查；其中走廊（过道）应以每延长10m为1间，工业厂房（按单跨计）、礼堂、门厅应以两个轴线为1间计算。

有防水要求的建筑地面子分部工程的分项工程施工质量每检验批抽查数量应按其房间总数随机检验不应少于4间，不足4间，应全数检查。

④木搁栅安装应牢固、平直。检验方法：观察、行走、钢尺测量等检查和检查验收记录。检查数量同主控项目中第③条。

⑤面层铺设应牢固；黏结应无空鼓、松动。检验方法：观察、行走或用小锤轻击检查。检查数量同主控项目中第③条。

（9）一般项目：

①实木地板、实木集成地板面层应刨平、磨光，无明显刨痕和毛刺等现象；图案应清晰，颜色应均匀一致。检验方法：观察、手摸和行走检查。检查数量同主控项目中第③条。

②竹地板面层的品种与规格应符合设计要求，板面应无翘曲。检验方法：观察、用2m靠尺和楔形塞尺检查。检查数量同主控项目中第③条。

③面层缝隙应严密，接头位置应错开，表面应平整、洁净。检验方法：观察检查。检查数量同主控项目中第③条。

④面层采用黏、钉工艺时，接缝应对齐，黏、钉应严密；缝隙宽度应均匀一致；表面应洁净，无溢胶现象。检验方法：观察检查。检查数量同主控项目中第③条。

⑤踢脚线应表面光滑，接缝严密，高度一致。检验方法：观察和用钢尺检查。检查数量同主控项目中第③条。

⑥实木地板、实木集成地板、竹地板面层的允许偏差应符合表5-7的规定。检查数量同主控项目中第③条。其中主控项目，应达到本规范规定的质量标准，认定为合格；一般项目80%以上的检查点（处）符合本规范规定的质量要求，其他检查点（处）不得有明显影响使用，且最大偏差值不超过允许偏差值的50%为合格。凡达不到质量标准时，应按现行国家标准的规定处理。

表5-7　实木地板、实木集成地板、竹地板面层的允许偏差和质量检验方法

项次	项目	允许偏差/mm			检验方法
		实木地板、实木集成地板、竹地板面层			
		松木地板	硬木地板、竹地板	拼花地板	
1	板面缝隙宽度	1.0	0.5	0.2	用钢尺检查
2	表面平整度	3.0	2.0	2.0	用2m靠尺和楔形塞尺检查
3	踢脚线上口平齐	3.0	3.0	3.0	拉5m线和用尺检查
4	板面拼缝平直	3.0	3.0	3.0	
5	相邻板材高差	0.5	0.5	0.5	用钢尺和楔形塞尺检查
6	踢脚线与面层的接缝	1.0			楔形塞尺检查

二、悬浮式铺设木质楼地面的基本构造

随着地暖地面的逐渐普及，实铺有龙骨式木质楼地面因需在建筑基层上打孔过多，容易破坏地暖管道，在室内装饰中逐渐被铺装速度快、成本低的悬浮式铺设木质楼地面所取代。悬浮式铺设适合实木地板、实木复合地板、强化复合木地板、竹木复合地板、软木地板等多种木质地板面层。下面以强化复合木地板为例讲解悬浮式铺设木质楼地面的施工。

（一）悬浮式铺设木质楼地面的基本构造

悬浮式铺设是利用地板本身精密的地板锁扣（企口），在不安装地面龙骨的情况下，不使用地板钉和胶黏剂，直接铺设在铺贴了地板防潮膜的建筑基层上，如图5-12所示。在此，以强化复合地板为例讲解悬浮式铺设木质楼地面的施工。

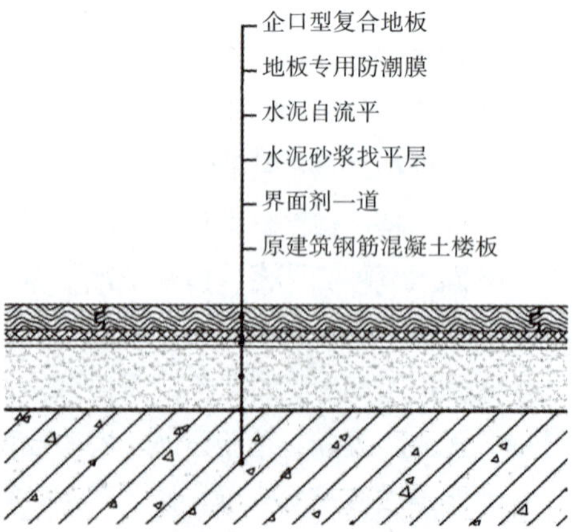

图5-12　悬浮式铺设木质楼地面构造示意图

（二）悬浮式铺设木质楼地面的材料及质量要求

1. 强化复合地板

强化复合地板的标准名称为浸渍纸层压木质地板，其结构一般由四层材料复合组成，即耐磨层、装饰层、高密度基材层和平衡层。强化复合地板常用规格：长度900～1500mm，宽度180～3350mm，厚度分别有6mm、8mm、12mm、15mm、18mm，越厚价格越高。目前，室内装饰工程中应用的强化复合地板以12mm居多。高档的强化复合地板还增加约2mm厚的天然软木，具有实木脚感、噪声小、弹性好等特点。进场的强化复合地板要求表面光洁平整、企口拼接严密，表面无翘曲、磕碰变形，其有害物质释放量应符合《民用建筑工程室内环境污染控制标准》（GB 50325—2020）的相关规定。

2. 地板防潮膜

地板防潮膜常用品种有普通防潮膜和地热专用防潮膜。通常情况下，普通防潮膜在采购地板时有配套产品，无须单独购买。常用规格：长度20m、25m和30m，宽度1.1m，厚度2mm和3mm。

3. 铝合金收口条

常用铝合金收口条的种类有直角收口条、弧形收口条、T形收口条，规格尺寸可根据实际需要选购。

（三）悬浮式铺设木质楼地面的施工机具与工艺流程

1. 施工机具

施工机具主要有无尘锯、冲击钻、角尺、回力钩、橡皮锤、地板撬棍、铅笔、锤子、自制木楔、铁钉、胀管螺丝等。

2. 施工工艺流程

悬浮式铺设木质楼地面的施工工艺流程：基层处理→铺防潮垫→预排试铺→正式铺装铺地板→安装踢脚板。

（四）悬浮式铺设木质楼地面的施工技术要点

1. 基层处理

浮铺施工对基层平整度要求很高，平整度要求3m内偏差不得大于2mm，不同品牌对地面平整度要求也有所不同，在高级装饰工程中可采用自流平地面取代一般抹灰找平地面。基层必须保持清洁干燥，如地面湿度较大应暂停施工，通风干燥。

2. 铺防潮垫

在地面浮铺与地板配套的防潮垫，无须与地面连接，铺时按房间长度净尺寸加长120mm以上裁切，横向搭接50～100mm。底垫在四周边缘墙面与地面的阴角处上折60～100mm。

3. 试铺预排

铺设通常从房间较长的一面墙边开始，也可长缝顺入射光线方向沿墙铺放。试铺预排时应先进行测量和尺寸计算，确定地板的布置块数，尽可能不出现过窄的地板条，同时，长地板块的端头接缝要错缝，常用木地板的排列组合方式有工字铺、人字铺、鱼骨铺、369等铺法，如图5-13所示。

图5-13 常见木地板铺排方式

4. 正式铺装

按预排板块顺序，精确平铺到位。铺装时，第一行板槽口对墙，从左至右，板端企口插接，用塑料敲块敲击挤紧；第一排最后一块，切下部分若大于300mm，可作为第二排的第一块板，第一排最后一块的长度不应小于500mm，否则可将第一排第一块板截短；地板与墙（柱）面相接处要留出10mm左右宽度的收缩缝隙，地板铺装时此缝隙用木楔临时调直，铺装完成时用踢脚板收口。当门洞口内外地面采用不同铺装材料时，可在两种材料交接处留3～5mm缝隙，用地板收口条盖缝。

5. 安装踢脚线

强化复合木地板可选用仿木PVC踢脚板。安装时，先按踢脚板高度弹水平线，控制踢脚线上口平直度；然后按踢脚线卡块高度弹水平线，控制踢脚板卡块位置；再在墙面钻孔，并钉塑料膨胀头，清理地板与墙缝隙中杂物，用自攻螺丝将踢脚板卡块固定于墙面；最后将踢脚板固定在卡块上。

（五）悬浮式铺设木质楼地面的允许偏差和检验方法

本部分内容主要参考《建筑地面工程施工质量验收规范》（GB 50209—2010）（以下简称本规范）。

（1）浸渍纸层压木质地板面层应采用条材或块材，以空铺或粘贴方式在基层上铺设。

（2）浸渍纸层压木质地板面层可采用有垫层地板和无垫层地板的方式铺设。有垫层地板时，垫层地板的材料和厚度应符合设计要求。

（3）浸渍纸层压木质地板面层铺设时，相邻板材接头位置应错开不小于300mm的距离；衬垫层、垫层地板及面层与柱、墙之间均应留出不小于10mm的空隙。

（4）浸渍纸层压木质地板面层采用无龙骨的空铺法铺设时，宜在面层与基层之间设置衬垫层，衬垫层的材料和厚度应符合设计要求，并应在面层与柱、墙之间的空隙内加设金属弹簧卡或木楔子，其间距宜为200～300mm。

（5）主控项目：

①浸渍纸层压木质地板面层采用的地板、胶黏剂等应符合设计要求和国家现行有关标准的规定。检验方法：观察检查和检查型式检验报告、出厂检验报告、出厂合格证。检查数量：同一工程、同一材料、同一生产厂家、同一型号、同一规格、同一批号检查一次。

②浸渍纸层压木质地板面层采用的材料进入施工现场时，应有以下有害物质限量合格的检测报告：地板中的游离甲醛（释放量或含量）；溶剂型胶黏剂中的挥发性有机化合物（VOC）、苯、甲苯+二甲苯；水性胶黏剂中的挥发性有机化合物（VOC）和游离甲醛。检验方法：检查检测报告。检查数量：同一工程、同一材料、同一生产厂家、同一型号、同一规格、同一批号检查一次。

③木搁栅、垫木和垫层地板等应做防腐、防蛀处理；其安装应牢固、平直，表面应洁净。检验方法：观察、行走、钢尺测量等检查和检查验收记录。检查数量：基层（各构造层）和各类面层的分项工程的施工质量验收应按每一层次或每层施工段（或变形缝）划分检验批，高层建筑的标准层可按每三层（不足三层按三层计）划分检验批。

每检验批应以各子分部工程的基层（各构造层）和各类面层所划分的分项工程按自然间（或标准间）检验，抽查数量应随机检验不应少于3间；不足3间，应全数检查；其中走廊（过道）应以每延长10m为1间，工业厂房（按单跨计）、礼堂、门厅应以两个轴线为1间计算。

有防水要求的建筑地面子分部工程的分项工程施工质量每检验批抽查数量应按其房间总数随机检验不应少于4间，不足4间，应全数检查。

④面层铺设应牢固、平整；粘贴应无空鼓、松动。检验方法：观察、行走、钢尺测量、用小锤轻击检查。检查数量同主控项目中第③条。

（6）一般项目：

①浸渍纸层压木质地板面层的图案和颜色应符合设计要求，图案应清晰，颜色应一致，板面应无翘曲。检验方法：观察、用2m靠尺和楔形塞尺检查。检查数量同主控项目中第③条。

②面层的接头应错开、缝隙应严密、表面应洁净。检验方法：观察检查。检查数量同主控项目中第③条。

③踢脚线应表面光滑，接缝严密，高度一致。检验方法：观察和用钢尺检查。检查数量同主控项目中第③条。

④浸渍纸层压木质地板面层的允许偏差应符合表5-8的规定。检查数量同主控项目中第③条。其中主控项目，应达到本规范规定的质量标准，认定为合格；一般项目80%以上的检查点（处）符合本规范规定的质量要求，其他检查点（处）不得有明显影响使用，且最大偏差值不超过允许偏差值的50%为合格。凡达不到质量标准时，应按现行国家标准的规定处理。

表5-8　浸渍纸层压木质地板的允许偏差和检验方法

项次	项目	允许偏差/mm	检验方法
		浸渍纸层压木质地板、实木复合地板、软木类地板面层	
1	板面缝隙宽度	0.5	用钢尺检查
2	表面平整度	2.0	用2m靠尺和楔形塞尺检查
3	踢脚线上口平齐	3.0	拉5m线和用尺检查
4	板面拼缝平直	3.0	
5	相邻板材高差	0.5	用钢尺和楔形塞尺检查
6	踢脚线与面层的接缝	1.0	楔形塞尺检查

备注：浸渍纸层压木质地板、实木复合地板、软木类地板面层的允许偏差和检验方法一致。

任务5
软质楼地面

软质楼地面装饰材料按制品成型不同可分为块材和卷材。常见的软质制品有塑料制品、地毯等。软质楼地面具有自重轻、耐磨、抗冲击、耐腐蚀、装饰效果好等优点。其中，塑料楼地面适用于商场、通道、展厅等人流量大的场所；地毯楼地面适用于高级住宅、别墅、酒店等有静音要求的场所。块材型塑料地板和地毯施工较为简单，不再单独介绍其施工方法。下面以卷材型塑料地板和地毯讲解软质楼地面的铺装施工。

一、塑料地板楼地面

（一）塑料地板楼地面的基本结构

塑料地板楼地面是指以塑料卷材（或块材）等作为地面装饰材料铺贴而成的楼地面。其构造方法比较简单，通常是在自流平水泥找平层上使用胶黏剂进行铺贴，然后使用与塑料地板相同材质的塑料焊条对卷材缝隙进行焊接，如图5-14所示。

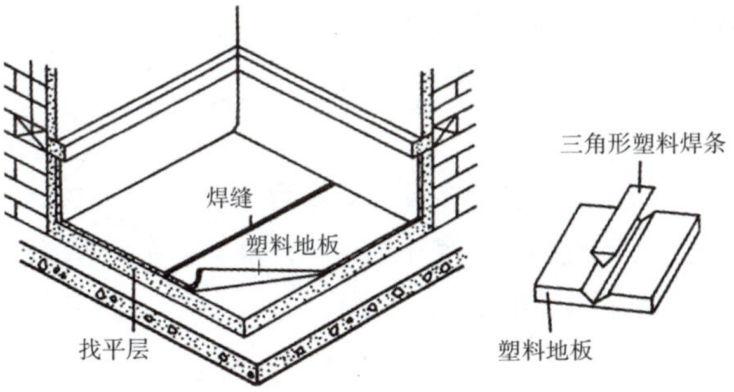

图5-14　卷材型塑料地板构造示意图

（二）塑料地板楼地面的材料及质量要求

1. 塑料地板

塑料地板卷材应平整、光洁，色泽均匀、厚薄一致、边缘顺直、密实无气孔、无裂纹，卷材内部不应有杂质和气泡。塑料地板在运输进场过程中，应防止日晒、雨淋、撞击和重压；在储存时，应堆放在干燥、洁净的仓库内，并远离热源。

2. 胶黏剂

一般选择与塑料地板配套的胶黏剂，也可以根据建筑基层、塑料地板以及施工条件选用乙烯类、氯丁橡胶类、聚氨酯类或环氧树脂类等。不管选用哪种类型的胶黏剂，都应通过试验确定其相容性和使用方法。进场的胶黏剂应放置在阴凉通风、干燥的室内；胶黏剂的稠度应均匀，颜色一致，无其他杂质和胶团，超过生产期3个月或过了保质期的产品要取样试验，合格后方可使用。

3. 焊条

宜选用等边三角形或圆形截面焊条，焊条表面要平整光洁，无孔眼、无节瘤、无皱纹，颜色均匀一致，焊条成分和性能必须与被焊板块相同。

（三）塑料地板楼地面施工机具与工艺流程

1. 施工机具

施工机具主要有焊枪（塑料地板焊缝用）、V形开槽刀（切割被焊板块缝隙）、勾刀（切割塑料地板）、重型压辊（塑料地板铺贴后压实用）、钢尺、铲平刀（修整焊接完成的焊缝）、刮胶板、墨斗、橡胶锤。

2. 施工工艺流程

塑料地板楼地面施工工艺流程：基层处理→弹线→预铺→正式铺贴→焊缝→安装踢脚板。

（四）塑料地板楼地面施工技术要点

1. 基层清理

塑料地板楼地面对基层平整度要求较高，可使用自流平水泥进行地面找平。基层处理表面应达到不起砂、不起灰、不空鼓，手摸无粗糙感；基层表面还应平整、干燥，表面如有麻面、凹坑，应用108胶水腻子修补平整。

2. 弹线

基层分格的大小和形状，应根据设计图案、房间面积大小和塑料地板的具体尺寸确定。在确定分格弹线时应当考虑以下因素：

（1）分格时应当尽量减少焊缝的数量，兼顾分格的美观和装饰效果。

（2）从房间的中央向四周分格弹线，以保证分格的对称和美观。对房间四周靠墙处不够整块者，进行裁切处理或按镶边进行处理。

3. 预铺

在塑料面板正式粘贴的前一天，将切割好的板块运入待铺设的房间内，按分格弹线进行预铺。预铺时尽量做到色调一致、厚薄相同。铺好的板块一般不得再搬动，待次日粘贴。

4. 正式铺贴

在洁净的基层上均匀滚涂界面剂，增强基层与面层的黏结强度，待其干燥，即可刷胶。刷胶黏剂时，用齿形刮板刮涂均匀，厚度在1mm左右。基层涂刷胶黏剂时，面积不得过大，要随贴随刷，一般超出分格线10mm。胶黏剂涂刮后在室温下暴露于空气中10~20min，使溶剂部分挥发至胶层表面手触不黏手时，即可铺贴，如图5-15所示。

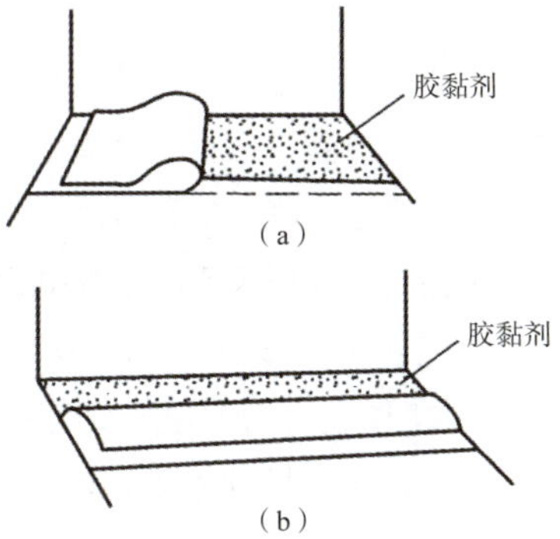

图5-15 塑料地板卷材的粘贴方法

（a）横叠法 （b）纵卷法

有镶边时，应当先粘贴大面，后粘贴镶边部分。无镶边时，可由房间最里侧向门口粘贴，以保证已粘贴好的板面不受人行走的干扰。

铺贴塑料板面层时，室内相对湿度不宜大于70%，温度宜在10~32℃。塑料地板粘贴完毕，24h内不能在上面走动和进行其他作业。

5. 焊缝

地板缝隙焊接宜在铺贴48h后进行施焊，焊条用等边三角形或圆形焊条，其成分和性能应与被焊塑料地板相同。接缝焊接时，两相邻边要切成V形槽，以增加焊接牢固性。焊缝冷却至常温，将凸出面层的焊条用刨刀切削平整，切勿损伤两边的塑料板面。

6. 安装踢脚板

同木质楼地面踢脚板的安装。

（五）塑料地板楼地面的质量验收标准和检验方法

本部分内容主要参考《建筑地面工程施工质量验收规范》（GB 50209—2010）（以下简称本规范）。

（1）塑料板面层应采用塑料板块材、塑料板焊接、塑料卷材以胶黏剂在水泥类基层上采用满粘或点粘法铺设。

（2）水泥类基层表面应平整、坚硬、干燥、密实、洁净、无油脂及其他杂质，不应有麻面、起砂、裂缝等缺陷。

（3）胶黏剂应按基层材料和面层材料使用的相容性要求，通过试验确定，其质量应符合国家现行有关标准的规定。

（4）焊条成分和性能应与被焊的板相同，其质量应符合有关技术标准的规定，并应有出厂合格证。

（5）铺贴塑料板面层时，室内相对湿度不宜大于70%，温度宜在10～32℃。

（6）塑料板面层施工完成后的静置时间应符合产品的技术要求。

（7）防静电塑料板配套的胶黏剂、焊条等应具有防静电性能。

（8）主控项目：

①塑料板面层所用的塑料板块、塑料卷材、胶黏剂等应符合设计要求和国家现行有关标准的规定。检验方法：观察检查和检查型式检验报告、出厂检验报告、出厂合格证。检查数量：同一工程、同一材料、同一生产厂家、同一型号、同一规格、同一批号检查一次。

②塑料板面层采用的胶黏剂进入施工现场时，应有以下有害物质限量合格的检测报告：

a. 溶剂型胶黏剂中的挥发性有机化合物（VOC）、苯、甲苯+二甲苯。

b. 水性胶黏剂中的挥发性有机化合物（VOC）和游离甲醛。

检验方法：检查检测报告。检查数量：同一工程、同一材料、同一生产厂家、同一型号、同一规格、同一批号检查一次。

③面层与下一层的黏结应牢固，不翘边、不脱胶、无溢胶（单块板块边角允许有局部脱胶，但每自然间或标准间的脱胶板块不应超过总数的5%；卷材局部脱胶处面积不应大于20cm^2，且相隔间距应大于或等于50cm）。检验方法：观察、敲击及用钢尺检查。检查数量：基层（各构造层）和各类面层的分项工程的施工质量验收应按每一层次或每层施工段（或变形缝）划分检验批，高层建筑的标准层可按每三层（不足三层按三层计）划分检验批。

每检验批应以各子分部工程的基层（各构造层）和各类面层所划分的分项工程按自然间（或标准间）检验，抽查数量应随机检验不应少于3间；不足3间，应全数检查；其中走廊（过道）应以每延长10m为1间，工业厂房（按单跨计）、礼堂、门厅应以两个轴线为1间计算。

有防水要求的建筑地面子分部工程的分项工程施工质量每检验批抽查数量应按其房间总数随机检验不应少于4间，不足4间，应全数检查。

（9）一般项目：

①塑料板面层应表面洁净，图案清晰，色泽一致，接缝应严密、美观。拼缝处的图案、花纹应吻合，无胶痕；与柱、墙边交接应严密，阴阳角收边应方正。检验方法：观察检查。检查数量同主控项目中第③条。

②板块的焊接，焊缝应平整、光洁，无焦化变色、斑点、焊瘤和起鳞等缺陷，其凹凸允许偏差不应大于0.6mm。焊缝的抗拉强度应不小于塑料板强度的75%。检验方法：观察检查和检查检测报告。检查数量同主控项目中第③条。

③镶边用料应尺寸准确、边角整齐、拼缝严密、接缝顺直。检验方法：观察和用钢尺检查。检查数量同主控项目中第③条。

④踢脚线宜与地面面层对缝一致，踢脚线与基层的黏合应密实。检验方法：观察检查。检查数量同主控项目中第③条。

⑤塑料板面层的允许偏差和检验方法应符合表5-9的规定。检查数量同主控项目中第③条。其中主控项目，应达到本规范规定的质量标准，认定为合格；一般项目80%以上的检查点（处）符合本规范规定的质量要求，其他检查点（处）不得有明显影响使用，且最大偏差值不超过允许偏差值的50%为合格。凡达不到质量标准时，应按现行国家标准的规定处理。

表5-9　塑料地板面层的允许偏差和检验方法

项次	项目	允许偏差/mm	检验方法
1	表面平整度	2.0	用2m靠尺和楔形塞尺检查
2	缝格平直	3.0	拉5m线和用钢尺检查
3	接缝高低差	0.5	用钢尺和楔形塞尺检查
4	踢脚线上口平直	2.0	拉5m线和用钢尺检查
5	板缝间隙宽度	—	用钢尺检查

二、地毯楼地面

地毯是一种高级地面装饰材料，具有良好的弹性和保温性以及极佳的吸音、隔音性能；而且色彩多样、图案丰富、施工简便，深受人们的喜爱。新型地毯还能满足使用中的特殊要求，如防霉、防蛀、防静电等。地毯按材质不同可分为纯毛地毯、混纺地毯、化纤地毯等。

（一）地毯楼地面的基本构造

地毯楼地面是指面层由块材或卷材地毯铺设在基层上的楼地面，有胶粘铺设和倒刺板固定两种铺设方式。通常情况下，块材地毯多使用胶粘铺设，卷材地毯多使用倒刺板固定。胶粘铺设施工简便，因此，此处只讲解卷材型地毯铺设的施工，如图5-16所示。

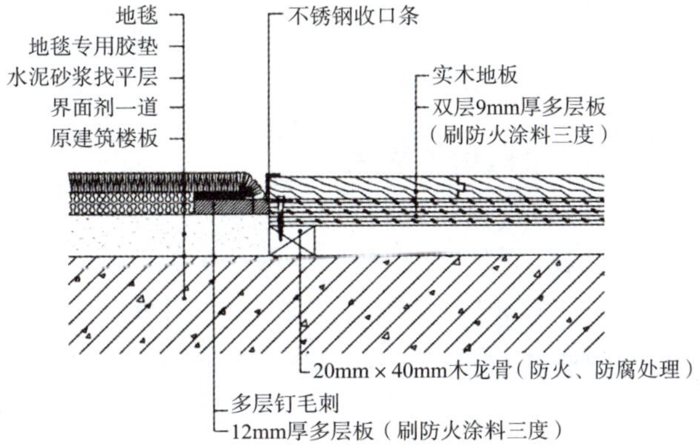

图5-16　地毯地面构造示意图

（二）地毯楼地面的材料及质量要求

1. 地毯

所选地毯的品种、规格、颜色及其材质需符合设计要求和国家现行地毯产品标准的规定；地毯的阻燃性应符合现行国家标准的防火等级要求，规格尺寸可按设计要求定制。

（1）纯毛地毯。以羊毛为主要原料制成，属天然纤维地毯。羊毛地毯脚感舒适，弹性好，图案优美，色彩鲜艳，不带静电，有天然的阻燃性，但其耐菌性、耐虫蛀性和耐潮湿性较差，且价格昂贵。多用于高级别墅、宾馆、酒店等场所。

（2）混纺地毯。以羊毛纤维与合成纤维混纺后编织的地毯。这种地毯在图案花色、质地手感等方面与纯毛地毯差别不大，但克服了纯毛地毯不耐虫蛀、易腐蚀、易霉变的缺点，同时提高了地毯的耐磨性能，大大降低了地毯的价格。因此，使用范围广泛，在高档家庭装修中成为地毯的主导产品。

（3）化纤地毯。又称合成纤维地毯，是完全采用各种合成纤维（锦纶、丙纶、腈纶和涤纶等）制造的地毯。这种地毯不霉、不蛀、耐腐蚀、耐磨、吸湿性能好，清洁擦洗方便，因此，多用于公共场所、住宅居室和各种交通工具的地面装饰。

2. 地毯烫带

地毯接缝用，使用时需使用地毯专用熨斗，常用规格为：宽6.5cm左右，长15m左右。

3. 倒刺板

倒刺板牢固、顺直，倒刺均匀，长度、角度符合设计要求，常用规格为：长1.2m，宽2cm。

4. 金属收口压条

金属收口压条宜采用厚度不小于2mm的铝合金（铜）材料制成，边缘整齐无毛刺。

5. 地毯专用衬垫

地毯专用衬垫常用种类有珍珠棉衬垫、海绵衬垫、橡胶衬垫，常用厚度规格有：0.5cm、1.0cm、1.2cm和1.5cm。

（三）地毯楼地面施工机具与工艺流程

1. 施工机具

施工机具主要有电剪刀、地毯熨斗、地毯撑子、重型地毯刮刀（裁边刀）、PVC地板剪切专用刀、美工刀、地毯折叠刀、剪刀、光柄凿刀、手锤、吸尘器等。

2. 施工工艺流程

地毯楼地面的施工工艺流程：基层处理→装倒刺板→安装专用衬垫→裁割地毯→固定地毯→收口→清洁毯面。

（四）地毯楼地面的施工技术要点

1. 基层处理

铺地毯的基层一般是水泥地面（自流平）、木地板（毛地板）或其他材质地面，均要求表面平整、洁净。

2. 装倒刺板

用木楔铁钉沿房间周长固定，木刺条固定时与墙面间隔20mm。

3. 安装专用衬垫

四周钉好倒刺板后，地毯衬垫正面朝上平铺于地面，用透明胶带在接缝表面固定。

4. 裁割地毯

裁割地毯按房间尺寸加长20mm下料，地毯宽度应扣除地毯边计算。从地毯背面裁切，植绒地毯应从环毛的中间切开，将裁好的地毯卷起，编号备用。

拼缝前要查看地毯编织方向，避免缝两边的地毯绒毛排列方向不一致，背面缝合拼接后，用电熨斗烫地毯烫带。

5. 铺设地毯

地毯平铺在地上，先固定房间最里的一边，用张紧器张拉地毯。张拉一段后，接着固定相邻一边，边固定边用张紧器张拉，斜向推进。注意：张拉力度要适中，防止损坏地毯的毛织结构，以行走时不致产生褶皱为准。第二条边固定张拉后，再固定第三条边，最后固定靠门口的边。

当地毯完全铺好后，用剪刀裁去墙边多余部分，用扁铲将地毯边缘塞进倒刺板与墙壁之间的间隙中，如图5-17所示。

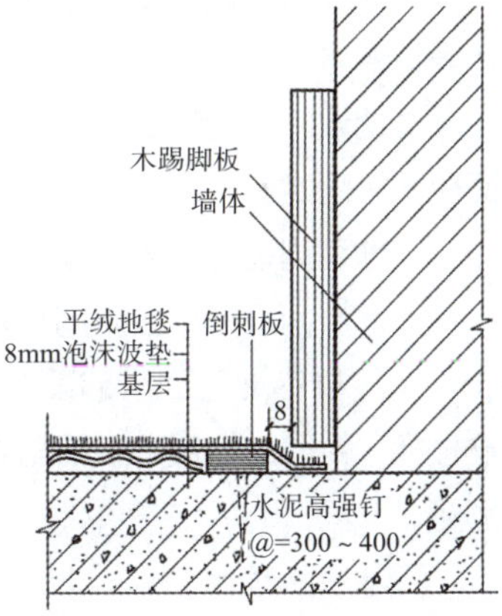

图5-17 倒刺板条固定示意图

6. 收口

地毯收口采用L形倒刺收口条，也可是带刺圆角条或不带刺的铝合金压条，收口条与基层可用水泥钉钉固，也可用胶黏剂固定或采用其他固定方法，如图5-18所示。

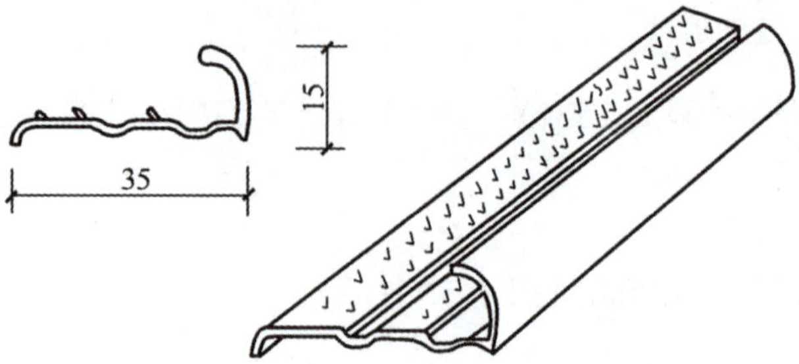

图5-18 L形铝合金收口条示意图

7. 清洁毯面

地毯铺设完毕后，应将剩余的边角下料及其他材料和工具等清理干净，并用吸尘器清洁地毯上的灰尘、垃圾及脱落的绒毛。

（五）地毯楼地面的验收标准与检验方法

（1）地毯面层应采用地毯块材或卷材，以空铺法或实铺法铺设。

（2）铺设地毯的地面面层（或基层）应坚实、平整、洁净、干燥，无凹坑、麻面、起砂、裂缝，并不得有油污、钉头及其他凸出物。

（3）地毯衬垫应满铺平整，地毯拼缝处不得露底衬。

（4）空铺地毯面层应符合下列要求：

①块材地毯宜先拼成整块，再按设计要求铺设。

②块材地毯铺设时，块与块之间应挤紧服帖。

③卷材地毯宜先长向缝合，再按设计要求铺设。

④地毯面层的周边应压入踢脚线下。

⑤地毯面层与不同类型的建筑地面面层的连接处，其收口做法应符合设计要求。

（5）实铺地毯面层应符合下列要求：

①实铺地毯面层采用的金属卡条（倒刺板）、金属压条、专用双面胶带、胶黏剂等应符合设计要求。

②铺设时，地毯的表面层宜张拉适度，四周应采用卡条固定；门口处宜用金属压条或双面胶带等固定。

③地毯周边应塞入卡条和踢脚线下。

④地毯面层采用胶黏剂或双面胶带黏结时，应与基层粘贴牢固。

（6）楼梯地毯面层铺设时，梯段顶级（头）地毯应固定于平台上，其宽度应不小于标准楼梯、台阶踏步尺寸；阴角处应固定牢固；梯段末级（头）地毯与水平段地毯的连接处应顺畅、牢固。

（7）主控项目：

①地毯面层采用的材料应符合设计要求和国家现行有关标准的规定。检验方法：观察检

查和检查型式检验报告、出厂检验报告、出厂合格证。检查数量：同一工程、同一材料、同一生产厂家、同一型号、同一规格、同一批号检查一次。

②地毯面层采用的材料进入施工现场时，应有地毯、衬垫、胶黏剂中的挥发性有机化合物（VOC）和甲醛限量合格的检测报告。检验方法：检查检测报告。检查数量：同一工程、同一材料、同一生产厂家、同一型号、同一规格、同一批号检查一次。

③地毯表面应平整、服帖，拼缝处应粘贴牢固、严密平整、图案吻合。检验方法：观察检查。检查数量：基层（各构造层）和各类面层的分项工程的施工质量验收应按每一层次或每层施工段（或变形缝）划分检验批，高层建筑的标准层可按每三层（不足三层按三层计）划分检验批。

每检验批应以各子分部工程的基层（各构造层）和各类面层所划分的分项工程按自然间（或标准间）检验，抽查数量应随机检验不应少于3间；不足3间，应全数检查；其中走廊（过道）应以每延长10m为1间，工业厂房（按单跨计）、礼堂、门厅应以两个轴线为1间计算。

有防水要求的建筑地面子分部工程的分项工程施工质量每检验批抽查数量应按其房间总数随机检验不应少于4间，不足4间，应全数检查。

（8）一般项目：地毯表面不应起鼓、起皱、翘边、卷边、显拼缝、露线和毛边，绒面毛应顺光一致，毯面应洁净、无污染和损伤。检验方法：观察检查。检查数量同主控项目中第③条。

（9）地毯同其他面层连接处、收口处及墙边、柱子周围应顺直、压紧。检验方法：观察检查。检查数量同主控项目中第③条。

课后练习

1．建筑室内装饰工程中，楼地面工程的施工验收主要参照哪些国家标准？

2．选购木质楼地面装饰材料时有哪些需要注意的地方？

3．在室内装饰工程中，你还知道哪些新型楼地面装饰材料？

4．讨论：在楼地面装饰工程施工中，哪些技术细节和技术要点最能体现施工人员的工匠精神？

06 项目6 门窗工程

知识目标

1 熟悉门窗的分类、作用、组成以及制作和安装的要求。
2 熟悉门窗工程在室内装饰行业中的发展现状以及发展趋势。
3 熟悉门窗工程中出现的新型门窗、新材料、新工艺、新标准。
4 掌握木门窗、钢门窗、铝合金门窗、塑钢门窗、特种门窗等安装工艺流程和质量通病的解决方法。
5 掌握门窗工程的质量验收标准与质量检验方法。

技能目标

1 能够运用专业术语对门窗的材料、构造、制作工艺与安装工艺进行介绍。
2 能够运用所学知识，指导施工人员进行门窗工程的施工，解决安装过程中可能出现的质量问题。
3 能够独立编制室内装饰工程招投标文件或设计文件中与门窗工程相关的技术资料。

思政目标

随着经济的发展，人们对居住环境质量的要求不断提高，对门窗产品在生活中起到的安全、隔音、隐私、保温、防水、防火、防风沙等有着多种多样的要求。也就要求设计人员在进行建筑设计或室内设计工程中认真研究当地的气候条件、人居环境等各方面因素，选择既实用安全，又经济美观的门窗产品。要求施工人员严格按照相关国家标准，精细施工，打造精品工程。

任务1
门窗的基本知识

随着装饰行业的迅速发展，行业分工越来越细，定制化、模块化施工普及程度越来越高，门窗工程已由原来大量现场制作施工逐渐转化为工厂定制，现场安装施工。因此，本任务着重讲解门窗的基本知识、现场安装施工及相应的施工技术要点。

一、门窗的分类

门窗按照不同的内容有不同的分类方式。

1. 按材质分类

按不同材质分类，可分为木门窗、铝合金门窗、钢门窗、塑料门窗、全玻璃门窗、复合门窗等，并且随着装饰材料行业的不断发展，不同材质分类下还有更细致的分类。

2. 按功能分类

按不同功能分类，可分为普通门窗、保温门窗、隔音门窗、防火门窗、防盗门窗、防爆门窗、安全门窗、自动门窗等。

3. 按结构分类

按不同结构形式分类，可分为推拉门窗、平开门窗、弹簧门窗、旋转门窗、折叠门窗、卷帘门窗、自动门窗等。

二、门窗的作用

门窗是建筑的重要组成部分，是连接室内外空间的开口部位，属于建筑的围护、分割构件，且不起承重作用。现代建筑要求门窗功能除采光、通风外，还应具有保温、隔热、隔音、防潮、防火、防盗等功能；并且门窗对建筑物的外观及室内装饰造型有很大影响，其尺寸规格、形态比例、位置、数量、材质、形状、组合方式等是设计师考虑建筑视觉效果的重要因素。

三、门窗的组成

1. 门的组成

门一般由门框（门樘）、门扇、五金配件及其他附件组成。门框一般由边框和上框组成，当其高度大于2400mm时，在上部可加设亮子，需增加中横框。当门宽度大于2100mm时，需增设一根中竖框。有保温、防水、防风、防沙和隔音要求的门应设下槛。门扇一般由上冒头、中冒头、下冒头、边梃、门芯板、玻璃、百叶等组成。

2. 窗的组成

窗由窗框（窗樘）、窗扇、五金配件等组成。窗框由边框、上框、中横框、中竖框等组成，窗扇由上冒头、下冒头、边梃、窗芯子、玻璃等组成。

3. 门窗五金

门窗五金的作用是在门窗各组成部件间以及门窗与建筑主体间起到连接、控制、固定的作用。其中，门的五金主要有把手、门锁、铰链、闭门器、门吸等；窗的五金主要有铰链、风钩、插销、拉手、导轨、转轴、滑轮等。

四、门窗制作与安装的要求

1. 门窗的制作

随着室内装饰行业的发展，门窗通常采用定制加工的方式，现场施工仅做少量的材料裁切与修整。在门窗的制作过程中，关键在于掌握门窗框和扇的制作，应当把握以下两个方面：

（1）下料原则。对于矩形门窗，要掌握纵向通长、横向截断的原则；对于其他形状门窗，一般应当需要放大样，所有杆件应留足加工余量。

（2）组装要点。保证各杆件在一个平面内，矩形对角线相等，其他形状应与大样重合。要确实保证各杆件的连接强度，留好扇与框之间的配合余量和框与洞的间隙余量。

2. 门窗的安装

安装是门窗能否正常发挥作用的关键，也是对门窗制作质量的检验，对于门窗的安装速度和质量均有较大的影响，是门窗施工的重点。因此，门窗安装必须把握下列要点：

（1）门窗所有构件要确保在一个平面内安装，而且同一立面上的门窗也必须在同一个平面内，特别是外立面，如果不在同一个平面内，则会出现进出不一致、颜色不一致、立面不美观的情况。

（2）确保连接要求。框与洞口墙体之间的连接必须牢固，且框不得产生变形，这也是密封的保证。框与扇之间的连接必须保证开启灵活、密封，搭接量不小于设计的80%。

3. 防水处理

门窗的防水处理，应先加强缝隙的密封，再打防水胶防水，阻断渗水的通路；同时做好排水通路，以防在长期静水的渗透压力下而破坏密封防水材料。门窗框与墙体是两种不同材料的连接，必须做好缓冲防变形的处理，以免产生裂缝而渗水。一般需在门窗框与墙体之间填充缓冲材料，材料要做好防腐蚀处理。

4. 注意事项

门窗的制作与安装除满足以上要求外，安装时还应注意以下方面：

（1）在门窗安装前，应根据设计和厂方提供的门窗节点图、结构图进行全面检查。主要核对门窗的品种、规格与开启形式是否符合设计要求，零件、附件、组合杆件是否齐全，所有部件是否有出厂合格证书等。

（2）门窗在运输和存放时，底部均需垫200mm × 200mm的方枕木，其间距500mm，同时枕木应保持水平、表面光洁，并应有可靠的刚性支撑，以保证门窗在运输和存放过程中不受损伤，且没有变形。

（3）金属门窗的存放处不得有酸碱等腐蚀物质，特别不得有易挥发性的酸，如盐酸、硝酸等，并要求有良好的通风条件，以防止门窗被酸碱等物质腐蚀。

（4）塑料门窗在运输和存放时，不能平堆码放，应竖直排放，樘与樘之间用非金属软质材料（如毡片、粗麻编织物、泡沫塑料等）隔开，并固定牢靠。由于塑料门窗是由聚氯乙烯塑料型材组装而成的，属于高分子热塑性材料，所以存放处应远离热源，以防止产生变形。塑料门窗型材是中空的，在组装成门窗时虽然插装轻钢骨架，但这些骨架未经铆固或焊接，其整体刚性比较差，不能经受外力的强烈碰撞和挤压。

（5）门窗在设计和生产时，由于未考虑作为受力构件使用，仅考虑了门窗本身和使用过程中的承载能力。如果在门窗框和扇上安放脚手架或悬挂重物，轻者引起门窗的变形，重者可能引起门窗的损坏。因此，金属门窗与塑料门窗在安装过程中，都不得作为受力构件使用，不得在门窗框和扇上安放脚手架或悬挂重物。

（6）要切实注意保护铝合金门窗和涂色镀锌钢板门窗的表面。铝合金表面的氧化膜、彩色镀锌钢板表面的涂膜，都有保护金属不受腐蚀的作用，一旦薄膜被破坏，就失去了保护作用，使金属产生锈蚀，不仅影响门窗的装饰效果，而且影响门窗的使用寿命。

（7）塑料门窗成品表面平整光滑，具有较好的装饰效果，如果在施工中不加以保护，很容易磨损或擦伤其表面，而影响门窗的美观。为保护门窗不受损伤，塑料门窗在搬、吊、运时，应用非金属软质材料衬垫和非金属绳索捆绑。

（8）为了保证门窗的安装质量和使用效果，对金属门窗和塑料门窗的安装，必须采用预留洞口后安装的方法，严禁采用边安装边砌洞口或先安装后砌洞口的做法。金属门窗表面都有一层保护装饰膜或防锈涂层，如果这层薄膜被磨损，是很难修复的。防锈层磨损后不及时修补，也会失去防锈的作用。

（9）门窗固定可以采用焊接、膨胀螺栓或射钉等方式。但砖墙不能用射钉，因为砖受到冲击力后易碎。在门窗的固定中，普遍对地脚的固定重视不够，而是将门窗直接卡在洞口内，用砂浆挤压密实就算固定，这种做法非常错误，十分危险。门窗安装固定工作十分重要，是关系到在使用中是否安全的大问题，必须要有安装隐蔽工程记录，并应进行手扳检查，以确保安装质量。

（10）门窗在安装过程中，应及时用布或棉丝清理门窗表面的砂浆和密封膏液，以免其凝固干燥后黏附在门窗的表面，影响美观。

任务2
木门窗

一、木门窗的基本构造

（一）木门

门是由门框（门樘）和门扇两部分组成的。当门的高度超过2400mm时，还要增加上窗结构（又称亮子、么窗）。各类门的门框构造基本相同，但门扇有较大的差别，不同门的门扇构造如图6-1所示。

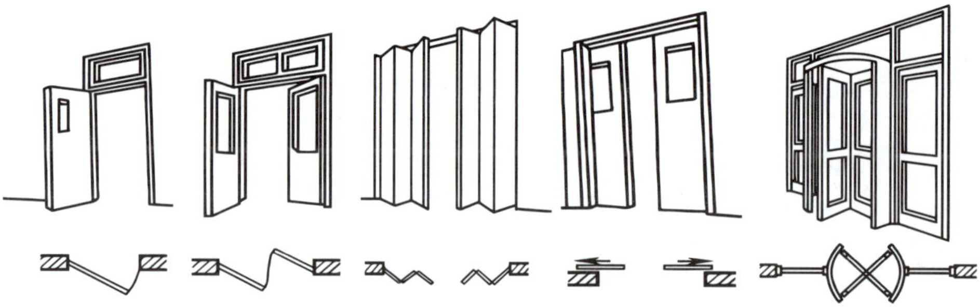

图6-1 不同门构造形式

1. 门框

门框是门的骨架，主要由冒头（横档）、框梃（框柱）组成。有门的上窗时，在门扇与上窗之间设有中贯横档。门框架各连接部位都是用榫眼连接的。

2. 门扇

装饰木门的门扇，常见形式有镶板式门扇和蒙板式门扇两类，如图6-2所示。

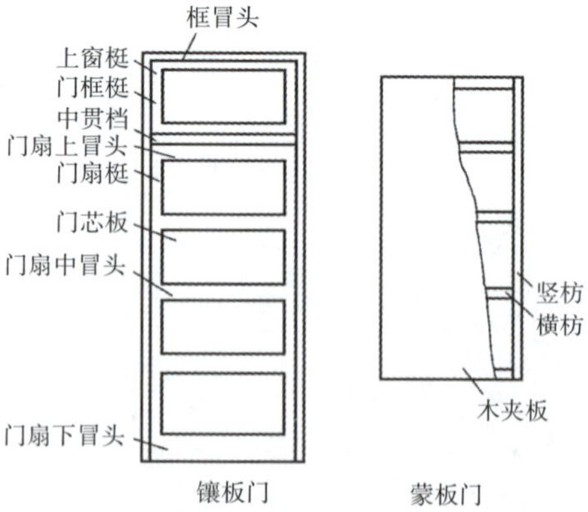

图6-2 镶板门和蒙板门的构造形式

镶板式门扇是在做好门扇框后将门板嵌入

门扇木屋上的凹槽中。这种门扇框的木方用量较大，但板材用量较少。这种门扇的门扇框是由上冒头、中冒头、下冒头和门扇梃组成，门扇梃与上冒头的连接，是在门扇梃上打眼，上冒头的上半部做半榫，下半部做全榫。门扇梃与中冒头的连接，与上冒头的连接基本一样，如图6-3所示。

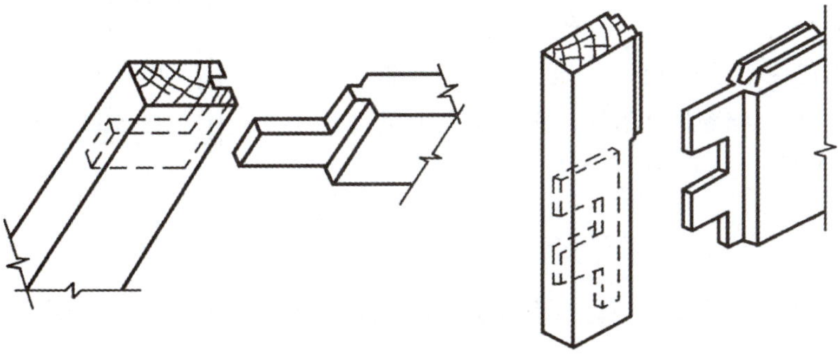

图6-3　门扇梃与上冒头和下冒头的连接

为了将门板安装于门扇梃、门扇冒头之间，而在门扇梃和冒头上开出宽为门板厚度的凹槽，在安装门扇时，可将门芯板嵌入槽中。为了防止门芯板受潮发生膨胀，而使门扇变形或芯板翘鼓，门芯板装入槽内后，还应有2～3mm的间隙。

目前，在室内装饰工程中常用的镶板式门扇主要有全木式和木与玻璃结合式两类，实际中最常用的是木与玻璃结合式。

蒙板式门扇的门扇框所使用的木方截面尺寸较小，而且是蒙在两块木夹板之间，所以又称为门扇骨架。门扇骨架由竖向方木和横档方木组成，竖向方木与横档木方的连接，通常采用单榫结构。在一些门扇较高、较宽时，骨架的竖向与横向方木的连接可用钉胶结合的连接方法。门扇两边的蒙板通常采用4mm厚的夹板。

蒙板式门扇主要有平板式和木板与木线条组合式两类。将各种图案的木线条钉在板面上，从而组成饰面美观、图案多样的门扇，如图6-4所示。

图6-4　蒙板式门扇示意图

（二）木窗

木窗由窗框和窗扇组成，在窗扇上按设计要求安装玻璃，如图6-5所示。木窗的连接构造与门的连接构造基本相同，都采用榫式结合。一般是在扇梃上凿眼，冒头上开榫。如果采用先立窗框再砌墙的安装方法，应在上冒头和下冒头两端留出走头（延长端头），走头的长度一般为120mm。窗框与窗棂的连接，是在扇梃上凿眼，窗棂上开榫。

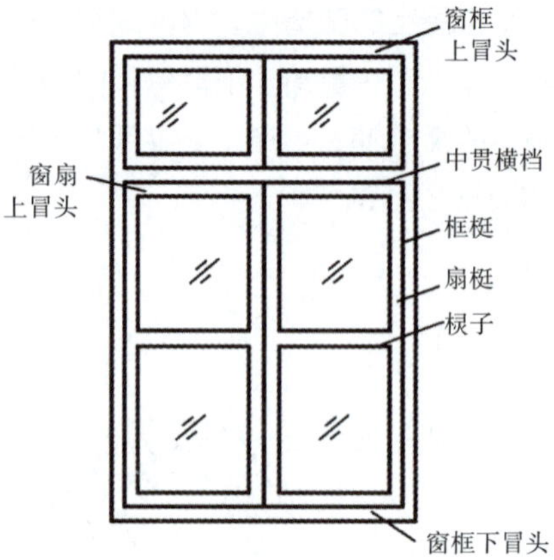

图6-5 木窗的构造形式

1. 窗框

窗框由扇梃、上冒头、下冒头等组成，当顶部有上窗时，还要设中贯横档。

2. 窗扇

窗扇在上冒头、下冒头、扇梃、扇棂之间。

3. 玻璃

玻璃安装于冒头、窗扇梃、窗棂等之间。

装饰工程中，装饰窗常见式样主要有固定式装饰窗和开启式装饰窗两种。其中，固定式装饰窗没有可以活动的开闭窗扇，窗棂直接与窗框连接；开启式装饰窗分为全开启式和部分开启式两种。

二、木门窗的施工材料及质量要求

当前室内装饰工程使用的木门窗主材基本为定制产品，辅材基本为配套产品，主辅材料通常由业主选购，所有产品材料应有出厂合格证、产品检测报告以及进场验收记录等。

三、木门窗安装的施工机具与工艺流程

1. 施工机具

施工机具主要有斜切据、手提式切割机、激光水准仪、水平尺、钢尺、拖线板、线锤、木工锯、手具、电动螺丝刀、冲击钻、凿子、卷尺、锤等。

2. 施工工艺流程

木门窗安装的施工工艺流程：门窗框的安装→木门窗扇的安装→门窗五金的安装→玻璃的安装。

四、木门窗安装的施工技术要点

木门窗的安装主要包括窗框的安装和门窗扇的安装两部分。在整个安装过程中，要选择正确的安装方法，掌握一定的施工要点，才能保证木门窗的施工质量。

1. 门窗框的安装

（1）先立口法，即在砌墙前将门窗框按施工图纸立直、找正，并固定好。这种施工方法必须在施工前将门窗框做好运至施工现场，如图6-6所示。

①当砌墙砌到室内地坪时，应当立门框；当砌到窗台时，应当立窗框。

②立口之前，按照施工图纸上门窗的位置、尺寸，将门窗的中线和边线画到地面或墙面上。然后将窗框立在相应的位置上，用临时支撑固定，用线锤和水平尺找平、找直，并检查框的标高是否正确，如有不平、不直之处应立即纠正。若不垂直，可挪动支撑加以调整，不平处可垫木片或用砂浆调整。支撑不要过早拆除，应在墙身砌完后拆除。

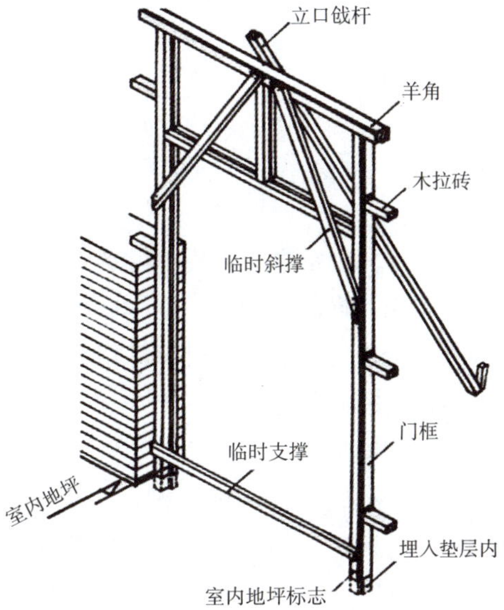

图6-6　木门的先立口构造形式

③在砌墙施工过程中，千万不要碰动支撑，并应随时对门窗框进行校正，防止门窗框出现位移和歪斜等现象。砌到放木砖的位置时，要校核是否垂直，如有不垂直，在放木砖时随时纠正。

④木门窗安装是否整齐，对建筑物的装饰效果有很大影响。同一面墙的木门窗框应安装整齐，并在同一个平面、立面上。可先立两端的门窗框，然后拉一根通线，其他的框按通线进行竖立。这样可以保证门框的位置和窗框的标高一致。

⑤在立框时，一定注意以下两个方面：一是特别注意门窗的开启方向，防止一旦出现错误难以纠正；二是注意施工图纸上门窗框是在墙中还是靠墙的里皮。如果是与里皮相平的，门窗框应出里皮墙面（即内墙面）20mm，这样抹完灰后门窗框正好和墙面相平，如图6-7所示。

（2）后塞口法，即在砌筑墙体时预先按门窗尺寸留好洞口，在洞口两边预埋木砖，然后将门窗框塞入洞口内，在木砖处垫好木片，并用钉子钉牢（预埋木砖的位置应避开门窗扇安装铰链处），如图6-8所示。

①门窗洞口要按施工图纸上的位置和尺寸预先留出。洞口应比窗口大30～40mm（即每边大15～20mm）。

②在砌墙时，洞口两侧按规定砌入木砖，木砖大小约为半砖，间距不大于1.2m，每边

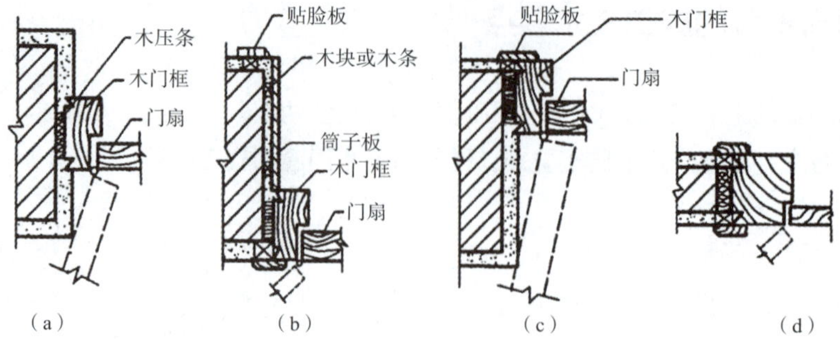

图6-7　门框在墙中的位置

（a）立中　（b）内平　（c）外平　（d）内外平

2~3块。

③在安装门窗框时，先将门窗框塞进门窗洞口内，用木楔临时固定，用线锤和水平尺进行校正。待校正无误后，用钉子将门窗框钉牢在木砖上，每个木砖上应钉2颗钉子，并将钉帽砸扁冲入梃框内。

④在立框时，一定要注意以下两个方面：特别注意门窗的开启方向；整个大窗更要注意上窗的位置。

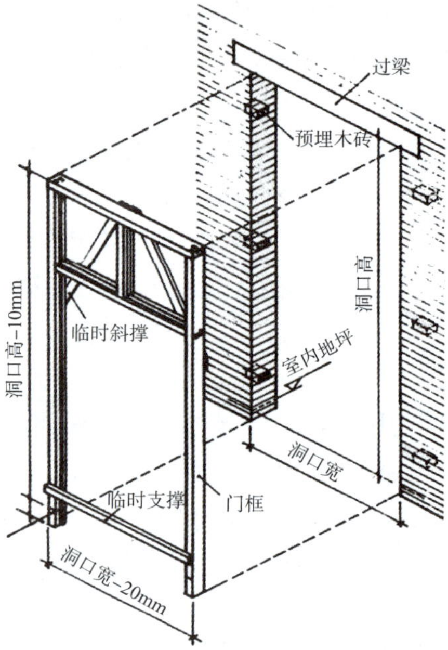

图6-8　后塞口构造示意图

2. 门窗扇的安装

安装准备：

（1）在安装门窗扇前，检查门窗框上、中、下三部分是否一样宽，如果相差超过5mm，就应当进行修整。

（2）核对门窗的开启方向是否正确，并打上记号，以免将扇安错。

（3）安装扇前，预先量出门窗框口的净尺寸，考虑风缝（松动）的大小，进一步确定扇的宽度和高度，并进行修刨。应将门扇定于门窗框中，并检查与门窗框配合的松紧度。由于木材有干缩湿涨的性质，而且门窗扇、门窗框上都需要有油漆及打底层的厚度，所以在安装时要留缝。一般门扇对口处竖缝留1.5~2.5mm，窗的竖缝留2.0mm，并按此尺寸进行修刨。

3. 安装

（1）将修刨好的门窗扇用木楔临时立于门窗框中，排好缝隙后画出铰链位置。铰链位置距上、下边的距离一般宜为门扇宽度的1/10，这个位置对铰链受力比较有利，又可以避开榫头。然后将扇取下来，用扇铲剔出铰链页槽。铰链页槽应外边较浅、里边较深，其深度应当是将铰链合上后与框、扇平正为准。剔好铰链槽后，将铰链放入，上下铰链各拧一颗螺丝钉将扇挂上，检查缝隙是否符合要求、扇与框是否齐平、扇能否关住。检查合格后，再将剩余螺丝钉全部上齐。

（2）双扇门窗扇安装方法与单扇的安装方法基本相同，只是增加一道“错口”的工序。双扇应按开启方向看，右手是门盖口，左手是门等口。

（3）门窗扇安装好后要试开，其达到的标准是以开到哪里就能停到哪里为合格，不能存在自开或自关现象。如果发现门窗扇在高、宽上有短缺的情况，高度上应补钉的板条钉在下冒头下面，宽度上应在安装铰链一边的梃上补钉板条。

（4）为了开关方便，平开扇的上冒头和下冒头最好刨成斜面。

4. 五金配件与纱扇安装

（1）五金配件的安装：

①门窗五金配件的安装应符合设计要求，不得有任何遗漏。一般门锁、碰珠、拉手等，距地面高度为950～1000mm，插销应在拉手的下面。

②门扇开启后很容易出现碰墙，为固定门扇的位置，应安装门轧头或吸门器。对于有特殊要求的门，应安装开启器。

③为避免窗扇开启后碰撞墙壁，应安装窗风钩。窗风钩的安装位置，以开启后的窗扇距离墙20mm为宜。

④门的插销应安装在门扇梃的中间，窗的插销应安装在窗扇上下两端。插销插入的深度不应小于10mm，并应达到开、插、转动灵活。

⑤窗子的拉手应安装在窗梃的中间，根据普通人的身高，一般距离地面高度以1500～1700mm为宜。

⑥在五金配件安装完毕后，应按有关标准进行检查，所有的五金配件应达到平整、顺直、洁净、无划痕，对不符合要求的应立即进行更换。

（2）五金配件的安装：

①纱窗的安装应在玻璃安装完毕后进行，在安装前要认真检查门窗和玻璃安装是否符合要求，发现问题及时处理。

②裁剪的纱应比实际长度、宽度各长50mm，以利于安装时压纱。在绷紧纱时，应先将纱铺开后装上压条用钉钉住，再装侧压条，用铁钉钉住，最后将边角多余纱割掉。

此外，为确保木门窗安装质量，在进行施工操作中，主要应注意以下质量问题：

（1）有贴脸的门框在安装前，首先应按照贴好的灰饼或冲筋的厚度确定门口的位置，这是准确安装木门的重要手段。

（2）木门窗洞口的尺寸留置不准确或砌筑时偏差较大时，可以在安装时以缝隙、标高及水平线来调整。混水墙洞口尺寸小，可以将砌墙剔掉一部分，但清水墙不允许剔凿，偏差在20mm以内的，将框的立梃各截掉一部分，再进行安装；偏差在20mm以上的，可以将门窗框、扇同时改小。

（3）为确保门窗框安装牢固，在墙内木砖的设置数量和间距，应当符合设计和规范的要求，铁钉应钉入木砖或砌体内40~50mm。

（4）门窗扇的安装应当牢固，合页槽的深浅应一致。安装门窗扇的螺钉严禁一次钉入，钉入额深度不得超过螺钉长度的1/3，旋入的深度不得小于螺钉长度的2/3，旋入螺钉时不得产生歪斜。

（5）在安装门窗扇之前，应认真检查其制作质量，对于翘曲超过3mm的门窗扇，应当经过处理后再安装。

（6）安装门窗扇不应有下坠现象，固定时应选用合适和适量的合页，并将固定合页螺钉全部旋入，安装合页的凹槽剔除应当符合安装要求，不宜过大。

五、木门窗安装的质量验收标准和检验方法

本部分主要参考《建筑装饰装修工程质量验收标准》（GB 50210—2018）。

1. 主控项目

（1）木门窗的品种、类型、规格、尺寸、开启方向、安装位置、连接方式及性能应符合设计要求和国家现行标准的有关规定。检验方法：观察；尺量检查；检查产品合格证书、性能检验报告、进场验收记录和复验报告；检查隐蔽工程验收记录。

（2）木门窗应采用烘干的木材，含水率及饰面质量应符合国家现行标准的有关规定。检验方法：检查材料进场验收记录，复验报告及性能检验报告。

（3）木门窗的防火、防腐、防虫处理应符合设计要求。检验方法：观察；检查材料进场验收记录。

（4）木门窗框的安装应牢固。预埋木砖的防腐处理、木门窗框固定点的数量、位置和固定方法应符合设计要求。检验方法：观察；手扳检查；检查隐蔽工程验收记录和施工记录。

（5）木门窗扇应安装牢固、开关灵活、关闭严密、无倒翘。检验方法：观察；开启和关闭检查；手扳检查。

（6）木门窗配件的型号、规格和数量应符合设计要求，安装应牢固，位置应正确，功能应满足使用要求。检验方法：观察；开启和关闭检查；手扳检查。

2. 一般项目

（1）木门窗表面应洁净，不得有刨痕和锤印。检验方法：观察。

（2）木门窗的割角和拼缝应严密、平整。门窗框、扇裁口应顺直，刨面应平整。检验方法：观察。

（3）木门窗上的槽和孔应边缘整齐，无毛刺。检验方法：观察。

（4）木门窗与墙体间的缝隙应填嵌饱满。寒冷地区外门窗（或门窗框）与砌体间的空隙应填充保温材料。检验方法：轻敲门窗框检查；检查隐蔽工程验收记录和施工记录。

（5）木门窗批水、盖口条、压缝条和密封条安装应顺直，与门窗结合应牢固、严密。

检验方法：观察；手扳检查。

（6）平开木门窗安装的留缝限值、允许偏差和检验方法应符合表6-1的规定。

表6-1　　平开木门窗安装的留缝限值、允许偏差和检验方法

项次	项目		留缝限制/mm	允许偏差/mm	检验方法
1	门窗框的正、侧面垂直度		—	2	用1m垂直检测尺检查
2	框与扇接缝高低差		—	1	用塞尺检查
	扇与扇接缝高低差			1	
3	门窗扇对口缝		1~4	—	用塞尺检查
4	工业厂房、围墙双扇大门对口缝		2~7	—	
5	门窗扇与上框间留缝		1~3	—	
6	门窗扇与合页侧框间留缝		1~3	—	
7	室外门扇与锁侧框间留缝		1~3	—	
8	门扇与下框间留缝		3~5	—	用塞尺检查
9	窗扇与下框间留缝		1~3	—	
10	双层门窗内外框间距		—	4	用钢直尺检查
11	无下框时门扇与地面间留缝	室外门	4~7	—	用钢直尺或塞尺检查
		室内门	4~8	—	
		卫生间门			
		厂房大门	10~20	—	
		围墙大门			
12	框与扇搭接宽度	门	—	2	用钢直尺检查
		窗	—	1	用钢直尺检查

任务3
铝合金门窗

铝合金门窗是经过表面处理的型材通过下料、打孔、铣槽等工序，制作成门窗框料构件，再与连接件、密封件、开闭五金件等组合装配而成。尽管铝合金门窗的尺寸大小及式样有所不同，但是同类铝合金型材门窗所采用的施工方法相同。由于铝合金门窗在造型、色彩、玻璃镶嵌、密封材料的封缝和耐久性等方面都比钢门窗、木门窗有着明显的优势，因此，铝合金门窗在高层建筑和公共建筑中得到了广泛应用。

一、铝合金门窗的基本构造

根据结构与开启形式的不同，铝合金门窗可分为推拉门、平开门、平开窗、固定窗、上悬窗等。按门窗型材截面的宽度尺寸的不同，可分为25、40、45、50、55、60、65、70、80、85、90、100等系列，如图6-9所示。

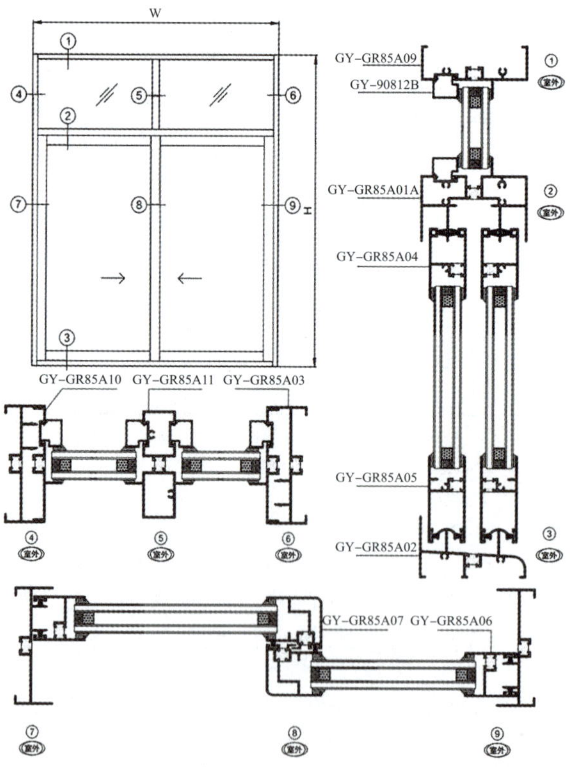

图6-9　85系列断桥铝合金推拉窗构造示意图

二、铝合金门窗的材料和质量要求

铝合金门窗主要由型材、密封材料、五金配件组成。进场的铝合金门窗型号、规格应符合设计要求，五金配件配套齐全，并具有出厂合格证、材质检验报告书，并加盖厂家印章。填缝材料、防腐材料、密封材料、防锈漆、砂、水泥、连接板等应符合设计要求和有关标准规定。

1. 型材

铝合金型材是铝合金门窗的骨架，其质量如何关系到门窗的质量。除必须满足铝合金的元素组成外，型材的表面质量应满足下列要求：

（1）铝合金型材表面应当清洁，无裂纹、起皮和腐蚀现象，在铝合金的装饰面上不允许有气泡。

（2）普通精度型材装饰面上碰伤、擦伤和划伤，其深度不得超过0.2mm；由模具造成的织向挤压痕迹的深度不得超过0.1mm。对于高精度型材的表面缺陷深度，装饰面应不大于0.1mm，非装饰面应不大于0.25mm。

（3）型材经过表面处理后，其表面应有一层氧化膜保护层。一般情况下，氧化膜厚度应不小于20μm，并应色泽均匀一致。

2. 密封材料

铝合金门窗安装密封材料品种很多，其特性和用途也各不相同。铝合金门窗安装密封材料品种、特性和用途见表6-2。

表6-2　　铝合金门窗安装密封材料

品种	特性与用途
聚氨酯密封膏	高档密封膏，变形能力为25%，适用于接缝变形位移±25%部位的密封
聚硫密封膏	高档密封膏，变形能力为25%，适用于接缝变形位移±25%部位的密封，寿命可达10年以上
硅酮密封膏	高档密封膏，性能全面，变形能力达50%，高强度、耐高温（-54～260℃）
水膨胀密封膏	遇水后膨胀将缝隙填满
密封垫	用于门窗框与外墙板接缝密封
膨胀防火密封件	主要用于防火门，遇火后可膨胀密封其缝隙
底衬泡沫条	和密封胶配套使用，在缝隙中能随密封胶变形而变形
防污纸质胶带纸	用于保护门窗料表面，防止表面污染

3. 五金配件

五金配件是组装铝合金门窗不可缺少的部件，也是实现门窗使用功能的重要组成部分。铝合金门窗的配件见表6-3。

表6-3　　铝合金门窗的五金配件

品种	用途
门锁（双头通用门锁）	配有暗藏式弹子锁，可以内外启闭，适用于铝合金平开门
钩锁（推拉门锁）	有单面和双面两种，可作为推拉门、窗的拉手和锁闭器使用

续表

品种		用途
暗掖锁		适用于双扇铝合金地弹簧门
滚轮（滑轮）		适用于推拉门窗（70、90、55系列）
滑撑铰链		能保持窗扇在0°~60°或0°~90°开启位置自行定位
执手	铝合金平开窗执手	适用于平开窗，上悬式铝合金窗开启和闭锁
	联动执手	适用于密闭型平开窗的启闭，在窗上下两处联动扣紧
	推拉窗执手（半月形执手）	有左右两种形式，适用于推拉窗的启闭
地弹簧		装于铝合金门下部，铝合金门可以缓速自动闭门，也可在一定开启角度位置定位

（1）门的地弹簧为不锈钢面或铜面，使用前应进行开闭速度的调整，液压部分不得出现漏油。暗插为锌合金压铸件，表面镀铬或覆膜。门锁应为双面开启的锁，门的拉手可因设计要求而有所差异，除了满足推和拉使用要求外，其装饰效果占有较大比重。拉手一般采用铝合金和不锈钢等材料制成。

（2）推拉窗的拉锁，其规格应与窗的规格配套使用，常用锌合金压铸制品，表面镀铬或覆膜；也可以用铝合金拉锁，其表面应当进行氧化处理。滑轮常用锦纶滑轮，滑轮架为镀锌的钢制品。

（3）平开窗的窗铰应为不锈钢制品，钢片厚度不宜小于1.5mm，并且有松紧调节装置。滑块一般为铜制品，执手为锌合金压铸制品，表面镀锌或覆膜，也可以用铝合金制品，表面应当进行氧化处理。

三、铝合金门窗的安装机具与工艺流程

1. 安装机具

安装机具主要有切割机、手电锯、激光水准仪、冲击钻、手电钻、扳手、半步扳手、角尺、吊线锤、打胶筒、锤子、水平尺、玻璃吸盘、木楔等。

2. 施工工艺流程

铝合金门窗安装施工工艺流程：弹线定位→铝合金窗披水安装→防腐处理→铝合金门窗安装就位→铝合金门窗固定→门窗框与墙体间缝隙处理→门窗扇及门窗玻璃的安装→安装五金配件。

四、铝合金门窗安装施工技术要点

1. 弹线定位

根据施工图纸中门窗的安装位置、尺寸、标高，从门窗中线向两侧量出门窗边线。多层

或高层建筑以顶层门窗边线为准，用线锤或者经纬仪将门窗边线下引，并在各层门窗口处画线标记，对个别不直的口边应剔凿处理。门窗水平位置应该以楼层室内高出50cm的水平线为基准向上反量出窗下皮标高，弹线找直。需要注意的是每一层窗下皮标高必须保持一致。

2. 铝合金窗披水安装

按照施工图纸的要求将披水固定在铝合金窗上，并且要保证位置正确和安装牢固。

3. 防腐处理

（1）当门窗框四周外表面的防腐处理在设计上有要求时，应按设计要求处理。当设计没有特殊要求时，可粘贴塑料薄膜或者涂刷防腐涂料进行保护，以免水泥砂浆直接与铝合金门窗表面接触，产生电化学反应，腐蚀铝合金门窗。

（2）当安装铝合金门窗时，如果采用连接件固定，则连接铁件、固定件等安装所使用的金属零件最好用不锈钢件。否则必须进行防腐处理，以免产生电化学反应，腐蚀铝合金门窗。

4. 铝合金门窗的安装就位

铝合金门窗框应根据画好的门窗定位线进行安装。并及时调整好门窗框的垂直、水平及对角线长度等，用木楔临时固定。

5. 铝合金门窗的固定

（1）当墙体上预埋有铁件时，可直接将铝合金门窗的铁脚与墙体上的预埋件焊牢，但焊接处需做防锈处理。

（2）当墙体上没有预埋件时，可以用塑料膨胀螺栓或金属膨胀螺栓将铝合金门窗的铁脚固定到墙上，如图6-10所示。

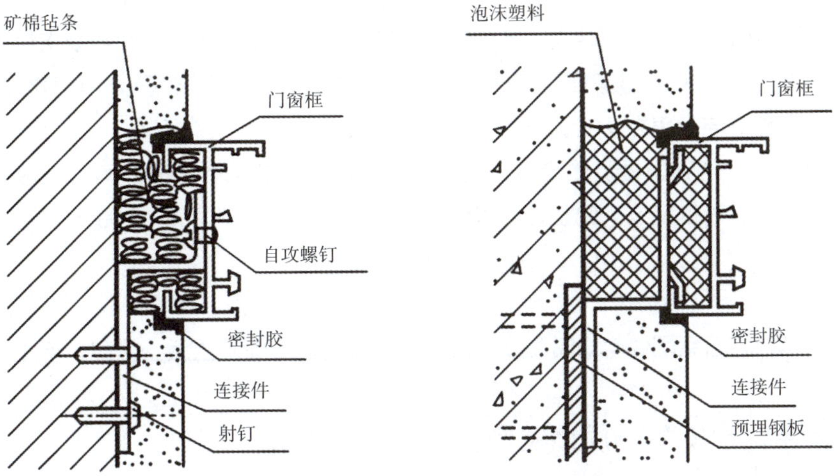

图6-10 铝合金门窗与墙体的固定方式

（3）当墙体上没有预埋铁件时，也可用冲击钻在墙上打80mm深、直径为6mm的小孔，将L形80mm×50mm的ϕ6mm钢筋在长的一端涂108胶水泥浆，打入孔中。待108胶水泥浆终凝后，再将铝合金门窗的铁脚与埋置的6mm钢筋焊牢。

6. 门窗框与墙体间缝隙的处理

当铝合金门窗安装固定后，应该先进行隐蔽工程验收，待合格后，及时按照设计要求处理门窗框与墙体之间的缝隙。如果设计没有要求时，可以采用玻璃棉毡条或者弹性保温材料分层填塞缝隙，外表面需留5～8mm深槽口填嵌密封胶或嵌缝油膏。

7. 门窗扇及门窗玻璃的安装

门窗扇和门窗玻璃应该在洞口墙体表面装饰完工验收后进行安装，如图6-11和图6-12所示。

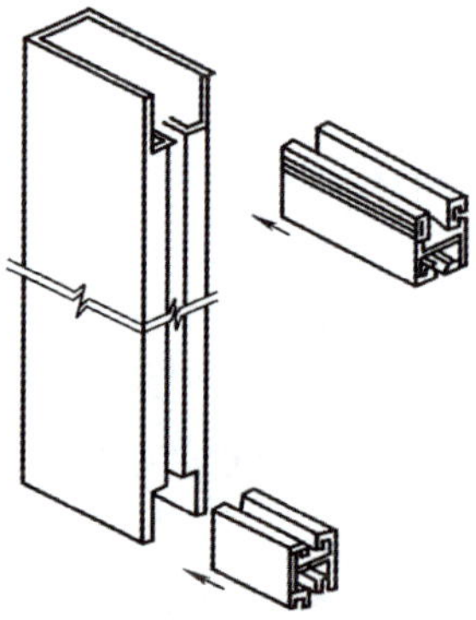

图6-11　窗扇的连接

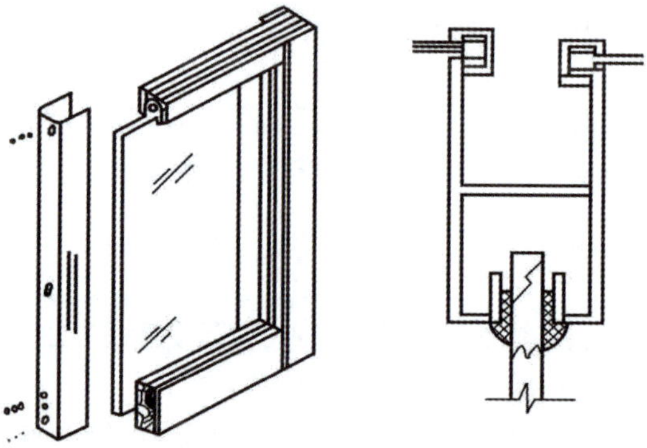

图6-12　窗扇玻璃及密封胶安装

（1）平开门窗。在框与扇格架组装上墙、安装固定好之后，再进行玻璃的安装，即先调整好框与扇的缝隙，再将玻璃安入窗扇内并调整好位置，最后镶嵌密封胶及密封条。

（2）推拉门窗。推拉门窗在门窗框安装固定好之后，将配好玻璃的门窗扇整体安入框内滑槽，并调整好与窗扇之间的缝隙。

（3）地弹门。应在门框及地弹簧主机安装固定后再安装地弹门的门扇。先将玻璃嵌入门扇格架并且一起入框就位，调整好框扇缝隙，最后填嵌门扇玻璃的密封胶及密封条。

8. 安装五金配件

用镀锌螺钉将五金配件与门窗连接，安装的五金配件应使用灵活，结实、牢固。

五、铝合金门窗安装的质量验收标准和检验方法

本部分主要参考《建筑装饰装修工程质量验收标准》（GB 50210—2018）中金属门窗

安装工程。

1. 主控项目

（1）金属门窗的品种、类型、规格、尺寸、性能、开启方向、安装位置、连接方式及门窗的型材壁厚应符合设计要求及国家现行标准的有关规定。金属门窗的防雷、防腐处理及填嵌、密封处理应符合设计要求。检验方法：观察；尺量检查；检查产品合格证书、性能检验报告、进场验收记录和复验报告；检查隐蔽工程验收记录。

（2）金属门窗框和附框的安装应牢固。预埋件及锚固件的数量、位置、埋设方式、与框的连接方式应符合设计要求。检验方法：手扳检查；检查隐蔽工程验收记录。

（3）金属门窗扇应安装牢固、开关灵活、关闭严密、无倒翘。推拉门窗扇应安装防止扇脱落的装置。检验方法：观察；开启和关闭检查；手扳检查。

（4）金属门窗配件的型号、规格、数量应符合设计要求，安装应牢固，位置应正确，功能应满足使用要求。检验方法：观察；开启和关闭检查；手扳检查。

2. 一般项目

（1）金属门窗表面应洁净、平整、光滑、色泽一致，应无锈蚀、擦伤、划痕和碰伤；漆膜或保护层应连续。型材的表面处理应符合设计要求及国家现行标准的有关规定。检验方法：观察。

（2）金属门窗。推拉门窗扇开关力不应大于50N。检验方法：用测力计检查。

（3）金属门窗框与墙体之间的缝隙应填嵌饱满，并应采用密封胶密封。密封胶表面应光滑、顺直、无裂纹。检验方法：观察；轻敲门窗框检查；检查隐蔽工程验收记录。

（4）金属门窗扇的密封胶条或密封毛条装配应平整、完好，不得脱槽，交角处应平顺。检验方法：观察；开启和关闭检查。

（5）排水孔应畅通，位置和数量应符合设计要求。检验方法：观察。

（6）铝合金门窗安装质量要求及检验方法见表6-4。

表6-4 铝合金门窗安装的允许偏差和检查方法

项次	项目		允许偏差/mm	检验方法
1	门窗槽口宽度、高度/mm	≤2000	2	用钢卷尺检查
		>2000	3	
2	门窗槽口对角线长度差/mm	≤2500	4	用钢卷尺检查
		>2500	5	
3	门窗框的正面、侧面垂直度		2	用1m垂直检测尺检查
4	门窗横框的水平度		2	用1m水平尺和塞尺检查
5	门窗横框标高		5	用钢卷尺检查

续表

项次	项目		允许偏差/mm	检验方法
6	门窗竖向偏离中心		5	用钢卷尺检查
7	双层门窗内外框间距离		4	用钢卷尺检查
8	推拉门窗扇与框搭接宽度	门	2	用钢直尺检查
		窗	1	

任务4
塑钢门窗

塑钢门窗是目前具有气密性、水密性、耐腐蚀性、隔热保温、隔音、耐低温、阻燃、电绝缘性、造型美观等优异综合性能的门窗制品。使用实践证明：其气密性为木窗的3倍，为铝合金的1.5倍；热导率远小于金属门窗，可节约暖气费20%左右；其隔音效果比铝合金高30dB以上。另外，塑料本身的耐腐蚀性和耐潮湿性优异，在化工建筑、地下工程、卫生间及浴室内都能使用，是一种应用广泛的建筑节能产品。

塑料门窗的安装施工，主要包括塑料门窗的制作、安装施工准备工作和塑料门窗的施工工艺等方面。

一、塑钢门窗的构造

钢塑门窗是以聚氯乙烯或其他树脂为主要原料，以轻质碳酸钙为填料，添加适量助剂和改性剂，经过双螺杆挤压机挤压成型的各种截面的空腹门窗异型材，再根据不同的品种规格选用不同截面异型材组装而成。由于塑料的刚度较差、变形较大，一般在空腹内嵌装型钢或铝合金型材进行加强，从而增强塑料门窗的刚度，提高塑料门窗的牢固性和抗风能力，如图6-13所示。

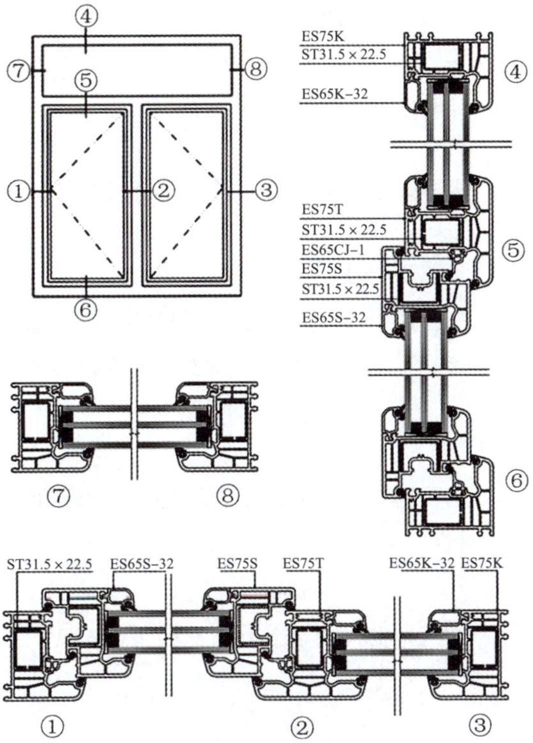

图6-13　塑钢门窗构造示意图

二、塑钢门窗安装的材料及质量要求

1. 塑钢门窗

门窗质量及力学性能应符合国家现行标准要求，并具有出厂合格证，门窗的规格、型号应符合设计要求。门窗的三项基本物理性能，即抗风压、空气渗透、雨水渗透，应符合国家现行标准的规定及设计要求，并且应该有该等级的质量检验报告。如果设计对保温、隔音性能提出要求，其性能也应符合国家现行标准及设计要求。常用塑钢门窗的型号如下：推拉门窗的型号有75、80、88、95系列；平开门窗的型号有60、66、70、106系列。

进场前应该对塑钢门窗进行验收检查，防止不合格塑钢门窗进场。运到现场的塑钢门窗应以不小于70°的角度立放于整洁的仓库内，并在下面做衬垫，分型号处理。仓库内的温度需低于50℃。门窗放置时不得与腐蚀物接触，且须距离火源1m以上。

2. 五金配件

门窗采用的紧固件、五金件、增强型钢、金属衬板等型号、规格、性能及要求均应符合国家现行标准的有关规定。

3. 密封材料

密封条、密封胶的规格、品种及质量应该符合设计要求和国家标准的相关规定，并且附有产品合格证。

4. 玻璃

玻璃的规格、品种及质量应该符合设计要求和国家标准的相关规定，并且附有产品合格证；中空玻璃应有检验报告。

除以上材料外，施工现场还应准备以下材料：木螺钉、平头螺钉、塑料胀管螺钉、自攻螺钉、钢钉、木楔等。

三、塑钢门窗安装的施工机具与工艺流程

1. 施工机具

施工机具主要有冲击钻、手电钻、射钉枪、砂轮锯、水准仪、钢锯、水平尺、螺丝刀、扳手、钳子、线坠、墨斗、钢卷尺、手锤等。

2. 施工工艺流程

塑钢门窗安装的施工工艺流程：现场准备→弹线定位→固定门窗框→嵌缝→五金配件安装→清洁、整理。

四、塑钢门窗安装的施工技术要点

1. 现场准备

（1）门窗洞口质量检查。按设计要求检查门窗洞口的尺寸，若无具体的设计要求，一

般应满足下列规定：门洞口宽度为门框宽度加50mm，门洞口高度为门框高度加20mm；窗洞口宽度为窗框宽度加40mm，窗洞口高度为窗框高度加40mm。门窗洞口尺寸的允许偏差值为：洞口表面平整度允许偏差3mm，洞口正面与侧面垂直度的允许偏差3mm，洞口对角线允许偏差3mm。

（2）检查洞口的位置、标高与设计要求是否符合，若不符合应立即进行改正。

（3）检查洞口内预埋木砖的位置、数量是否准确。

（4）按设计要求弹好门窗安装位置线，并根据需要准备好安装用的脚手架。

2. 弹线定位

将不同规格、型号的塑钢门窗放置到相应的洞口旁，竖放。补贴脱落的保护膜，之后在窗框上画中线。检查门窗框的内外朝向及上下边的位置，安装固定片，固定片采用厚度大于1.5mm、宽度不小于15mm的镀锌钢板。安装时应采用 ϕ3.2mm的钻头钻孔，然后将十字槽盘头自攻螺钉拧入20mm深。

应在合页的位置设连接点，相邻两个连接点的距离不应大于700mm。在横档或竖框的地方不宜设连接点，相邻的连接点应在距其150mm处，如图6-14所示。

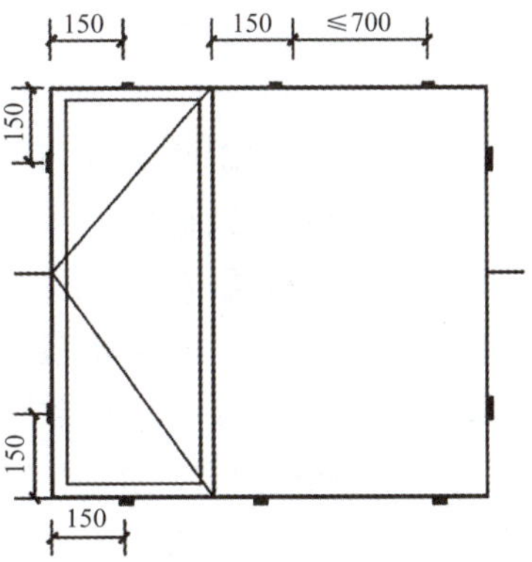

图6-14　框与墙连接点布置图

3. 固定门窗框

当门窗框装入洞口时，其上下框中线与洞口中线应对齐，之后将门窗框用木楔临时固定，并调整门窗框的水平度、垂直度和直角度。然后将固定在门窗框型材靠墙一面的锚固铁件用螺钉或膨胀螺栓固定在墙上，如图6-15所示。

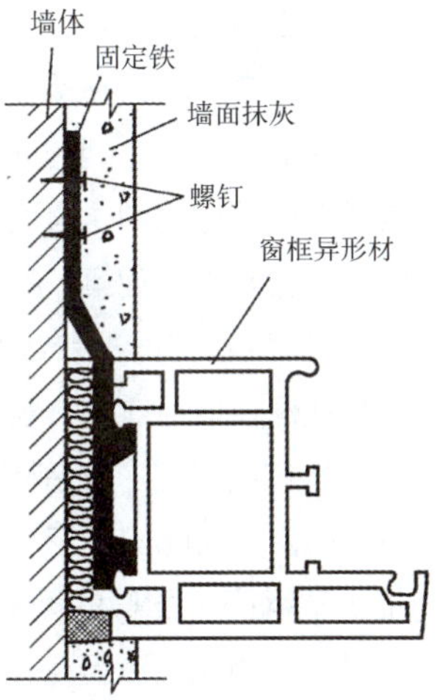

图6-15　框墙间连接件固定法

4. 嵌缝

洞口与门窗框之间的伸缩缝内腔应用发泡胶填充；需要注意的是，嵌填封缝材料不应对塑料门窗有腐蚀、软化作用，尤其是沥青类材料对塑料有不利作用，不宜采用。嵌填密封完成后，则可进行墙面抹灰。当工程有较高要求时，最后还需加装塑料盖口条。

5. 安装五金配件

塑钢门窗安装五金配件时，必须先在杆件上进行钻孔，然后用自攻螺钉拧入，严禁在杆件上直接锤击钉入。

6. 清洁、整理

塑钢门窗扇安装完毕后，应暂时将其取下，并编号单独保管。门窗洞口进行粉刷时，应将门窗表面贴纸以保护。粉刷时如果在表面沾上水泥浆，应立即用软质抹布擦洗干净，切勿使用金属工具擦刮。粉刷完毕后，应及时清除玻璃槽口内的渣灰。

五、塑钢门窗安装的质量验收标准和检验方法

本部分主要参考《建筑装饰装修工程质量验收标准》(GB 50210—2018)。

1. 主控项目

(1)塑钢门窗的品种、类型、规格、尺寸、性能、开启方向、安装位置、连接方式和填嵌密封处理应符合设计要求和国家现行标准的有关规定，内衬增强型钢的壁厚及设置应符合现行国家标准《建筑用塑料门》(GB/T 28886—2012)和《建筑用塑料窗》(GB/T 28887—2012)的规定。检验方法：观察；尺量检查；检查产品合格证书、性能检验报告、进场验收记录和复验报告；检查隐蔽工程验收记录。

(2)塑钢门窗框、附框和扇的安装应牢固。固定片或膨胀螺栓的数量与位置应正确，连接方式应符合设计要求。固定点应距窗角、中横框、中竖框150～200mm，固定点间距不应大于600mm。检验方法：观察；手扳检查；尺量检查；检查隐蔽工程验收记录。

(3)塑钢组合门窗使用的拼樘料截面尺寸及内衬增强型钢的形状和壁厚应符合设计要求。承受风荷载的拼樘料应采用与其内腔紧密吻合的增强型钢作为内衬，其两端应与洞口固定牢固。窗框应与拼樘料连接紧密，固定点间距不应大于600mm。检验方法：观察；手扳检查；尺量检查；吸铁石检查；检查进场验收记录。

(4)窗框与洞口之间的伸缩缝内应采用聚氨酯发泡胶填充，发泡胶填充应均匀、密实。发泡胶成型后不宜切割。表面应采用密封胶密封，密封胶应黏结牢固，表面应光滑、顺直、无裂纹。检验方法：观察；检查隐蔽工程验收记录。

(5)滑撑铰链的安装应牢固，紧固螺钉应使用不锈钢材质。螺钉与框扇连接处应进行防水密封处理。检验方法：观察；手扳检查；检查隐蔽工程验收记录。

(6)推拉门窗扇应安装防止扇脱落的装置。检验方法：观察。

(7)门窗扇关闭应严密，开关应灵活。检验方法：观察；尺量检查；开启和关闭检查。

(8)塑钢门窗配件的型号、规格和数量应符合设计要求，安装应牢固，位置应正确，使用应灵活，功能应满足各自使用要求。平开窗扇高度大于900mm时，窗扇锁闭点不应少于2个。检验方法：观察；手扳检查；尺量检查。

2. 一般项目

(1)安装后的门窗关闭时，密封面上的密封条应处于压缩状态，密封层数应符合设计要求。密封条应连续、完整，装配后应均匀、牢固，应无脱槽、收缩和虚压等现象；密封条

接口应严密，且应位于窗的上方。检验方法：观察。

（2）塑钢门窗扇的开关力应符合下列规定：

①平开门窗扇平铰链的开关力不应大于80N；滑撑铰链的开关力不应大于80N，并不应小于30N。

②推拉门窗扇的开关力不应大于100N。

检验方法：观察；用测力计检查。

（3）门窗表面应洁净、平整、光滑，颜色应均匀一致。可视面应无划痕、碰伤等缺陷，门窗不得有焊角开裂和型材断裂等现象。检验方法：观察。

（4）旋转窗间隙应均匀。检验方法：观察。

（5）排水孔应畅通，位置和数量应符合设计要求。检验方法：观察。

（6）塑钢门窗安装的允许偏差和检验方法应符合表6-5的规定。

表6-5　塑钢门窗安装的允许偏差和检验方法

项次	项目		允许偏差/mm	检验方法
1	门、窗框外形（高、宽）尺寸长度差/mm	≤1500	2	用钢卷尺检查
		>1500	3	
2	门、窗框两对角线长度差/mm	≤2000	3	用钢卷尺检查
		>2000	5	
3	门、窗框（含拼樘料）正、侧面垂直度		3	用1m垂直检测尺检查
4	门、窗框（含拼樘料）水平度		3	用1m水平检测尺检查
5	门、窗下横框的标高		5	用钢卷尺检查，与基准线比较
6	门、窗竖向偏离中心		5	用钢卷尺检查
7	双层门、窗内外框间距		4	用钢卷尺检查
8	平开门窗及上悬、下悬、中悬窗	门、窗扇与框搭接宽度	2	用深度尺或钢直尺检查
		同樘门、窗相邻扇的水平高度差	2	用靠尺和钢直尺检查
		门、窗框扇四周的配合间隙	1	用楔形塞尺检查
9	推拉门窗	门、窗扇与框搭接宽度	2	用深度尺或钢直尺检查
		门、窗扇与框或相邻扇立边平行度	2	用钢直尺检查
10	组合门窗	平整度	2	用2m靠尺和钢直尺检查
		缝直线度	2	用2m靠尺和钢直尺检查

任务5

特种门窗的安装

特种门窗种类较多，除以上几种门窗外，在建筑装饰工程中常用的还有自动门、全玻门、旋转门、防火门、隔音门等，以下简要介绍几种特种门窗的安装施工。

一、全玻璃门的安装

在现代装饰工程中，采用全玻璃装饰门的施工日益普及。所采用玻璃多为厚度为12mm的厚质平板白玻璃、雕花玻璃及彩印图案玻璃等，有的设有金属扇框，有的活动门扇除玻璃之外，只有局部的金属边条。其门框部分通常以不锈钢、黄铜或铝合金饰面，如图6-16所示。

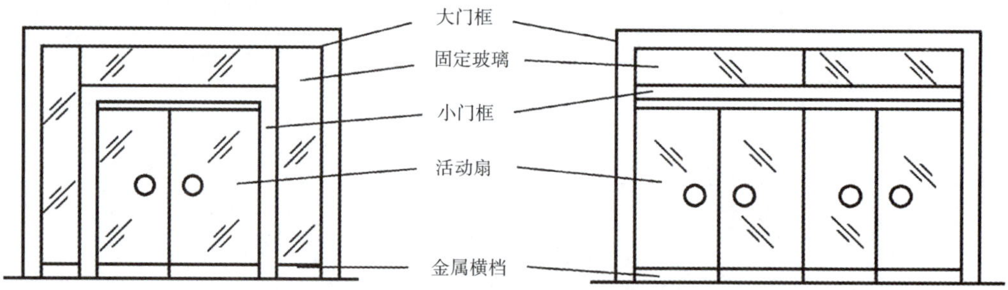

图6-16　全玻璃装饰门的形式示例

（一）全玻璃门固定部分的安装

1. 施工准备工作

在正式安装玻璃之前，地面的饰面施工应已完成，门框的不锈钢或其他饰面包覆安装也应完成。门框顶部的玻璃限位槽已经留出，其槽宽应大于玻璃厚度2～4mm，槽深为10～20mm，如图6-17所示。

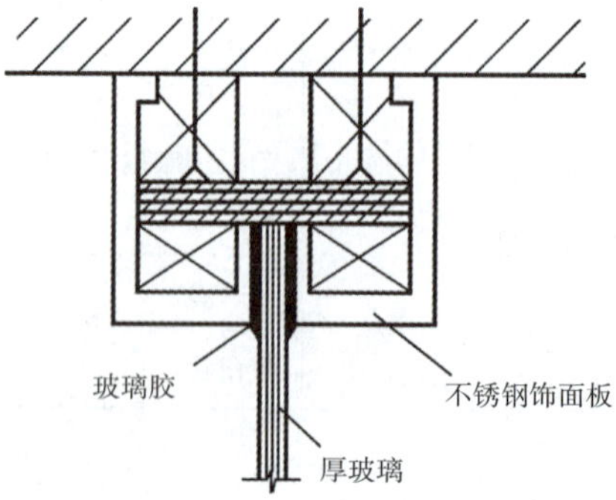

图6-17　顶部门框玻璃限位槽构造

不锈钢、黄铜或铝合金饰面的木底托，可采用木方条首先钉固于地面安装位置，然后再用胶黏剂将金属板饰面黏结卡在木方上，如图6-18所示。如果采用铝合金方管，可采用木螺丝将方管拧固于木底托上，也可采用角铝连接件将铝合金方管固定在框柱上。

2. 安装固定玻璃板

用玻璃吸盘将玻璃板吸起，由2～3人合力将其抬至安装位置，先将上部插入门顶框限位槽内，下部落于底托之上，而后校正安装位置，使玻璃板的边部正好封住侧框柱的金属板饰面对缝口，如图6-19所示。在底托上固定玻璃板时，可先在底托木方上钉木条，一般距玻璃4mm左右；然后在木条上涂刷胶黏剂，将不锈钢板或铜板黏卡在木方上。玻璃门竖向安装构造如图6-20所示。

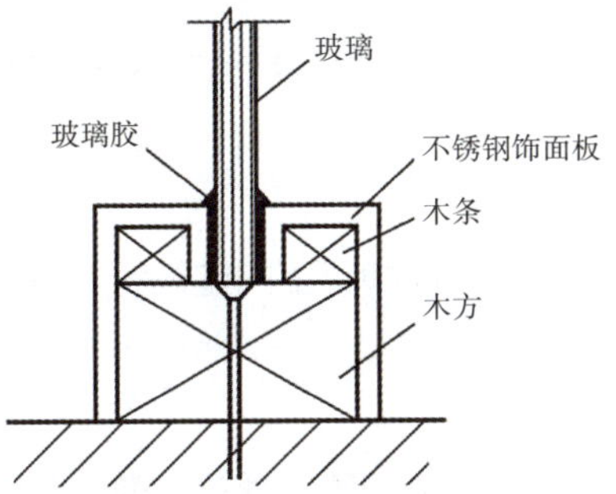

图6-18 固定玻璃扇下部底托做法

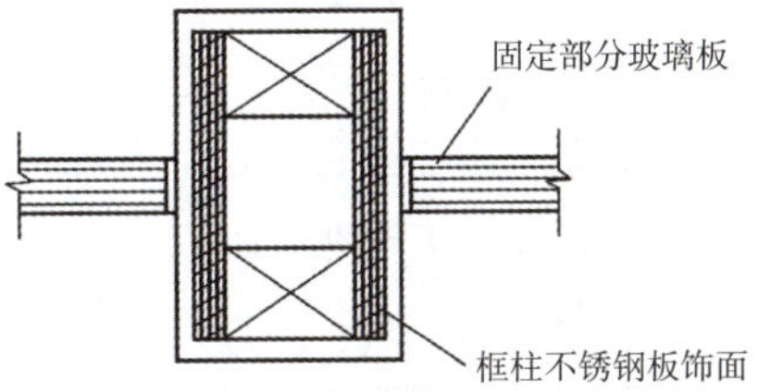

图6-19 固定玻璃扇与框柱的配合

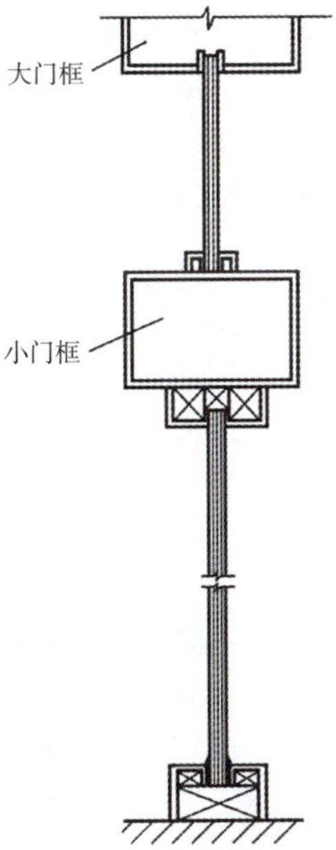

图6-20 玻璃门竖向安装构造示意图

3. 注胶封口

玻璃准确就位后，在顶部限位槽处和底托固定处，以及玻璃板与框柱的对缝处，均注入玻璃密封胶。

4. 玻璃板之间的对接

门上固定部分的玻璃需要对接时，其对接缝应有2~4mm的宽度，玻璃板的边部都要进行倒角处理。当玻璃块留缝定位并安装稳固后，即将玻璃胶注入其对接的缝隙，用塑料片在玻璃板对缝的两边对缝的两面将胶刮平，用棉布将胶迹擦干净。

（二）玻璃活动门扇的安装

玻璃活动门扇的结构是不设门扇框，活动门扇的启闭由地弹簧进行控制。地弹簧同时又与门扇的上部、下部金属横档进行铰接，如图6-21所示。

玻璃门扇的安装方法与步骤如下：

（1）活动门扇在安装前，应先将地面上的地弹簧和门扇顶面横梁上的定位销安装固定完毕，两者必须在同一轴线上，安装时应用吊锤进行检查，做到准确无误，地弹簧转轴与定位销为同一中心线。

（2）在玻璃门扇的上、下金属横档内划线，按线固定转动销的销孔板和地弹簧的转动轴连接板（具体操作可参照地弹簧产品安装说明书）。

（3）玻璃门扇的高度尺寸，在裁割玻璃时应注意包括插入上、下横档的安装部分。一般情况下，玻璃高度尺寸应小于实测尺寸3~5mm，以便安装时进行定位调节。

（4）将上、下横档（多采用镜面不锈钢成型材料）分别装在厚玻璃门扇的上下端，并进行门扇高度的测量。如果门扇高度不足，即其上下边距门横及地面的缝隙超过规定值，可在上、下横档内加垫胶合板条进行调节，如图6-22所示。如果门扇高度超过安装尺寸，只能由专业玻璃工将门扇多余部分切割去，但要特别小心加工。

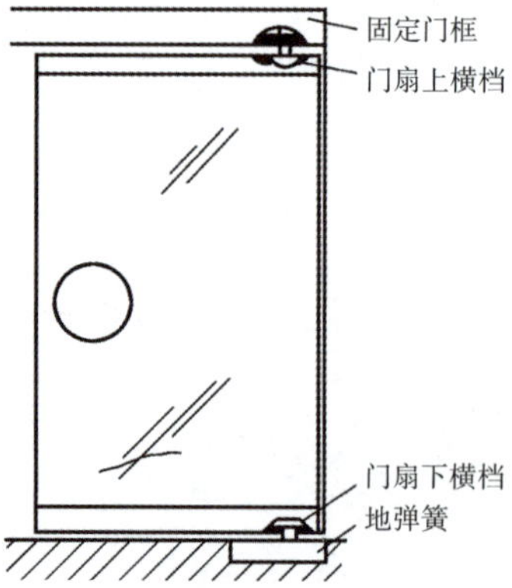

图6-21 活动门扇的安装示意图

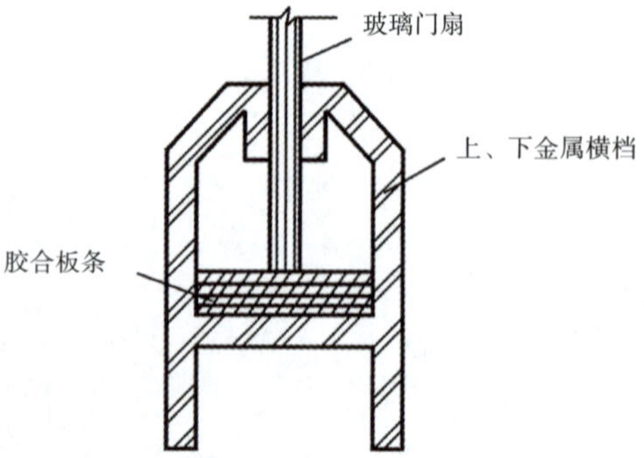

图6-22 加垫胶合板条调节玻璃门扇高度尺寸

（5）门扇高度确定后，即可固定上、下横档，在玻璃板与金属横档内的两侧空隙处，由两边同时插入小木条，轻敲稳实，然后在小木条、门扇玻璃及横档之间形成的缝隙中注入玻璃胶，如图6-23所示。

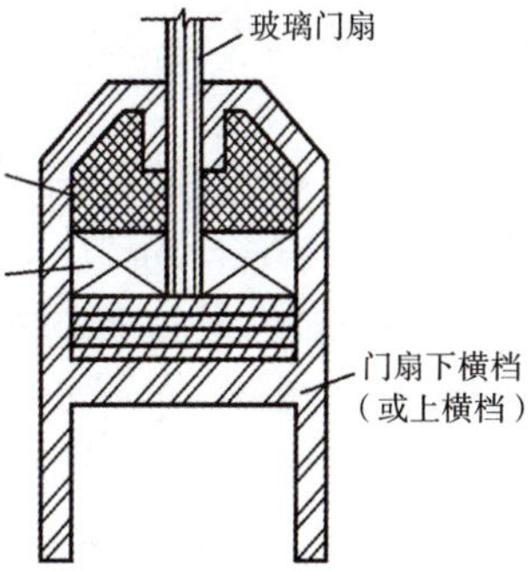

图6-23 门扇玻璃与金属横档的固定

（6）进行门扇定位的安装。先将门框横梁上的定位销本身的调节螺钉调出横梁平面1～2mm，再将玻璃门扇竖起来，将门扇下横档内的转动销连接件的孔位对准地弹簧的转动销轴，并转动门扇，将孔位套在销轴上。然后将门扇转动90°，使之与门框横梁呈直角，将门扇上横档中的转动连接件的孔对准门框横梁上的定位销，将定位销插入孔内15mm左右（调动定位销上的调节螺钉），如图6-24所示。

（7）安装门拉手。全玻璃门扇上扇拉手孔洞一般是事先订购时就加工好的，拉手连接部分插入孔洞时不能太紧，应当略有松动。安装前，在拉手插入玻璃的部分涂少量的玻璃胶；如若插入过松，可在插入部分裹上软质胶带。在拉手组装时，其根部与玻璃贴靠紧密后再拧紧螺钉，如图6-25所示。

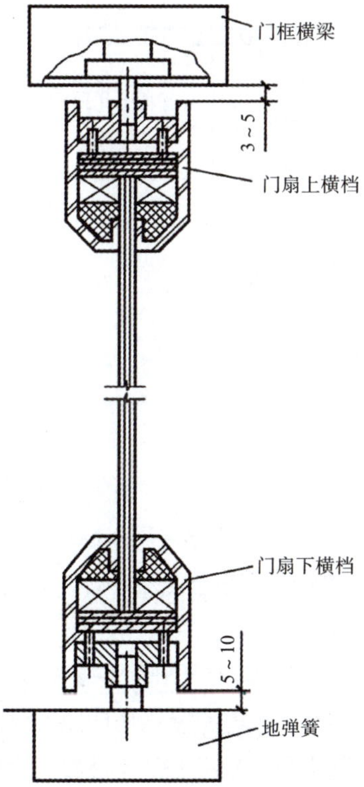

图6-24 门扇的定位安装

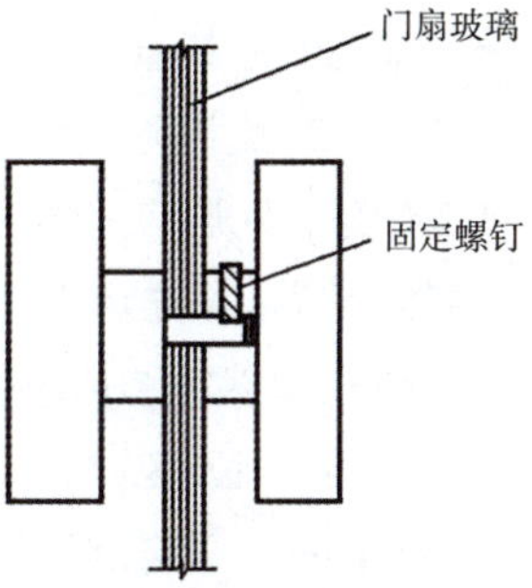

图6-25 玻璃门拉手安装示意图

二、自动门的安装

自动门是一种新型金属门，主要用于高级建筑装饰。按门体的材料不同，有铝合金自动门、无框全玻璃自动门及异型薄壁钢管自动门等；按门的扇型区分，有双扇型、四扇型和六扇型等自动门；按自动门所使用的探测传感器的不同，可分为超声波传感器、红外线探头、微波探头、遥控探测器、开关式传感器、拉线开关式传感器和手动按钮式传感器等。

（一）微波自动门的结构

微波自动门的传感系统采用微波感应方式，当人或其他活动目标进入微波传感器的感应范围时，门扇便自动开启，当活动目标离开感应范围时，门扇又会自动关闭。门扇的自动运行有快速和慢速两种，自动变换，使启动、运行、停止等动作达到良好的协调状态，同时，可确保门扇之间的柔性合缝。当自动门意外地夹住行人或门体被异物卡阻时，自控电路具有自动停机的功能，安全可靠。

微波自动门一般多为中分式，标准立面主要分为两扇型、四扇型和六扇型等，如图6-26所示。

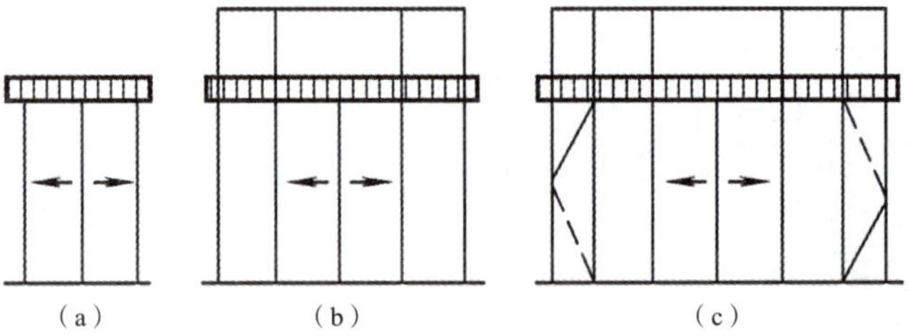

图6-26　自动门标准立面示意图

（a）两扇型　（b）四扇型　（c）六扇型

（二）自动门的控制电路结构

微波自动门的控制电路是自动门的指挥系统。由两部分组成：一是用来感应开门目标信号的微波传感；二是进行信号处理的二次电路控制。微波传感器采用X波段微波信号的“多普勒”效应原理，对感应范围内的活动目标反应的作用信号进行放大检测，从而自动输出开门或关门控制信号。一挡自动门出入控制一般需要用2只感应探头、1台电源器配套使用。二次电路控制箱是将微波传感器的开关门信号转化为控制电动机正、逆旋转的信号处理装置，由逻辑电路、触发电路、可控硅主电路、自动报警停机电路及稳压电路等组成。

微波自动门的主要电路采用集成电路技术，使整机具有较高的稳定性和可靠性。微波传感器和控制箱均使用标准插件连接，因而同机种具有互换性和通用性。微波传感器和控制箱在自动门出厂前均已安装在机箱内。

（三）微波自动门的安装施工

铝合金自动门和玻璃自动门地面上装有导向性下轨道，异形钢管自动门无下轨道。有下轨道的自动门在土建做地坪时，必须在地面上预埋50mm×75mm方木条1根。微波自动门在安装时，撬出方木条以后，便可埋设下轨道，下轨道长度为开门宽的2倍。自动门下轨道埋设示意图如图6-27所示。

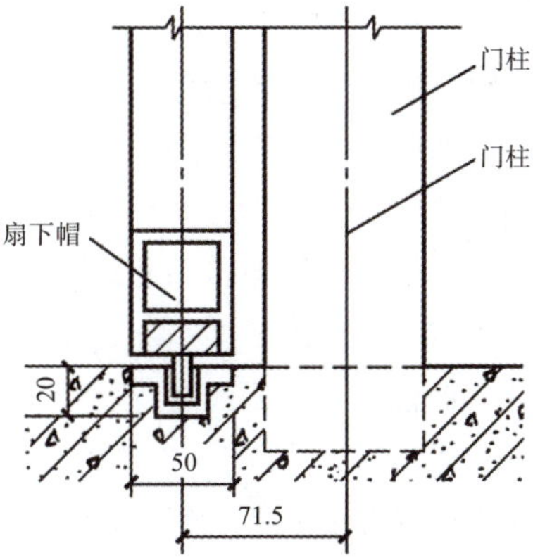

图6-27　自动门下轨道埋设示意图

自动门上部机箱层主梁是安装中的重要环节。由于机箱内装有机械及电控装置，因此，对支承横梁的土建支承结构有一定的强度及稳定性要求。常用的两种支承节点中，砖结构宜采用如图6-28所示形式，混凝土结构宜采用如图6-29所示形式。

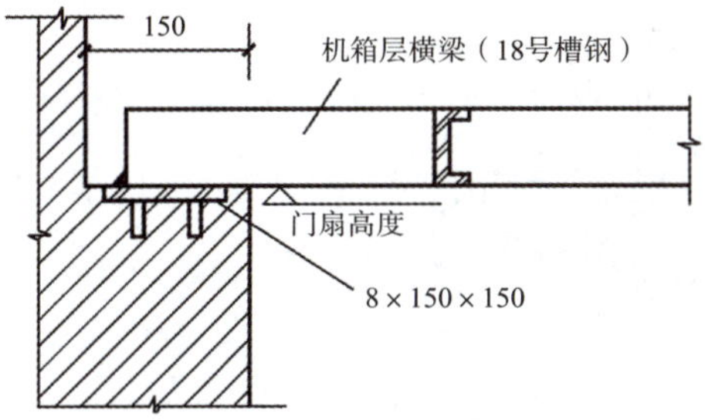

图6-28　砖结构机箱横梁支承节点

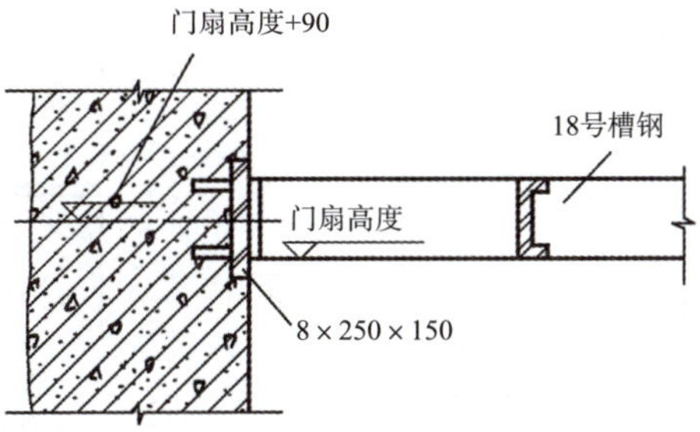

图6-29　混凝土结构机箱横梁支承节点

三、金属转门的安装

（一）金属转门的种类

金属转门有铝质、钢质两种金属型材结构。铝质结构是采用铝镁硅合金挤压型材，经阳极氧化成银白、古铜等色，其外形美观，耐蚀性强，质量较轻，使用方便。钢质结构是采用20号碳素结构钢无缝异形管，选用YB431-64标准，冷拉成各种类型转门、转壁框架，然后喷涂各种涂料而成。它具有密闭性好、抗震性能优良、耐老化能力强、转动平稳、使用方便、坚固耐用等特点。金属转门主要适用于宾馆、机场、商店等建筑。

（二）金属转门的安装

金属转门的安装施工应按以下步骤进行：

（1）在金属转门开箱后，检查各类零部件是否齐全、正常，门樘外形尺寸是否符合门洞口尺寸，以及转门壁位置要求，预埋件位置和数量。

（2）木桁架按洞口左右、前后位置尺寸与预埋件固定，并保持水平，一般转门与弹簧门、铰链门或其他固定扇组合，则可先安装其他组合部分。

（3）装转轴，固定底座，底座下要垫实，不允许出现下沉，临时点焊上轴承座，使转轴垂直于地平面。

（4）装圆转门顶与转门壁，转门壁不允许预先固定，便于调整与活扇的间距，装门扇保持90°夹角，旋转转门，保证上下间隙。

（5）调整转门壁的位置，以保证门扇与转门壁的间隙。门角高度与旋转松紧调节，如图6-30所示。

（6）先焊上轴承座，用混凝土固定底座，埋插销下壳，固定门壁。

（7）安装门扇上的玻璃，一定要安装牢固，不准有松动现象。

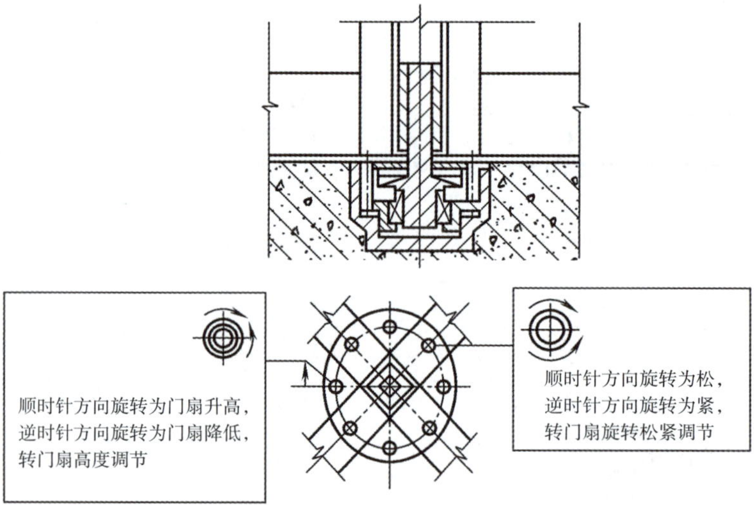

图6-30　转门调节示意图

四、防火门的安装

（一）防火门的种类

1. 根据耐火极限不同分类

根据国际标准（ISO），防火门可分为甲、乙、丙三个等级。

（1）甲级防火门。甲级防火门以防止扩大火灾为主要目的，它的耐火极限为1.2h，一般为全钢板门，无玻璃窗。

（2）乙级防火门。乙级防火门以防止开口部火灾蔓延为主要目的，它的耐火极限为0.9h，一般为全钢板门，在门上开一个小玻璃窗，玻璃选用5mm厚的夹丝玻璃或耐火玻璃。

（3）丙级防火门。丙级防火门的耐火极限为0.6h，为全钢板门，在门上开一个小玻璃窗，玻璃选用5mm厚夹丝玻璃或耐火玻璃。大多数木质防火门都在这一范围内。

2. 根据门的材质不同分类

根据防火门的材质不同，可以分为木质防火门和钢质防火门两种。

（1）木质防火门即在木质门表面涂以耐火涂料或用装饰防火胶板贴面，以达到防火要求。其防火性能要稍差些。

（2）钢质防火门即采用普通钢板制作，在门扇夹层中填入岩棉等耐火材料，以达到防火要求。

（二）防火门的安装

（1）画线。按设计要求尺寸、标高，画出门框框口位置线。

（2）立门框。先拆掉门框下部的固定板，凡框内高度比门扇的高度大于30mm时，两侧地面必须设预留凹槽。门框一般埋入±0.000标高以下20mm，必须保证框口上、下尺寸相同，允许误差小于1.5mm，对角线允许误差小于2mm。将门框用木楔临时固定在洞内，经校正合格后，固定木楔，门框铁脚与预埋铁板件焊牢。

（3）安装门扇及附件。门框周边缝隙用1：2的水泥砂浆或强度不低于10MPa的细石混凝土嵌塞牢固，应保证与墙体连接成整体；经养护凝固后，再粉刷洞口及墙体。

粉刷完毕后，安装门扇、五金配件及有关防火装置。门扇关闭后，门缝应均匀平整，开启自由轻便，不得有过紧、过松和反弹现象。

（三）防火门注意事项

（1）为了防止火灾蔓延和扩大，在构造上，防火门必须设计有隔断装置，即装设保险丝，一旦火灾发生，热量使保险丝熔断，自动关锁装置就开始动作进行隔断，达到防火目的。

（2）由于火灾时的温度使其膨胀，金属防火门可能不好关闭；或是因为门框阻止门膨胀而产生翘曲，从而引起间隙或使门框破坏。必须在构造上采取措施，避免此类现象产生，这是很重要的。

五、隔音门的安装

隔音门主要起隔音作用，常用于音像室、广播室、会议室等有隔音要求的房间。隔音门要求用吸音材料做成门扇，门缝用海绵橡胶条等具有弹性的材料封严。

（一）隔音门的种类

1. 填芯隔音门

用玻璃棉丝或岩棉填充在门扇芯内，门扇缝口处用海绵橡胶条封严。

2. 外包隔音门

在普通木门扇外面包裹一层人造革或其他软质吸音材料，内填充岩棉，并将通长压条用泡钉钉牢，四周缝隙用海绵橡胶条粘牢、封严。

3. 隔音防火门

在门扇木框架中嵌填岩棉等吸音材料，外部用石棉板、镀锌铁皮及耐火纤维板镶包，四周缝隙用海绵橡胶条粘牢、封严。

（二）隔音门的安装

（1）在制作隔音门时，门扇芯内应用超细玻璃棉丝或岩棉填塞，但不宜挤压太密实，保持其不太松动，而又有一定空隙即可，以确保其隔音效果。

（2）门扇与门框之间的缝隙，应用海绵橡胶条等弹性材料嵌入门框上的凹槽中，并且一定要粘牢、卡紧。海绵橡胶条的截面尺寸，应比门框上的凹槽宽度大1mm，并凸出门框边2mm，保证门扇关闭后能将缝隙处挤紧关严。

（3）双扇隔音门的门扇搭接缝，应做成双L形缝。在搭接缝的中间，应设置海绵橡胶条。门扇关闭时，搭接缝两边将海绵橡胶条挤紧，门角之间应留2mm的缝隙，接头处木材与木材不应直接接触。

（4）外包隔音门宜用人造革进行包裹。在人造革与木门窗之间应填塞岩棉毯，然后用双层人造革压条规则地压在门扇表面，再用泡钉钉牢，人造革表面应包紧、绷平。

（5）在隔音门扇底部与地面间应留5mm宽的缝隙，然后将3mm厚的橡胶条用通长扁铁压钉在门扇下部。与地面接触处的橡胶条应伸长5mm，封闭门扇与地面的缝隙。

（6）有防火要求的隔音防火门，门扇可用耐火纤维板制作，两面各镶钉5mm厚的石棉板，再用26号镀锌铁皮满包，外露的门框部分也应包镶镀锌铁皮。

（7）隔音门的五金，应与其功能相适应，如合页应选用无音合页等。

六、特种门窗安装的质量验收标准与检验方法

1. 主控项目

（1）特种门的质量和性能应符合设计要求。检验方法：检查生产许可证、产品合格证

书和性能检验报告。

（2）特种门的品种、类型、规格、尺寸、开启方向、安装位置和防腐处理应符合设计要求及国家现行标准的有关规定。检验方法：观察；尺量检查；检查进场验收记录和隐蔽工程验收记录。

（3）带有机械装置、自动装置或智能化装置的特种门，其机械装置、自动装置或智能化装置的功能应符合设计要求。检验方法：启动机械装置、自动装置或智能化装置，观察。

（4）特种门的安装应牢固。预埋件及锚固件的数量、位置、埋设方式、与框的连接方式应符合设计要求。检验方法：观察；手扳检查；检查隐蔽工程验收记录。

（5）特种门的配件应齐全，位置应正确，安装应牢固，功能应满足使用要求和特种门的性能要求。检验方法：观察；手扳检查；检查产品合格证书、性能检验报告和进场验收记录。

2. 一般项目

（1）特种门的表面装饰应符合设计要求。检验方法：观察。

（2）特种门的表面应洁净，应无划痕和碰伤。检验方法：观察。

（3）推拉自动门的感应时间限值和检验方法应符合表6-6的规定。

（4）人行自动门活动扇在启闭过程中对所要求保护的部位应留有安全间隙。安全间隙应小于8mm 或大于25mm。检验方法：用钢直尺检查。

（5）自动门安装的允许偏差和检验方法应符合表6-7 的规定。

表6-6　推拉自动门的感应时间限值和检验方法

项次	项目	感应时间限值/s	检验方法
1	开门响应时间	≤0.5	用秒表检查
2	堵门保护延时	16～20	用秒表检查
3	门扇全开启后保持时间	13～17	用秒表检查

表6-7　自动门安装的允许偏差和检验方法

项次	项目	允许偏差/mm				检验方法
		推拉自动门	平开自动门	折叠自动门	旋转自动门	
1	上框、平梁水平度	1	1	1	—	用1m水平尺和塞尺检查
2	上框、平梁直线度	2	2	2	—	用钢直尺和塞尺检查
3	立框垂直度	1	1	2	1	用1m垂直监测尺检查
4	导轨和平梁平行度	2	—	2	2	用钢直尺检查

续表

项次	项目	允许偏差/mm				检验方法
		推拉自动门	平开自动门	折叠自动门	旋转自动门	
5	门框固定扇内侧对角线尺寸	2	2	2	2	用钢卷尺检查
6	活动扇与框、横梁、固定扇间隙差	1	1	1	1	用钢直尺检查
7	板材对接接缝平整度	0.3	0.3	0.3	0.3	用2m靠尺和塞尺检查

（6）自动门切断电源，应能手动开启，开启力和检验方法应符合表6-8的规定。

表6-8　　自动门手动开启力和检验方法

项次	门的启闭方式	手动开启力/N	检验方法
1	推拉自动门	≤100	用1m水平尺和塞尺检查
2	平开自动门	≤100（门扇边梃着力点）	用钢直尺和塞尺检查
3	折叠自动门	≤100（垂直于门扇折叠处铰链推拉）	用1m垂直监测尺检查
4	旋转自动门	150～300（门扇边梃着力点）	用钢直尺检查

课后练习

1. 门的功能及设计要求是什么?
2. 窗的功能及设计要求是什么?
3. 门窗按开启方式和材料分为哪几类?
4. 门窗的作用及组成有哪些?
5. 简述木门窗的施工顺序及流程。
6. 铝合金门窗的特点、类型及性能是什么?

07

项目7

饰面板（砖）工程

知识目标

1 熟悉饰面板（砖）工程常用材料的种类、规格、材料特性、市场单价。

2 熟悉陶瓷内墙砖、石材、木饰面、金属饰面等不同饰面板施工机具的使用与维护。

3 掌握饰面板（砖）类墙柱面装饰的构造、施工流程、施工规律、施工技术要点、质量验收标准与检验方法。

技能目标

1 能够运用专业术语从实用性、技术性、经济性、艺术性等方面对饰面板（砖）工程的选材、设计、施工和项目管理进行介绍。

2 能够运用所学知识，指导施工人员进行多种类型的饰面板（砖）工程的施工作业或担任饰面板（砖）工程的施工监理人员；对一线施工班组进行技术交底。

3 能够编制室内装饰工程招投标文件中关于饰面板（砖）工程的材料、预算、施工工艺等资料。

思政
目标

饰面工程施工中一些微小的瑕疵和缺陷都会影响室内空间的最终装饰效果。因此，除饰面材料的选用要符合设计要求外，还要严格把控施工质量。饰面工程通常根据所用饰面材料的不同采用不同的施工方法。此外，还涉及饰面材料的拼接、衔接、对角、对缝、对口和收边等施工工艺，即使同一部位使用不同的材料或不同部位使用相同的材料，其效果和工艺也不尽相同，这也就要求设计人员与施工人员认真钻研施工技术，不断创新施工方法，提高施工水平。

任务1

饰面板（砖）工程的基本知识

一、饰面板（砖）工程常用的装饰材料

饰面工程是指采用不同的饰面材料在建筑结构面或装饰结构面上进行装饰。饰面施工完成后，其装饰面一些微小的瑕疵和缺陷都会影响室内空间的最终装饰效果。因此，除饰面材料的选用要符合设计要求外，还要严格把控施工质量。

在材料使用方面，由于加工条件和造价等因素，部分装饰材料不能在施工现场进行加工，需要在有条件的工厂按设计图纸加工成一定尺寸比例的板块，再运至现场进行安装施工。饰面材料种类很多，常用的饰面材料有木质护墙板（实木装饰板、木质胶合板、木质纤维板和其他人造板等），天然石材（花岗石、大理石、青石板等），人造石材（人造大理石、人造花岗石、预制水磨石等），饰面砖（陶瓷内墙砖、外墙砖、锦砖等），金属饰面板（铝制单板、铝制蜂窝板等），岩板等。

二、饰面板（砖）工程的常用机具

1. 手工机具

湿作业贴面装饰施工除一般抹灰常用的手工工具外，根据饰面的不同，还需要一些专用的手工工具，如镶贴饰面砖缝用的开刀、镶贴陶瓷锦砖用的木垫板、安装或镶贴饰面板敲击振实用的橡胶锤、用于饰面砖切割用的玻璃刀、磨光用的磨石、水平尺、钢尺、卷尺、角尺等。

2. 机械机具

制作木质护墙板用的电动圆锯、斜切锯、无尘据、钻孔用的手电钻等；切割石材饰面板用的台式切割机、云石机；打孔用的冲击钻、电锤等；安装施工常用的激光水准仪、射钉枪、排钉枪、直钉枪、空压机等。

任务2
内墙砖的镶贴施工

一、陶瓷内墙砖饰面施工

（一）陶瓷内墙砖饰面的基本构造

陶瓷面砖饰面是一种传统的装饰工艺和装饰手法，可用于室内、外墙面的装饰。陶瓷面砖饰面常用的施工方法有两种，即湿贴法和胶粘法，如图7-1所示。

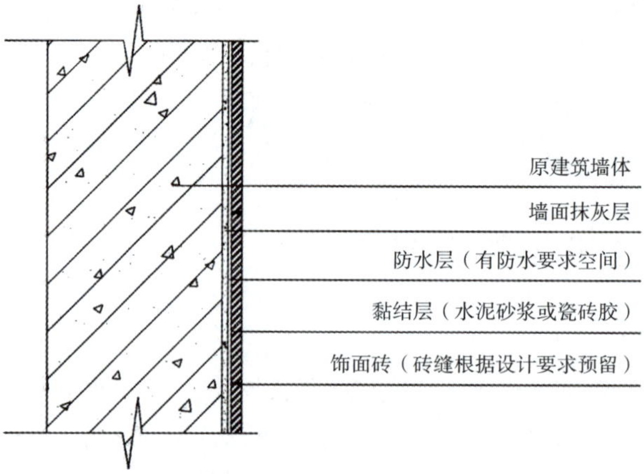

图7-1　陶瓷面砖构造示意图

1. 湿贴法

湿贴法是用水泥砂浆而不用其他辅助材料粘贴饰面砖的施工方法，常用于较小尺寸的面砖、石材。

2. 胶黏法

胶黏法是将瓷砖胶涂抹在饰面砖背面直接粘贴在墙面上。

湿贴法与胶黏法除采用的黏结材料不同，其施工顺序和施工工艺基本相同，下面以装饰工程中使用最普遍的湿贴法为例，讲解陶瓷内墙砖饰面的施工。

（二）陶瓷内墙砖饰面的材料及质量要求

1. 饰面砖

饰面砖表面应光洁、平整、方正，质地坚硬，不得有暗痕、裂缝，且吸水率应低于10%；进场的饰面砖品种（全瓷、半瓷、仿古等）、规格、色泽、图案及各项技术指标必须符合设计要求，并应有产品合格证书和近期质量检测报告。目前市场上常用的陶瓷内墙砖尺寸规格有300mm×600mm、600mm×1200mm、7500mm×1500mm等，或将800mm×800mm墙砖一分为二，或者将上述规格的墙砖按照一定模数进行切割加工，具体尺寸应符合设计要求。

2. 水泥

配制黏结砂浆一般采用强度为42.5MPa的硅酸盐水泥；低档装饰工程饰面砖勾缝可选用强度为32.5MPa的白色硅酸盐水泥。但不论哪种用途的水泥，其安定性和凝结时间应合格，且无受潮结块现象；出厂时间不应超过3个月。

3. 砂

选择洁净的河砂或水洗砂，细度模数为中砂，含泥量不大于3%。

4. 其他材料

其他材料有瓷砖胶（代替水泥砂浆）、瓷砖背涂胶（增加瓷砖和黏结砂浆的黏结强度，防止瓷砖起鼓脱落）、填缝材料（填缝剂、瓷缝剂）、塑料十字地位卡、瓷砖找平器等，应有出厂合格证、性能检测报告、使用说明书。

（三）陶瓷内墙砖饰面的施工机具与工艺流程

1. 施工机具

施工机具主要有云石机、水钻（砖面打孔）、瓷砖推刀、铁抹子、木抹子、压缝球、方尺、水平尺、托线板、橡皮锤、油灰刀、墨斗、激光水准仪、线坠等。

2. 施工工艺流程

陶瓷内墙砖的施工工艺流程：基层处理→选砖→浸砖（瓷砖处理）→排砖弹线→做标志块→镶贴→擦缝。

（四）陶瓷内墙砖饰面的施工技术要点

1. 基层处理

基层表面要求达到净、平、实。基层处理时要先将尘土、污垢清理干净，并浇水湿润；

光滑的混凝土表面应“毛化处理”，将掺入108胶的素水泥浆用拉花滚筒滚到基面上，终凝后浇水养护，直至水泥砂浆有较高的强度，用手掰不动为止；也可采用凿毛处理。砖墙要提前一天浇水湿润，抹1：3水泥砂浆找平层，用刮杠刮平，木抹子搓平、搓毛。

2. 选砖

选面砖是保证饰面砖镶贴质量的关键工序。在镶贴前，按砖的尺寸、颜色、表面平整度、四角方正的不同进行分选，选出并剔除有尺寸误差、颜色深浅不一、棱角损坏或不够平整方正等有质量缺陷的墙砖。

3. 浸砖

饰面砖在铺贴前应充分浸水湿润，防止用干砖铺贴上墙后吸收砂浆（灰浆）中的水分，致使砂浆中水泥不能完全水化，造成黏结不牢或面砖浮滑。一般浸水时间不少2h，取出后阴干到表面无水膜再进行镶贴，通常为6h左右，以手摸无有水感为宜。

4. 排砖弹线

弹线前应根据镶贴墙面长、宽尺寸（找平后的精确尺寸），按设计要求结合瓷砖模数先在墙面从上往下弹出若干条水平线，控制水平排数；再弹出竖直方向的控制线，控制瓷砖的列数，室内排砖有直缝和错缝两种形式，如图7-2所示。需要注意的是，非整块砖要放在次要部位或阴角处，同一面墙横竖排列的非整块砖不能超过一行，如图7-3所示；腰线一般不高于1200mm且不低于900mm，不允许被水龙头和底盒破坏，并且腰线拼缝应和腰线上部墙面面砖对缝。如果设计要求的砖缝较大，还应考虑砖缝尺寸。

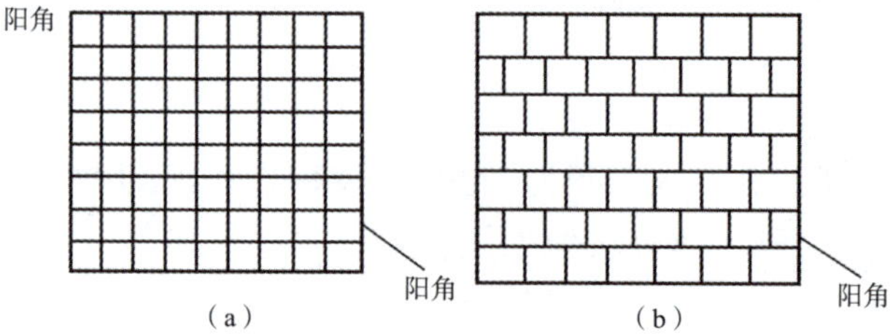

图7-2　内墙饰面砖贴法示意图

（a）直缝　（b）错缝

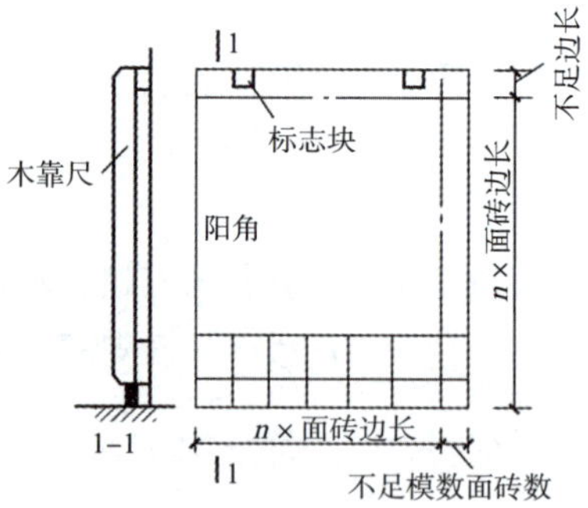

图7-3　饰面砖弹线分格示意图

5. 做标志块

正式镶贴前，用水泥砂浆将废瓷砖按厚度要求粘贴在基层上做标志块，用托线板上下挂直，横向拉通，用以控制整个镶贴瓷砖表面的平整度。标志块的间距一般为1500mm。阳角处除正面做标志块外，侧面也相应有标志块，即所谓双面挂直，如图7-4所示。

6. 镶贴

瓷砖应自下向上镶贴，接缝宽度一般在1～1.5mm。横竖缝宽一致或按设计要求确定缝宽（选择相应的十字定位卡或瓷砖找平器）。

（1）地面水平线设置一根支撑面砖的木托板，用水平尺校正，作为第一排面砖水平方向的依据。木托板应加工平整，高度为非整块面砖的调节尺寸。镶贴时，面砖的下口座在木托板上，防止水泥砂浆未硬化前砖体下坠，确保横平竖直。

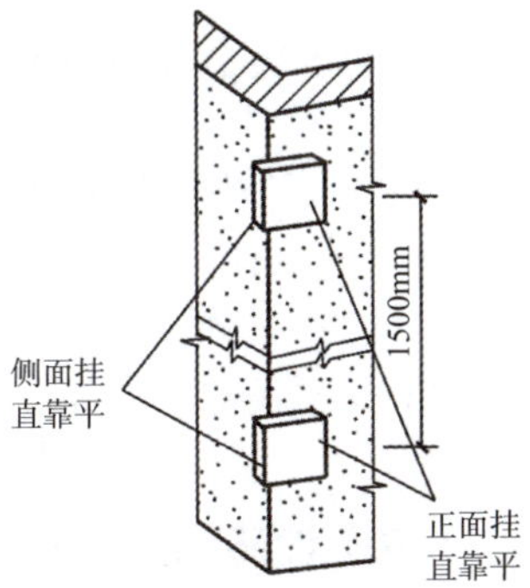

图7-4 双面吊直示意图

（2）镶贴时，砖背应满抹灰浆，厚度为5～10mm，四周刮成斜面，砖就位固定后，用橡皮锤轻击砖面，使之压实，并与邻面齐平，镶贴5～10块后，用靠尺板检查表面平整度及缝隙宽窄，若出现缝隙不均，应用开刀调整。

在镶贴施工的过程中，应随粘贴随敲击，并用靠尺检查表面平整度和垂直度。检查发现高出标准砖面时，应立即压砖挤浆；如果已形成凹陷，必须揭下重新抹灰再贴，严禁从面砖边缘塞砂浆，否则会造成空鼓。如果遇到面砖颜色、尺寸差异较大，应在铺贴中注意随时调整。

（3）阴阳角拼缝，除了用铝合金阴阳角条收口外，也可用云石机将釉面砖边沿切成45°斜角或海棠角。

7. 擦缝

瓷砖镶贴完毕，自检无空鼓、无不平、缝隙无不直后，用丝绵擦净，洒水养护不少于3天。然后将填缝剂调成糊状，用扁铲在墙砖缝上刮，待填缝剂变稠，用压缝球将缝里的填缝剂擦匀，砖面擦净（如使用双组分瓷缝剂，应按使用说明进行施工）。

二、锦砖饰面施工

（一）锦砖饰面的基本构造

锦砖又称马赛克、纸皮石，其成品按不同的图案贴在纸上或PVC网面上，使用水泥砂浆或胶黏剂（马赛克黏结填缝二合一）粘贴于墙面之上的装饰工艺，其装饰构造与陶瓷内墙砖基本相同，下面以胶黏法为例，讲解锦砖饰面的施工。

（二）锦砖饰面的材料和质量要求

1. 锦砖

常用锦砖的材质有陶瓷、玻璃、天然石材、金属等，形状有长方形、正方形和异形砖。

装饰工种所选用的锦砖品种、规格、花色应符合设计要求，技术指标符合相关国家标准的规定。在当前室内装饰工程中，通常使用网贴马赛克。

2. 马赛克专用瓷砖胶

选用的瓷砖胶（黏结填缝二合一）应有产品合格证，技术指标符合相关国家标准的规定。

3. 其他材料

如采用湿贴法，水泥、砂等材料的质量要求与陶瓷内墙砖相同。

（三）锦砖饰面的施工机具与工艺流程

1. 施工机具

施工机具主要有激光水准仪、开刀、铁抹子、压缝球、方尺、水平尺、托线板、橡皮锤、油灰刀、墨斗、线坠等。

2. 施工工艺流程

锦砖饰面施工工艺流程：基层处理→铺贴准备→铺贴（调整缝隙）→填缝→清洁。

（四）锦砖饰面施工技术要点

1. 基层处理

基层处理同陶瓷内墙砖饰面。

2. 铺贴准备

铺贴前先用瓷砖胶（湿贴法使用白水泥）薄批一层，作为黏结层，并确保基底表面平整，如使用瓷砖胶，施工温度应在5～35℃。

3. 铺贴

铺贴时要注意整联马赛克间距与马赛克颗粒之间的间隙保持一致，且每贴完一张马赛克，要用填缝擦拍牢，随时注意调整马赛克颗粒之间或者马赛克方联之间的缝隙，并保证每处均压实，且与胶黏剂充分结合。

4. 填缝

填缝要使用填缝擦，刮浆要饱满，同时，保证每次刮浆的面积不要超过2m^2，否则会造成清洁不便。

5. 清洁

完成填缝大约20～25min后可以进行清洁工作，一般用海绵进行清洁；不要用太大力，以免擦掉已填满的填缝剂，最后用干布擦拭。

三、内墙砖饰面的质量验收标准与检验方法

本部分主要参考《建筑装饰装修工程质量验收标准》（GB 50210—2018）饰面砖工程中内墙饰面砖粘贴工程。

1. 主控项目

（1）内墙饰面砖的品种、规格、图案、颜色和性能应符合设计要求及国家现行标准的有关规定。检验方法：观察；检查产品合格证书、进场验收记录、性能检验报告和复验报告。

（2）内墙饰面砖粘贴工程的找平、防水、黏结和填缝材料及施工方法应符合设计要求及国家现行标准的有关规定。检验方法：检查产品合格证书、复验报告和隐蔽工程验收记录。

（3）内墙饰面砖粘贴应牢固。检验方法：手拍检查，检查施工记录。

（4）满粘法施工的内墙饰面砖应无裂缝，大面和阳角应无空鼓。检验方法：观察；用小锤轻击检查。

2. 一般项目

（1）内墙饰面砖表面应平整、洁净、色泽一致，应无裂痕和缺损。检验方法：观察。

（2）内墙面凸出物周围的饰面砖应整砖套割吻合，边缘应整齐。墙裙、贴脸凸出墙面的厚度应一致。检验方法：观察；尺量检查。

（3）内墙饰面砖接缝应平直、光滑，填嵌应连续、密实；宽度和深度应符合设计要求。检验方法：观察；尺量检查。

（4）内墙饰面砖粘贴的允许偏差和检验方法应符合表7-1的规定。

表7-1 内墙饰面砖粘贴的允许偏差和检验方法

项次	项目	允许偏差/mm	检验方法
1	立面垂直度	2	用2m垂直检测尺检查
2	表面平整度	3	用2m靠尺和塞尺检查
3	阴阳角方正	3	用200mm直角监测尺检查
4	接缝直线度	2	拉5m线，不足5m拉通线，用钢直尺检查
5	接缝高低差	1	用钢直尺和塞尺检查
6	接缝宽度	1	用钢直尺检查

任务3
石材饰面施工

石材（大理石、花岗石、人造石材、陶瓷内墙砖、预制水磨石板）饰面大都采用挂的方式，即采用钢筋网、镀锌钢制锚固件、不锈钢锚固件将预制的大规格天然石材板块、人造石板块、陶瓷内墙砖、预制水磨石等材料固定于墙柱面的饰面工程，施工方法主要有湿挂法和干挂法。

一、湿挂法

（一）石材湿挂饰面的构造

湿挂法又称“钢筋网挂贴湿作业法”，是使用铜制挂丝（镀锌扣挂件—钢筋钩挂贴施工法）将石材绑扎或扣挂到墙面布设的双向钢筋骨架上，最后用水泥砂浆锚固石材的一种施工方法，如图7-5所示。这是一种传统的施工方法，至今仍在采用，可用于混凝土墙和砖墙。由于施工费用较低，所以很受施工单位的欢迎。但是施工进度慢、工期比较长，对工人的技术水平要求高，饰面板容易变色、锈斑、空鼓、裂缝等，而且有对不规则及几何形体复杂的墙面不易施工等缺点。下面以钢筋网挂贴湿作业法为例，讲解石材的湿挂法施工。

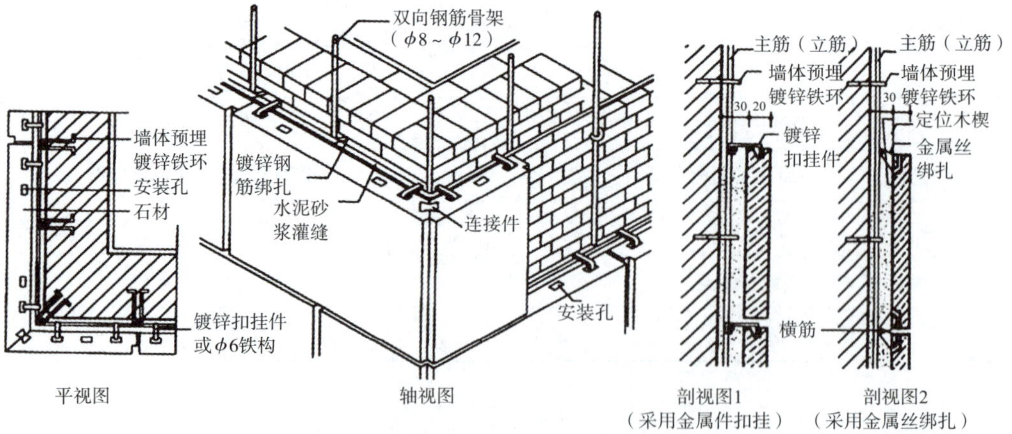

图7-5　湿挂法构造示意图

（二）石材湿挂饰面的材料及质量要求

1. 石材饰面板

石材的品种、规格应符合设计要求，石材表面光洁度高、石质细密、无腐蚀斑点、棱角齐全、底色整齐、色泽美观，无裂纹、隐伤和缺角，放射性应达到国家标准。进场的石材应按设计要求在工厂加工完成，施工现场仅做磨边或剔槽、钻孔施工。

2. 水泥砂浆

灌浆用水泥砂浆配比为1：3（42.5MPa普通硅酸盐水泥；过筛的粗砂或中砂，含泥量<3%）。

3. 其他材料

其他材料主要有铜丝（挂石材）、膨胀螺栓（固定钢筋网片）、矿物颜料（调制填缝材料）、耐候胶（石材嵌缝）。

4. 挂件

湿挂件（不锈钢斜角直角钩、不锈钢斜角T形钉，适用于钢筋钩挂贴施工法）材质、尺寸、规格应符合设计要求。

（三）石材湿挂饰面的施工机具与工艺流程

1. 施工机具

施工机具主要有云石机、冲击钻、手电钻、水平尺、靠尺板、托线板、线坠、墨斗、开刀等。

2. 施工工艺流程

石材湿挂饰面的施工工艺流程：基层处理→弹线分块→绑扎钢筋网片→饰面石板选材编号→石板钻孔、剔槽、绑扎铜丝→安装饰面板→临时固定→灌浆→清理→嵌缝。

（四）石材湿挂饰面的施工技术要点

1. 基层处理

基层应有足够的刚度和稳定性；施工前要对墙、柱基体认真清理，将表面的灰浆、尘土、污垢及油渍等用钢丝刷刷净并用水冲洗。混凝土表面凸出的部分应剔平，光滑的表面要凿毛处理，在施工前一天浇水湿润基层。

2. 弹线分块

（1）线锤从上至下吊线，确定板面距基层的距离。要考虑板材厚度、灌缝宽度及钢筋网所占尺寸，用线锤按确定的尺寸投到地面，此线作为第一层板的基层线。

（2）按大理石板的长、宽尺寸及缝隙进行分块弹线。

3. 绑扎钢筋网片

按施工大样图要求的横竖间距焊接或绑扎钢筋骨架，如图7-6所示。

（1）先剔凿出墙面或柱面结构施工时预埋钢筋，使其外露于墙、柱面，或打孔安装膨胀螺栓。

（2）绑扎或焊接ϕ8mm竖向钢筋，如无设计要求，竖向钢筋的间距可按饰面板宽度距离设置。

（3）随后绑扎好ϕ6mm的横向钢筋，间距比饰面板竖向尺寸低2~3cm为宜。

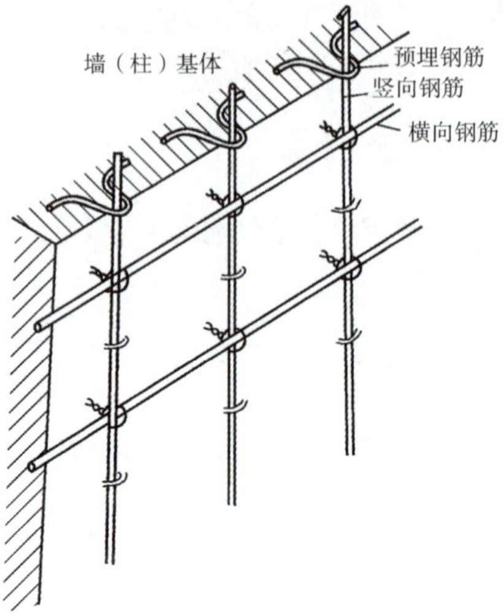

图7-6　墙、柱面绑扎钢筋网

4. 饰面石板选材编号

通常情况下，在石材加工厂加工的饰面石材已经进行了编号，现场仅需复核石材编号，如有问题应及时进行位置编号调整或调换。

5. 钻孔、剔槽、挂丝

在板材截面上钻孔打眼，孔径5mm左右，孔深15~20mm，孔位一般距板材两端*L*/4~*L*/3，*L*为边长。钻孔后，用合金钢錾子在板材背面与直孔正面轻打凿，剔出深4mm小槽，以便挂丝时绑扎丝不露出，以免造成拼缝间隙。也有在装饰板材厚度面上与背面的边长*L*/4~*L*/3处锯三角形锯口，在锯口内挂丝。各种钻孔如图7-7所示。

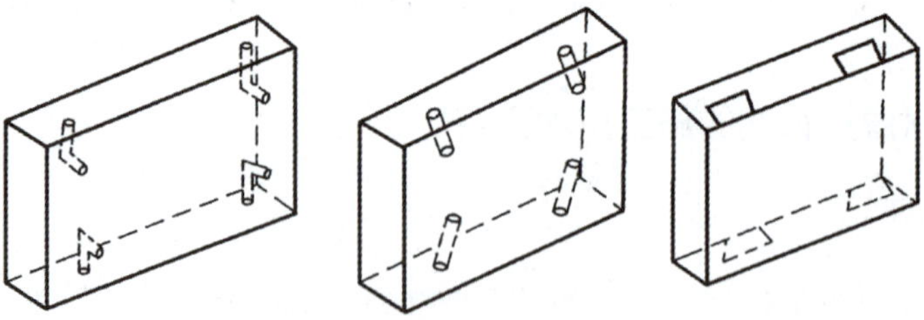

图7-7　饰面板各种钻孔

挂丝宜用铜丝，因铁丝易腐蚀断脱，镀锌铝丝在拧紧时镀层易损坏，在灌浆不密实、勾缝不严的情况下，也会很快锈断。

6. 安装饰面板

安装饰面板时，应首先确定下部第一层板的安装位置。其方法是用线锤从上至下吊线，考虑留出板厚和灌浆厚度以及钢筋网焊接绑扎所占的位置，准确定出饰面板的位置，然后将此位置投影到地面，在墙下边画出第一层板的轮廓尺寸线，作为第一层板的安装基准线。依此基准线，在墙、柱上弹出第一层板标高（即第一层板下沿线），如有踢脚板，应将踢脚板的上沿线弹好。根据预排编号的饰面板材对号入座，进行安装。其方法是理好铜丝，将石板就位，并将板材上口略向后仰，单手伸入板材后将石板下口铜丝扭扎于横筋上（扭扎不宜过紧，以免铜丝扭断或石板槽口断裂，只要绑牢不脱即可），然后将板材扶正，将上口铜丝扎紧，并用木楔塞紧、垫稳，随后用靠尺与水平尺检查表面平整度与上口水平度，若发现问题，上口用木楔调整，板下沿加垫铁皮或塑料垫块，使表面平整，并与上口水平。完成一块板的安装后，其他依次进行。柱面可按顺时针方向逐层安装，一般先从正面开始，第一层装毕，应用靠尺、水平尺调整垂直度、平整度和阴阳角方正，如板材规格有瑕疵，可用铁皮垫缝，保证板材间隙均匀，上口平直。墙、柱面板材安装固定方法如图7-8所示。

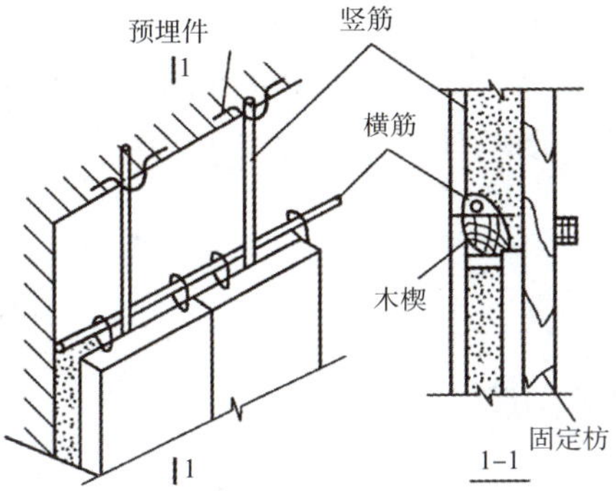

图7-8　饰面板材安装固定

7. 临时固定

临时固定板材自上而下安装完毕后，为防止水泥砂浆灌缝时板材游走、错位，必须采取临时固定措施。固定方法视部位不同灵活采用，但均应牢固、简便。内墙面目前普遍采用的是用板块和石膏外贴固定。石膏在调制时应掺入20%的白水泥加水搅拌成糊状，在已调整好的板面上将石膏水泥浆贴于板缝处。由于石膏水泥浆固结后有较大的强度且不易开裂，所以每个拼缝固定拼就成为一个支撑点，起到临时固定的作用，但较大板材或门窗贴脸饰面石板材应另外加支撑。

8. 灌浆

板材经过校正垂直、平整和方正，并临时固定完毕后，即可进行灌浆。灌浆一般采用1：3的水泥砂浆，其稠度为5～15cm，将砂浆向板材背面与基体间的缝隙中慢慢注入。注意不要碰动石板，全长要均匀满灌，并随时检查，不得出现漏灌和板材外移现象。灌浆宜分层进行，第一层灌入高度一般不大于150mm，且不大于1/3板材高度。灌浆中用小铁钎轻轻地进行插捣，切忌猛捣、猛灌。一旦发现板材外移，应拆除板材，重新安装。当第一层灌完1～2h后，检查、确认板材无移动，确认下口铜丝与板材均已锚固，再按上述方法进行第二层灌浆，高度为1/3板材高度。第三层灌浆应低于板材上口50mm，余量作为上层板材灌浆的接缝，采用浅色石材或其他饰面板时，灌浆应用白水泥，以防止透底，影响美观。

9. 清理

第三次灌浆完毕，待砂浆初凝后，即可清理板材上口的余浆，并用棉丝擦拭干净，隔天再清理板材上口木楔和有碍安装上层板材的石膏。以后用相同的方法将上层板材下口的不锈钢丝或铜丝拴在第一层板材上口，固定在不锈钢丝或铜丝处，依次进行安装。墙面、柱面、门窗套等饰面板安装与地面块材铺设的关系，一般采取先做立面、后做地面的方法。这种方法要求地面分块尺寸要准确，边部块材必须切割整齐。同时，也可采用先做地面后做立面的方法，这样可以解决边部块材不齐的问题，但对地面应加强保护，防止损坏。

10. 嵌缝

全部板材安装完毕后，应将表面清理干净，并按板材颜色调制水泥色浆进行嵌缝，边嵌缝边擦干净，使缝隙密实干净，颜色一致。安装固定后的板材，如面层光泽受到影响，要重新打蜡上光，并采取临时措施保护其棱角，直至交付使用。

二、干挂法

（一）石材干挂饰面的构造

石材干挂主要由石材面板、不锈钢挂件、钢骨架（立柱和横撑）及预埋件、连接件和石材拼缝嵌胶等组成，如图7-9至图7-11所示。

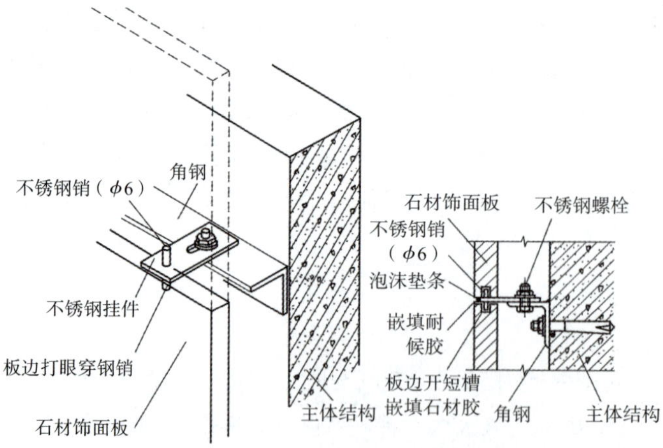

图7-9 钢销式石材干挂构造

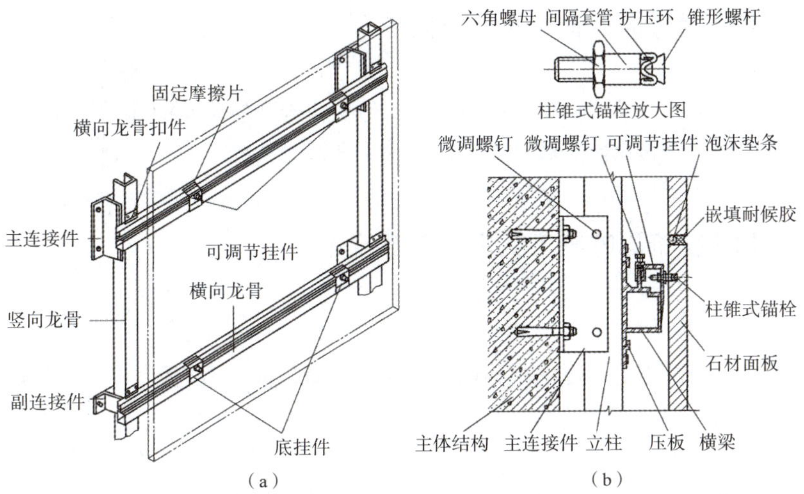

图7-10 背栓式石材幕墙构造

（a）立体图 （b）竖向节点详图

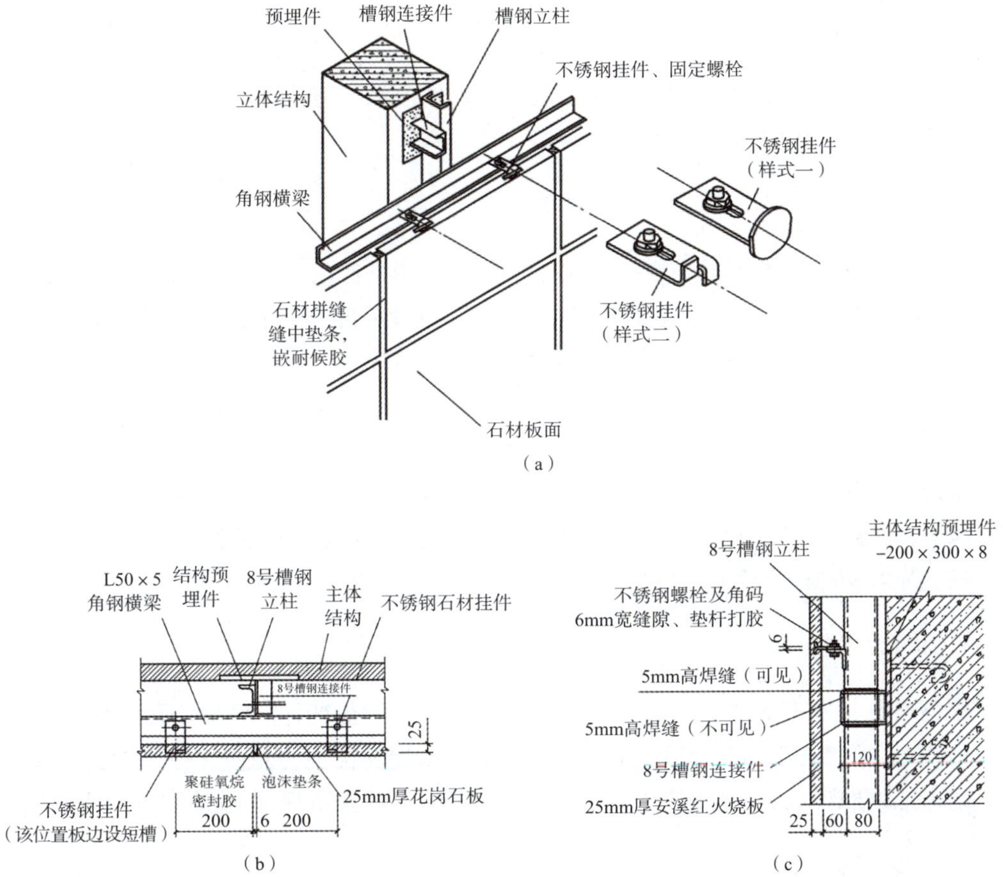

图7-11 短槽式石材幕墙的构造

（a）立体图 （b）水平节点图 （c）竖向节点图

（二）石材干挂饰面的材料及质量要求

除石材干挂所需的骨架材料和干挂件外，其他材料与石材湿挂相同，干挂石材饰面所需的骨架材料、挂件、金属防锈涂料等应严格按照设计要求选用。

（三）石材干挂饰面的施工机具与工艺流程

1. 施工机具

施工机具主要有云石机、冲击钻、手电钻、水平尺、靠尺板、托线板、线坠、墨斗、开刀等。

2. 施工工艺流程

石材干挂饰面的施工工艺流程：基层处理→选板预排→弹线→钻孔、剔槽→安装支架→饰面板安装→嵌缝→清理。

（四）石材干挂饰面的施工技术要点

1. 基层处理

墙体表面若有影响板材安装的凸出部位，应凿削平整，垂直偏差应控制在2mm以内，如有需要，应对墙面进行找平处理。

2. 选板预排

对照分块图、节点图检查符合所需板的几何尺寸，并按颜色、尺寸误差大小分类。试拼应注意对花纹进行拼接，对色彩深浅微差进行协调、合理组合，尽可能达到理想的效果。试拼完成后，在每块板材背面编号，安装时对号入座。

3. 弹线

根据干挂石材饰面施工图，结合土建施工图，复核轴线尺寸、标高和基准点，并予以校正。按照设计要求，在底层确定石材饰面的定位线和分格线位置，在墙面上吊垂线及拉水平线，控制饰面板的垂直度和水平度。

4. 钻孔、剔槽

根据设计尺寸在板块上下端面、板材厚度的中心位置钻孔、开槽，孔位在距板端1/3～1/4处，板材长度超过1200mm时，应在板材中部加设挂件；打孔时钻头与打孔平面垂直，钻孔位置要准确无误（钢销式挂件打孔，短槽式挂件开槽）；孔槽部位的石屑应清理干净。

5. 安装支架

（1）根据施工放样图检查放线位置。

（2）安装固定立柱的铁件。

（3）先安装同一立面两端的立柱，然后拉通线，并顺序安装中间立柱，使同层立柱安装在同一水平位置上。

（4）将各施工水平控制线引至立柱上，并用水平尺校核。

（5）按照设计尺寸安装金属横梁，横梁一定要与立柱垂直。

（6）钢骨架中的立柱和横梁采用螺栓连接。如采用焊接时，应对下方和临近的已完工饰面进行成品保护。

（7）待金属骨架完工后，对焊接部位涂刷防锈涂料2遍，不得漏刷；通过隐蔽工程检查后，方可进行下道工序。

6. 饰面板安装

（1）将运至工地的石材饰面板按编号分类，检查尺寸是否准确和有无破损、缺棱、掉角。按施工要求分层次将石材饰面板运至施工面附近，并注意摆放可靠。

（2）按幕墙墙面基准线仔细安装好底层第一层石材。

（3）注意每层金属挂件安放的标高，金属挂件应紧托上层饰面板（背栓式石板安装除外）且与下层饰面板之间留有间隙（间隙留待下道工序处理）。

（4）安装时，要在饰面板的销钉孔或短槽内注入石材胶，以保证饰面板与挂件的可靠连接。

（5）安装时，宜先完成窗洞口四周的石材镶边。

（6）安装到每一楼层标高时，要注意调整垂直误差，使得误差不积累。

（7）在搬运石材时，要有安全防护措施，摆放时下面要垫木方。

7. 嵌缝

安装完毕后，经检查无误，可清扫拼接缝，填塞聚乙烯泡沫嵌条，石材表面粘贴防污胶条。随后用胶枪嵌注密封耐候胶，一般只封平接缝表面或比板面稍凹即可。

8. 清理

嵌缝后，将饰面板表面多余的嵌缝胶及时清除干净并打蜡。

三、石材饰面验收质量标准

本部分主要参考《建筑室内装饰装修工程质量验收标准》（GB 50210—2018）。

1. 主控项目

（1）石板的品种、规格、颜色和性能应符合设计要求及国家现行标准的有关规定。检验方法：观察；检查产品合格证书、进场验收记录、性能检验报告和复验报告。

（2）石板孔、槽的数量、位置和尺寸应符合设计要求。检验方法：检查进场验收记录和施工记录。

（3）石板安装工程的预埋件（或后置埋件）和连接件的材质、数量、规格、位置、连接方法和防腐处理应符合设计要求；后置埋件的现场拉拔力应符合设计要求；石板安装应牢固。检验方法：手扳检查；检查进场验收记录、现场拉拔检验报告、隐蔽工程验收记录和施工记录。

（4）采用满粘法施工的石板工程，石板与基层之间的黏结料应饱满、无空鼓；石板黏结应牢固。检验方法：用小锤轻击检查；检查施工记录；检查外墙石板黏结强度检验报告。

2. 一般项目

（1）石板表面应平整、洁净、色泽一致，应无裂痕和缺损，应无泛碱等污染。检验方法：观察。

（2）石板填缝应密实、平直，宽度和深度应符合设计要求，填缝材料色泽应一致。检验方法：观察；尺量检查。

（3）采用湿作业法施工的石板安装工程，石板应进行防碱封闭处理。石板与基体之间的灌注材料应饱满、密实。检验方法：用小锤轻击检查；检查施工记录。

（4）石板上的孔洞应套割吻合，边缘应整齐。检验方法：观察。

（5）石板安装的允许偏差和检验方法应符合表7-2的规定。

表7-2　石板安装的允许偏差和检验方法

项次	项目	允许偏差/mm			检验方法
		光面	剁斧石	蘑菇石	
1	立面垂直	2	3	3	用2m垂直检测尺检查
2	表面平整	2	3	—	用2m靠尺和塞尺检查
3	阴阳角方	2	4	4	用200mm直角检测尺检查
4	接缝平直	2	4	4	拉5m线，不足5m拉通线和用钢直尺检查
5	墙裙、勒脚上口直线度	2	3	3	拉5m线，不足5m拉通线和用钢直尺检查
6	接缝高低差	1	3	—	拉钢直尺和塞尺检查
7	接缝宽度	1	2	2	用钢直尺检查

任务4

木质护墙板的安装施工

室内木质护墙板饰面铺装施工，应在墙面隐蔽工程、抹灰工程及吊顶工程已完成并验收合格后进行。当墙体有防水要求时，还应对防水工程进行验收。

一、木质护墙板的基本构造

木质护墙板由龙骨、基层板、面板三部分组成。龙骨多采用方木或轻钢龙骨；基层板多采用防火胶合板、木工板、刨花板等其他板材；面板多采用实木装饰板、木质纤维板等，并配以各种木线、花饰，如图7-12和图7-13所示。

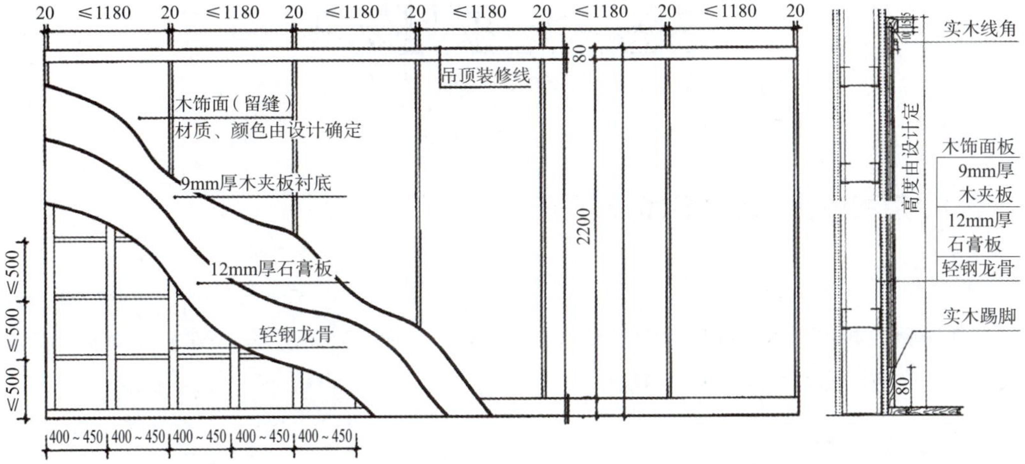

图7-12 轻钢龙骨基层木质护墙板构造示意图

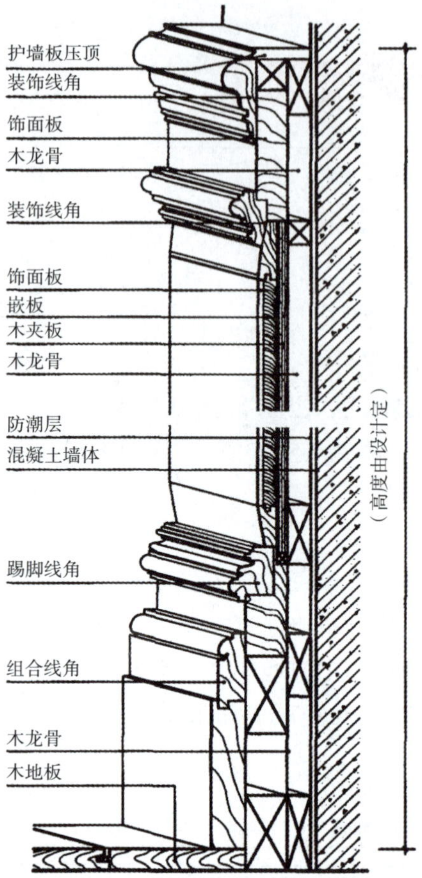

图7-13　木龙骨基层木质护墙板构造示意图

二、木质护墙板的材料及质量要求

1. 木龙骨

木龙骨主要由杉木、红松、白松制作，大面刨平、刨光，含水率不得大于15%。木龙骨在使用时应按要求涂刷防火涂料3遍。

2. 基层板

基层板主要有防火胶合板、木工板、刨花板等，其品种、规格、性能应符合设计要求和国家有关标准规定，常用规格为1220mm×2440mm×9mm；在工程中，除防火板外，其他板材在安装前应涂刷防火涂料3遍。

3. 饰面板

饰面板的品种、规格、性能应符合设计要求和国家有关标准规定，板材表面应平整、洁净、色泽一致，无裂缝等缺陷。

4. 木装饰线

木装饰线的品种、规格、外形应符合设计要求。常用的有硬杂木条、白木条、水曲柳木条等实木线条及其他材质装饰线，常用长度规格为2～5m。

三、木质护墙板的施工机具与工艺流程

1. 施工机具

施工机具主要有台锯、斜切据、激光水准仪、冲击钻、手电钻、气钉枪、气泵、木刨子、木锯、锤子、螺丝刀、方尺、靠尺板、线坠、墨斗等。

2. 施工工艺流程

木质护墙板的施工工艺流程：基层处理→弹线定位→安装木楔→制作木龙骨架→安装木龙骨架→安装基层板→安装饰面板→安装收口线条→安装踢脚板。

四、木质护墙板的施工技术要点

1. 基层处理

安装墙面木龙骨前，应对建筑结构主体及其表面质量进行认真检查和处理，基体质量应符合安装工程的要求，墙面基层应平整、垂直、阴阳角方正。

（1）结构基体和基层表面质量，对于护墙板龙骨与罩面的安装方法及安装质量有着重要关系，特别是用木楔圆钉、水泥钢钉、射钉等方式方法固定木龙骨时，要求建筑墙体基面层必须具有足够的刚性和强度，否则应采取必要的补强措施。

（2）对于有特殊要求的墙面，尤其是建筑外墙的内立面护墙板工程，应首先按设计规定进行防潮、防渗漏等功能性保护处理；同时，建筑外窗的窗台流水坡度、洞口窗框的防水密封等，均对该部位护墙板工程具有重要影响。在工程实践中，该部位由于雨水渗漏、墙体泛潮或结露而造成木质护墙板发霉变黑的现象时有发生。

（3）对于未设预埋的二次装修工程，目前普遍的做法是在墙体基面钻孔打入木楔，将木龙骨用圆钉与木楔连接固定；或者用厚胶板条作为龙骨，直接用水泥钢钉将其固定于结构墙体表面。采用木楔进行安装的工程，应按设计弹出标高和竖向控制线、分格线，打孔埋入木楔，木楔的埋入深度一般应大于或等于50mm，并做防腐处理。

2. 弹线定位

弹线主要是木质护墙板的标高线、墙面造型位置线、木龙骨布置线等。

（1）木质护墙板的标高线。首先确定地平基准水平线，然后将定出的地平基准水平线画在墙上，即以地平基准水平线为起点，在墙面上量出护墙板的标高线。

（2）墙面的造型线。首先测出所要装饰墙面的中心点，并弹出中心线；然后在中心线

上确定装饰造型的中心点高度；再分别画出装饰造型的上下标高和左右边线位置；最后确定边线水平高度的上下限的位置，并连线。

（3）木龙骨布置线。木龙骨通常在墙面竖向布置，依据基层板的宽度模数，间距通常设置为300mm、400mm、600mm，一般以400mm为宜；如需加设横向龙骨，横向龙骨的间距以300mm为宜；需要注意的是，基层板的板缝应在竖向龙骨之上。

3. 安装木楔

在龙骨布置线上打孔安放防腐木楔，孔深40～50mm，间距500mm。

4. 制作木龙骨架

木龙骨架要在相对平整的地面制作拼装，根据设计要求或施工现场实际情况将墙面上需要分片或可以分片的尺寸标注出来，再根据分片尺寸制作木龙骨架。用料和制作方法与木质吊顶龙骨架相同。这样施工可以保证木龙骨的平整度，达到省工、省时、省料的目的。木龙骨架的间距通常根据基层板的模数或现场施工的尺寸而定，一般为300～600mm。在有开关插座的位置，要在四周加钉木龙骨框，以便固定开关插座盒。因此，安装的木龙骨架要做防腐、防潮、防火处理。

5. 安装木龙骨架

首先检查木龙骨架是否平整，四个角是否方正，有无翘曲现象，然后将校正好的木龙骨架按木楔位置用圆钉进行固定。在安装龙骨过程中，要随时吊垂线和拉水平线校正骨架的垂直度及水平度，阴阳角处要套方，并检查木龙骨与基层表面的靠平情况，空隙过大时应采取适当的垫平措施，再将木龙骨钉牢。

6. 安装基层板

木龙骨架固定安装完毕，检查无误后，安装基层底板，如设计要求隔音、防火、保温的墙面，应按相关防火规范，将玻璃丝棉、岩棉、苯板等保温、防火、隔音材料敷设在墙面上。基层底在安装时应在背面做卸力槽，防止板面弯曲变形，卸力槽一般间距为100mm，槽宽为10mm，深5mm左右。

基层板与木龙骨采用胶钉方式连接，在木龙骨表面刷白乳胶，将基层板与木龙骨相贴，然后用直钉枪将基层板与木龙骨钉接，要求布钉均匀。

7. 安装饰面板

木龙骨墙面的饰面板品种很多，有各种实木板材、人造实木夹板（还可进行防火板、不锈钢板、彩色钢板、铝塑板、壁纸及软包皮革饰面的施工）。不同的板材安装方式略有不同。

（1）留缝饰面板的安装工艺。根据设计要求留缝，要求饰面板尺寸精确。留缝的具体做法是根据实际尺寸下料裁切饰面板，板边需用细砂纸打磨至光滑无毛茬。在基层底板上刷白胶粘贴，并用蚊钉枪连接固定。然后按设计要求留置缝隙，再依次贴下一块饰面板，在安装过程中要保证缝隙垂直，且缝隙上下宽度一致。

（2）实木夹板拼花对接施工工艺。饰面板之间无缝工艺装饰的木板墙，对板面花纹要认真挑选，分出不同的色泽及残次品，并将花纹按设计要求组合协调好。饰面板的裁切、打磨、粘贴与留缝饰面板安装工艺相同，但板边要直，外角要硬，各板面要整体试装，直到精密吻合，再固定饰面板。板料拼接缝要紧密平直，木纹对接要美观协调，对角要呈45°。

（3）粘贴微薄木施工工艺。微薄木是将一些珍贵树种的木材经刨切制成薄木片，将其粘贴在胶合板上。微薄木饰面板施工工艺做法同实木夹板拼花对接施工工艺。完工后，通常最后直接采用聚酯清漆对微薄木饰面板表面进行装饰处理。

（4）木质企口装饰板罩面。采用木质企口装饰板罩面时，可根据产品配套材料及其应用技术要求进行安装，使用异形板卡或带槽口的压条（上下横板、压顶条、冒头板条）等对板块进行嵌装固定。对于硬木压条或横向设置的腰带，应先钻透眼，再用钉固定。

8. 安装收口线

如果相接的两块饰面板不在同一平面，存在高低差、转折或缝隙，这时其表面就需要用线条做造型修饰。一般采用收口线条来处理，安装封边收口时，钉的位置应在线条的凹槽处或视线看不到的一侧。

9. 安装踢脚板

踢脚板具有保护墙面的功能，还具有分隔墙面和地面的作用，使整个房间上、中、下层次分明，富有空间立体感。木护墙的踢脚板宜选用平直的实木板制作，其厚度为10～12mm，高度视空间高度而定，一般为100～150mm，市场上也有成品的实木踢脚板可供选购。踢脚板用铁钉或气钉固定在基层板上，钉帽砸扁，顺木纹钉入，并冲进2mm，后进行修色处理。此外，还可选用黑玻璃、大理石、不锈钢等材质的踢脚线。

五、木质护墙板的质量验收标准和检验方法

1. 主控项目

（1）木板的品种、规格、颜色和性能应符合设计要求及国家现行标准的有关规定。木龙骨、木饰面板的燃烧性能等级应符合设计要求。检验方法：观察；检查产品合格证书、进场验收记录、性能检验报告和复验报告。

（2）木板安装工程的龙骨和连接件的材质、数量、规格、位置、连接方法和防腐处理应符合设计要求，木板安装应牢固。检验方法：手扳检查；检查进场验收记录、隐蔽工程验收记录和施工记录。

2. 一般项目

（1）木板表面应平整、洁净、色泽一致，应无缺损。检验方法：观察。

（2）木板接缝应平直，宽度应符合设计要求。检验方法：观察；尺量检查。

（3）木板上的孔洞应套割吻合，边缘应整齐。检验方法：观察。

（4）木板安装的允许偏差和检验方法应符合表7-3的规定。

表7-3　　木板安装的允许偏差和检验方法

项次	项目	允许偏差/mm	检验方法
1	立面垂直度	2	用2m垂直检测尺检查
2	表面平整度	1	用2m靠尺和塞尺检查
3	阴阳角方正	2	用200mm直角检测尺检查
4	接缝直线度	2	拉5m线，不足5m拉通线，用钢直尺检查
5	墙裙、勒脚上口直线度	2	拉5m线，不足5m拉通线，用钢直尺检查
6	接缝高低差	1	用钢直尺和塞尺检查
7	接缝宽度	1	用钢直尺检查

任务5
金属饰面板的安装施工

金属饰面板装饰是采用一些轻金属，如铝、铝合金、不锈钢、铜等制成薄板，或在薄钢板的表面进行搪瓷、烤漆、喷漆、镀锌、覆盖塑料等处理做成的墙面饰面板。这类墙面饰面板不但坚固耐用，而且美观新颖，不仅可用于室内，也可用于室外。

金属饰面板的形式可以是平板，也可以制成凹凸形花纹，以增加板的刚度，并使施工方便。金属饰面板可以用螺钉直接固定在结构层上，也可以采用锚固件悬挂或嵌卡。下面以铝合金墙板为例讲解金属饰面板的安装施工。

一、铝合金墙板的构造

铝合金墙板的构造比较简单，主要由铝合金板和骨架组成，骨架的横竖杆均通过连接件与结构固定，如图7-14所示。

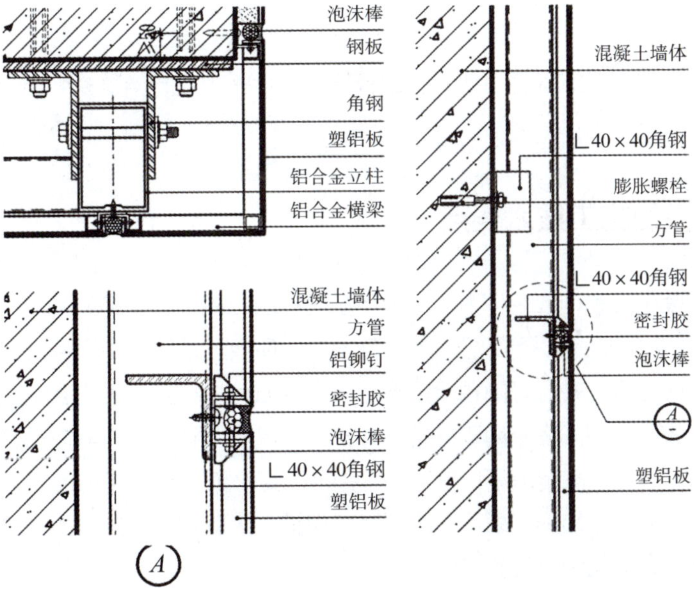

图7-14　铝合金墙板构造示意图

二、铝合金墙板的材料及质量要求

1. 铝合金板

用于装饰工程的铝合金板，其品种和规格较多。从表面处理方法分，有阳极氧化处理和喷涂处理；从常用的色彩分，有银白色、古铜色、金色等；从装饰效果分，有铝合金花纹板、铝质浅花纹板、铝及铝合金波纹板、铝及铝合金压型板等；从几何尺寸分，有条形板和方形板。铝合金板材可选用生产厂家的各种定型产品，也可以根据设计要求，与铝合金型材生产厂家协商订货。

2. 骨架材料

承重骨架由横竖杆件拼成，材质为铝合金型材或型钢，常用的有各种规格的角钢、槽钢、V形轻金属墙筋等。因角钢和槽钢比较便宜，强度较高，安装方便，在工程中采用较多。

3. 连接件

连接件主要有铁钉、木螺钉、镀锌自攻螺钉和螺栓等。

三、铝合金墙板的施工机具与工艺流程

1. 施工机具

施工机具主要有型材切割机、电锤、电钻、风动拉铆枪、射钉枪、锤子、扳手、电动螺丝刀等。

2. 施工工艺流程

铝合金墙板的施工工艺流程：弹线→固定骨架连接件→固定骨架→安装铝合金板→细部处理。

四、铝合金墙板的施工技术要点

铝合金墙板安装施工的作业条件为混凝土和墙面抹灰已完成，且经过干燥，含水率不高于8%，木材制品含水率不得大于12%，水电及设备、顶墙上预留、预埋件已完。要事先检查安装饰面板工程的基层，并做好隐预检记录，合格后方可进行安装工序。施工脚手架应提前支搭和安装好，较高的空间宜选用双排架子或桥架，其横竖杆及拉杆等应离开墙面和门窗口或角150～200mm，架子的步高和支搭要符合施工要求和安全操作规程。对施工人员进行技术交底时，应强调技术措施、质量要求和成品保护。大面积施工前应先做样板间，经质检部门鉴定合格后，方可组织班组施工。

1. 弹线

首先要将骨架的位置弹到基层上，这是安装铝合金墙板的基础工作。在弹线前先检查结构的质量，如果结构的垂直度和平整度误差较大，势必影响到骨架的垂直与平整，必须进行修补。弹线工作最好一次完成，如果有差错，可随时进行调整。

2. 固定骨架连接件

骨架的横竖杆件是通过连接件与结构进行固定的，而连接件和结构的连接可以与结构的预埋件焊牢，也可以在墙面上打膨胀螺栓固定。因膨胀螺栓固定方法比较灵活，尺寸误差小，准确性高，容易保证质量，所以在工程中采用较多。连接件施工应保证连接牢固，型钢类的连接件，表面应当镀锌，焊缝处应刷防锈漆。

3. 固定骨架

骨架应预先进行防腐处理。安装骨架位置要准确，结合要牢固。安装后，检查中心线、表面标高等，对多层或高层建筑外墙，为了保证铝合金板的安装精度，要用经纬仪对横竖杆件进行贯通，变形缝、沉降缝、变截面处等应妥善处理，使之满足使用要求。

4. 安装铝合金墙板

铝合金墙板的安装固定办法多种多样，不同的断面、不同的部位，安装固定的办法可能不同。从固定原理上分，常用的安装固定办法主要有两大类：一种是将板条或方板用螺钉拧到型钢骨架上，其耐久性能好，多用于室外；另一种是将板条卡在特制的龙骨上，板的类型一般是较薄的板条，多用于室内。

（1）用螺钉固定的方法：

①铝合金板条的安装固定。如果是用型钢材料焊接成的骨架，可先用电钻在拧螺钉的位置钻孔（孔径应根据螺钉的规格决定），再将铝合金板条用自攻螺钉拧牢。如果是木骨架，则可用木螺钉将铝合金板拧到骨架上。

型钢骨架可用角钢或槽钢焊成，木骨架可用方木钉成。骨架与墙面基层多用膨胀螺栓连接，也可预先在基层上预埋铁件焊接。两者相比，用膨胀螺栓比较灵活，在工程中使用比较多。骨架除了考虑与基层固定牢固外，还需考虑如何适应板的固定。如果板条或板的面积较大，宜采用横竖杆件焊接成骨架，使固定板条的构件垂直于板条布置，其间距宜在500mm左右。固定板条的螺钉间距与龙骨的间距应相同。

②铝合金蜂窝板的安装固定。铝合金蜂窝板不仅具有良好的装饰效果，还具有保温、隔热、隔音等功能。图7-15所示为断面加工成蜂窝空腔状的铝合金蜂窝板，图7-16所示为用于外墙装饰的蜂窝板。铝合金蜂窝板的固定件或连接件应选用与铝合金蜂窝板相同材质的铝合金构件，固定件与连接件的型号规格应按设计要求选择，并依次进行安装，板材周边用如图7-16所示封边框进行封堵，封边框同时也是固定板的连接件。

安装时，两块板之间有20mm的间隙，用一条挤压成型的橡胶带进行密封处理。两板

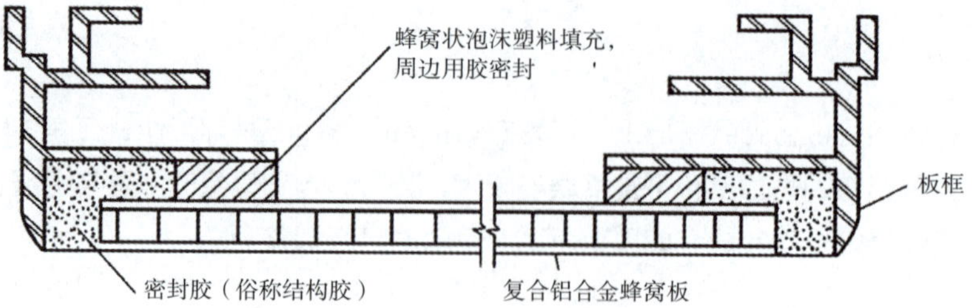

图7-15　铝合金蜂窝板示意图

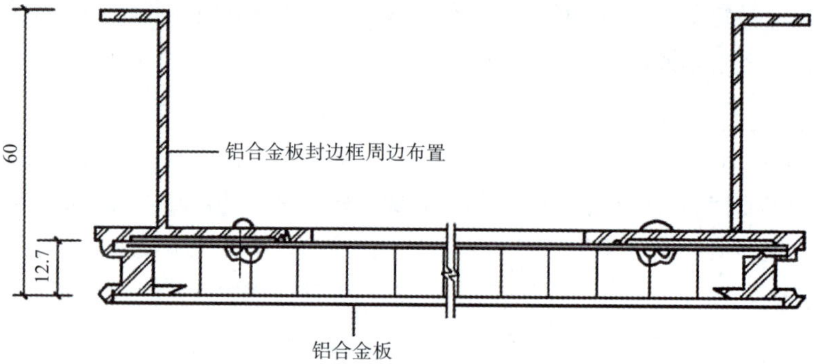

图7-16　铝合金外墙板示意图

用一块5mm的铝合金板压住连接件的两端，然后用螺钉拧紧，螺钉的间距一般为300mm左右，其固定节点如图7-17所示。

当铝合金蜂窝板用于建筑窗下墙面时，在铝合金板的四周均用如图7-18所示连接件与骨架进行固定。这种周边固定的方法，可以有效地约束板在不同方向的变形，其安装构造如图7-19所示。

从图7-19中可以看出，墙板是固定在骨架上，骨架采用方钢管，通过角钢连接件与结构连接成整体。方钢管的间距应根据板的规格确定，骨架断面尺寸及连接板的尺寸应进行计算选定。这种固定办法安全系数高，适用于多层建筑和高层建筑中。

③柱子外包铝合金板的安装固定。柱子外包铝合金板的安装固定，考虑到室内柱子的高度一般不大，受风荷载的影响很小等客观条件，在固定办法上可进行简化。一般在板的上下各留两个孔，然后在骨架相应位置上焊钢销钉，安装时将板穿到销钉上，上下板之间用聚氯乙烯泡沫填充，然后在缝隙注胶，如图7-20所示。

（2）将板条卡在特制龙骨上的安装固定方法。图7-21所示铝合金板条与以上介绍的几种板条在固定方法上截然不同，该种板条是卡在如图7-22所示龙骨上，龙骨与基层固定牢固。龙骨由镀锌钢板冲压而成，在安装板条时，将板条卡在龙骨上。此种方法简便可靠，拆换方便。

上述所讲的只是其中的一种，其实龙骨的形式很多，板条的断面多种多样，但是不管何

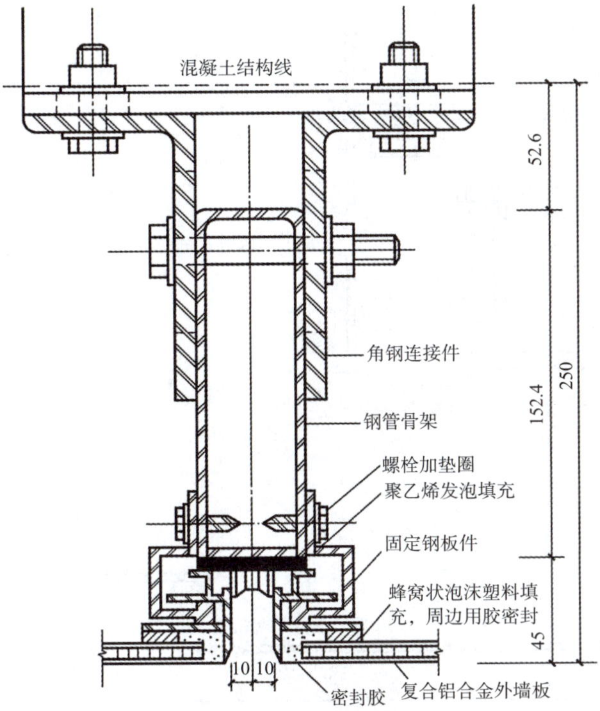

图7-17　固定节点大样图

图7-18　连接件断面图

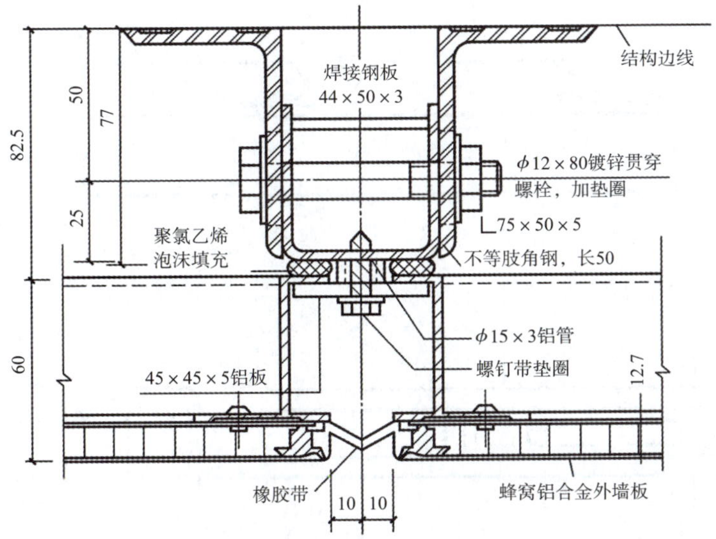

图7-19　安装节点大样图

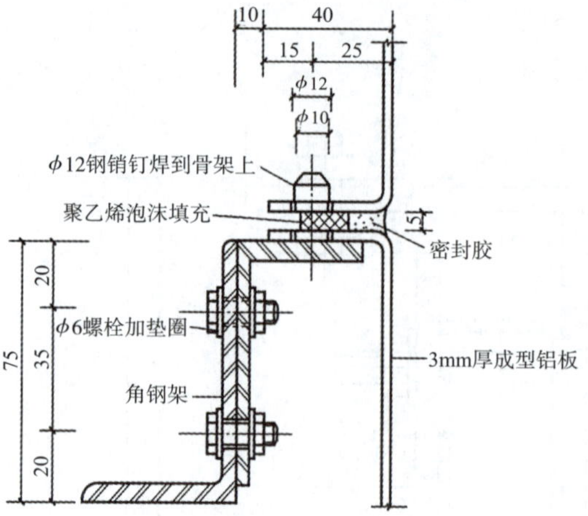

图7-20 铝合金墙板固定示意图

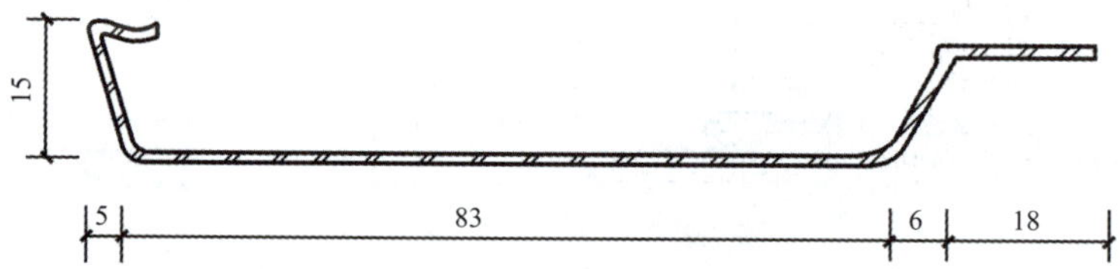

图7-21 铝合金板条断面

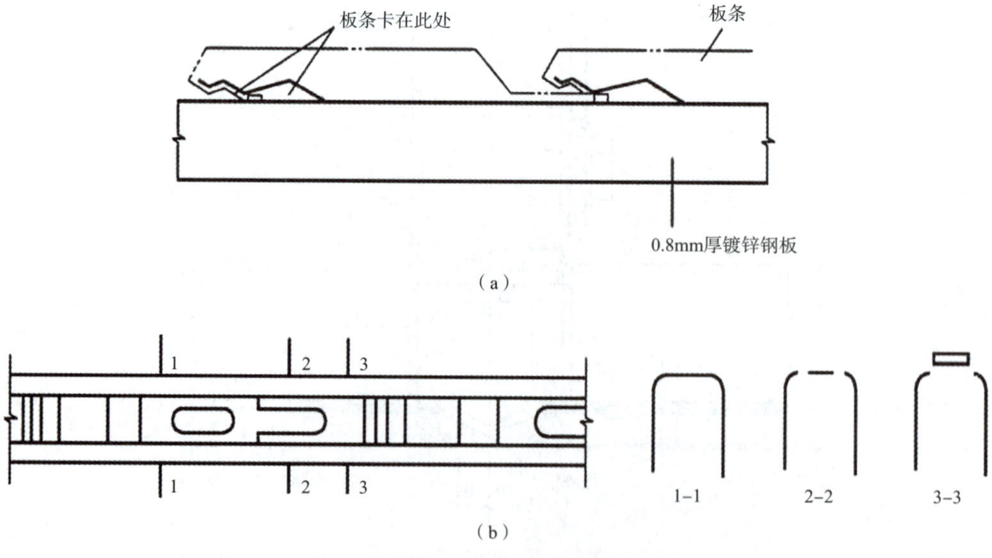

图7-22 特制龙骨及板条安装固定示意图

（a）龙骨侧面 （b）龙骨顶面

种断面，均需要龙骨与板条配套使用。龙骨既可与结构直接固定，也可将龙骨固定在构架上，也就是说未安龙骨之前，应将构架安好，然后将龙骨固定在构架上。

5. 细部处理

虽然铝合金装饰墙板在加工时其形状已经考虑了防水性能，但如果遇到材料弯曲，接缝处高低不平，其形状的防水功能可能会失去作用，在边角部位这种情况尤为明显，如水平部位的压顶、端部的收口处、伸缩缝、沉降缝等处以及两种不同材料的交接处等。这些部位一般应用特制的铝合金成型板进行妥善处理。

（1）转角处收口处理。转角部位常用的几种处理手法如图7-23所示。图7-24所示为转角部位详细构造，该种类型的构造处理比较简单，用一条1.5mm厚的直角形铝合金板，与外墙板用螺栓连接。如果一旦发生破损，更换起来也比较容易。直角形铝合金板的颜色应当与外墙板相同。

（2）窗台、女儿墙上部处理。窗台、女儿墙的上部均属于水平部位的压顶处理，即用铝合金板盖住顶部，如图7-25所示，使之阻挡风雨的浸透。水平盖板的固定，一般先在基层上焊上钢骨架，然后用螺栓将盖板固定在骨架上，板的接长部位宜留5mm左右的间隙，并用胶进行密封。

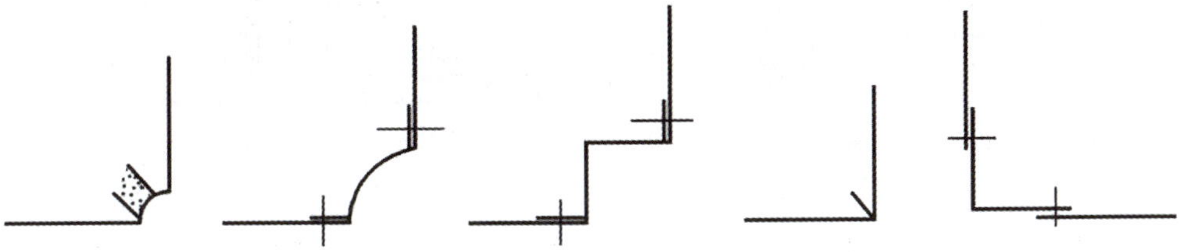

图7-23 转角部位的几种处理方法

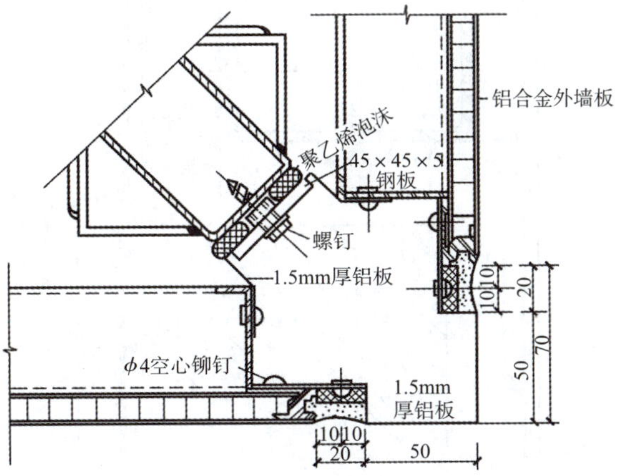

图7-24 转角部位节点大样图

（3）墙面边缘部位的收口处理。用颜色相似的铝合金成型板将墙板端部及龙骨部位封住，如图7-26所示。

（4）墙面下端的收口处。用一条特制的披水板将板的下端封住，同时，将板与墙之间的缝隙盖住，防止雨水渗入室内，如图7-27所示。

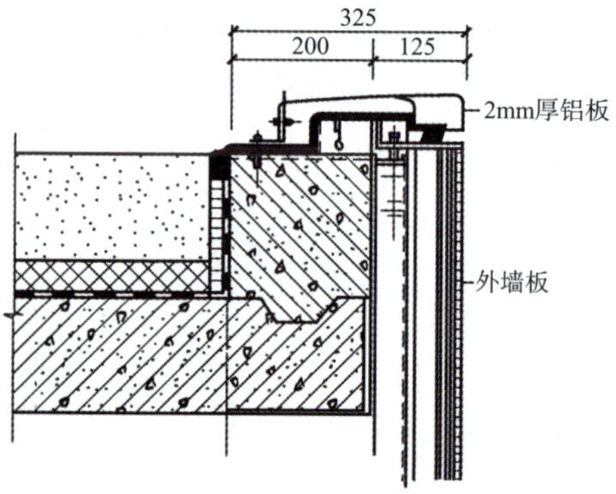

图7-25　水平部位的盖板构造大样图

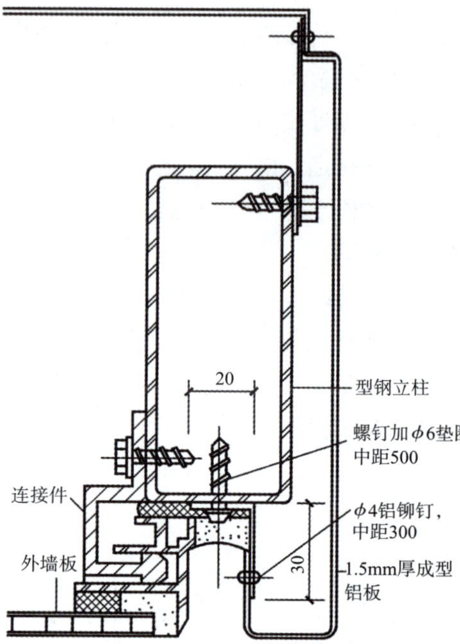

图7-26　边缘部位收口处理

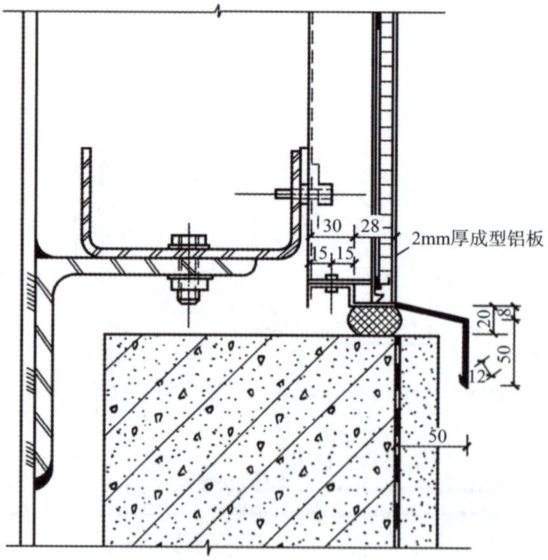

图7-27　伸缩缝与沉降缝的处理

五、铝合金墙板的质量验收标准与检验方法

本部分主要参考《建筑室内装饰装修工程质量验收标准》（GB 50210—2018）饰面板工程中的金属板安装工程。

1. 主控项目

（1）金属板的品种、规格、颜色和性能应符合设计要求及国家现行标准的有关规定。检验方法：观察；检查产品合格证书、进场验收记录和性能检验报告。

（2）金属板安装工程的龙骨和连接件的材质、数量、规格、位置、连接方法及防腐处理应符合设计要求。金属板安装应牢固。检验方法：手扳检查；检查进场验收记录、隐蔽工程验收记录和施工记录。

（3）外墙金属板的防雷装置应与主体结构防雷装置可靠接通。检验方法：检查隐蔽工程验收记录。

2. 一般项目

（1）金属板表面应平整、洁净、色泽一致。检验方法：观察。

（2）金属板接缝应平直，宽度应符合设计要求。检验方法：观察；尺量检查。

（3）金属板上的孔洞应套割吻合，边缘应整齐。检验方法：观察。

（4）金属板安装的允许偏差和检验方法应符合表7-4的规定。

表7-4　　金属板安装的允许偏差和检验方法

项次	项目	允许偏差/mm	检验方法
1	立面垂直度	2	用2m垂直检测尺检查
2	表面平整度	3	用2m垂直检测尺检查
3	阴阳角方正	3	用200mm直角检测尺检查
4	装饰线、分色线直线度	2	拉5m线，不足5m拉通线，用钢直尺检查
5	墙裙、勒脚上口直线度	2	拉5m线，不足5m拉通线，用钢直尺检查
6	接缝高低差	1	用钢直尺和塞尺检查
7	接缝高度	1	用钢直尺检查

任务6
玻璃饰面施工

在现代建筑装饰工程中，玻璃饰面已被广泛采用，越来越受到人们的喜爱。玻璃制作技术发展迅速，玻璃饰面种类繁多，对于装饰工程中采用装饰玻璃作为饰面材料或者隔断材料时，除了必须达到特定的美观要求外，更重要的是所采用的玻璃饰面要满足安全性和功能性的要求。下面以镜面玻璃内墙装饰施工和激光玻璃内墙装饰施工为例，讲解玻璃饰面施工。

一、镜面玻璃内墙装饰施工

（一）镜面玻璃内墙装饰的构造

镜面玻璃内墙装饰的构造比较简单，一般是在墙面铺设木龙骨或轻钢龙骨，然后铺设防火胶合板基层，在防火胶合板基层上，通过紧固件和胶黏剂固定镜面玻璃装饰板，如图7-28所示。

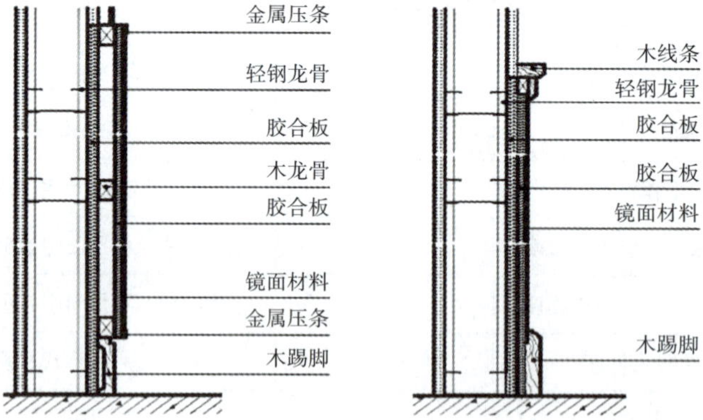

图7-28 轻质墙体镜面玻璃内墙装饰构造示意图

（二）镜面玻璃内墙装饰的材料和质量要求

1. 镜面玻璃

建筑内墙装饰所用的镜面玻璃，在构造与材质等方面和一般玻璃镜均有所不同。镜面玻璃是以高级浮法平板玻璃为基材，经过镀银、镀铜、镀漆等特殊工艺加工制成，与一般镀银玻璃镜、真空镀铝玻璃镜相比，这种玻璃具有镜面尺寸比较大、成像清晰逼真、抗盐雾性优良、抗热性能好、使用寿命长等特点。规格尺寸根据设计要求定制；进场玻璃应进行质量验收，并做好验收记录。

2. 木龙骨

木龙骨木材品种、规格的选择应符合设计要求；进场后的木龙骨在存储时应注意防火、防潮、防腐、防暴晒；使用时应尽心筛选，应将腐蚀、开裂、虫蛀、节疤部分剔除。木龙骨的规格通常为20mm×40mm×3600mm、28mm×36mm×3600mm、30mm×50mm×4000mm，木材含水率在15%左右。

3. 阻燃胶合板

阻燃胶合板是由木段旋切成单板或由木方刨切成薄木，对单板进行阻燃处理后，再用胶黏剂胶合而成的三层或多层板状材料，通常用奇数层单板，并使相邻层单板的纤维方向互相垂直胶合而成。常用规格：1220mm×2440mm，厚度3mm、5mm、9mm、12mm、15mm、18mm、25mm。阻燃板作为消防产品的重要组成部分，应谨慎选购。

4. 其他辅助材料

其他辅助材料主要有平头螺钉、圆头螺钉、玻璃钉、嵌钉、压条、玻璃胶、密封胶等，应根据设计要求选择。

（三）镜面玻璃内墙装饰的施工机具与工艺流程

1. 施工机具

施工机具主要有冲击钻、角磨机、手电钻、直钉枪、空压机、激光水准仪、玻璃刀、胶枪、水平尺、墨斗等。

2. 施工工艺流程

镜面玻璃内墙装饰的施工工艺流程：基层处理→涂防潮层→装防腐、防火木龙骨→安装阻燃型胶合板→安装镜面玻璃→清理嵌缝→封边、收口。

（四）镜面玻璃内墙装饰的施工技术要点

1. 基层处理

墙面基层应找平处理，找平后的墙面应清除表面砂浆、浮灰、油污等。

2. 涂防潮层

墙体表面涂防潮涂料1道，非清水墙体的防潮层厚4～5mm，至少涂3道防潮涂料；清水墙体的防潮层厚6～12mm，兼作找平层用，至少涂3～5道防潮涂料。

3. 装防腐、防火木龙骨

镜面玻璃内墙所用木龙骨一般为30mm×40mm，正面刨光，背面刨1道通长防翘凹槽，并满涂防腐剂1道，防火涂料3道。按中距300mm、400mm、600mm双向布置（或按设计要求），用射钉与墙体钉牢，钉头必须射入木龙骨表面0.5～1.0mm，钉眼用油性腻子抹平。木龙骨要切实钉牢固，不得有松动、不牢、不实之处。在木龙骨与墙面之间的缝隙处，要用防腐、防火木片（或木块）垫平塞实。

4. 安装阻燃型胶合板

使用直钉枪固定防火板，钉距50mm左右。需要注意的是，在防火板安装过程中应先整板铺设，不足模数的再裁切使用；错缝安装，避免安装好的基层板出现过长的水平通缝。

5. 安装镜面玻璃

安装镜面玻璃常用紧固件镶钉法和胶粘法。

（1）紧固件镶钉法。紧固件镶钉法主要包括弹线、安装、修整表面和封边收口等主要工序。

①弹线。根据具体设计和镜面玻璃规格尺寸，在胶合板上将镜面玻璃位置及镜面玻璃分块一一弹出，作为施工的标准和依据。

②安装。按照具体设计用紧固件及装饰压条等将镜面玻璃固定于胶合板及木龙骨上。钉距和采用何种紧固件、何种装饰压条，以及镜面玻璃的厚度、尺寸等，均按具体工程实际和具体设计办理。紧固件一般有螺钉固定、玻璃钉固定、嵌钉固定和托压固定等，如图7-29至图7-32所示。

③修整表面。整个镜面玻璃墙面安装完毕后，应当严格检查装饰质量是否符合规范要求。如果发现不牢、不实、不平、松动、倾斜、压条不直及平整度、垂直度、方正度偏差等不符合质量要求之处，均应彻底进行修正，必须符合规范规定。

④封边收口。整个镜面玻璃墙面装饰的封边、收口及采用何种封边压条、收口装饰条等，均按照具体设计办理。

（2）胶粘法。胶粘法主要工序有弹线、做保护层、打磨、磨糙、上胶、上墙胶贴、清理嵌缝、封边收口等。

①弹线。胶粘法的弹线与紧固件镶钉法相同。

②做保护层。做保护层即做镜面玻璃保护层，将镜面玻璃背面清扫干净，所有尘土、砂粒、杂物、碎屑等彻底清除。在背面满涂白乳胶一道，满堂粘贴薄牛皮纸保护层一层，并用塑料薄板（片）将牛皮纸刮贴平整。也可以在准备点胶处刷一道混合胶液，粘贴上铝箔保护层，周边铝箔宽150mm，与四边等长；其余部分铝箔均为150mm见方。

③打磨、磨糙。凡胶合板表面与大力胶点黏结之处，均要预先打磨净，将浮松物、垃圾、杂物、碎屑等，以及不利于黏结之物清除干净，以利于黏结。对于表面过于光滑处，还

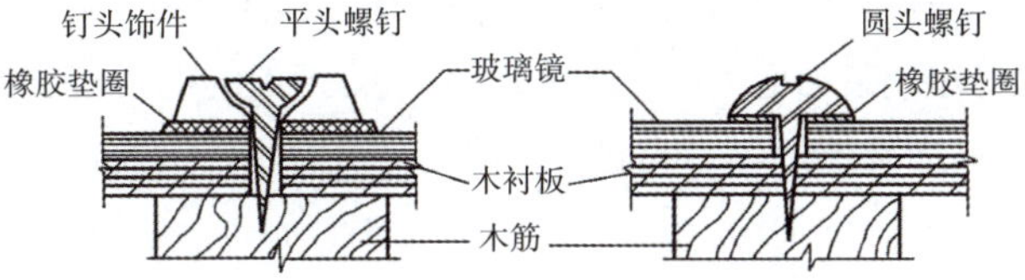

图7-29　螺钉固定示意图

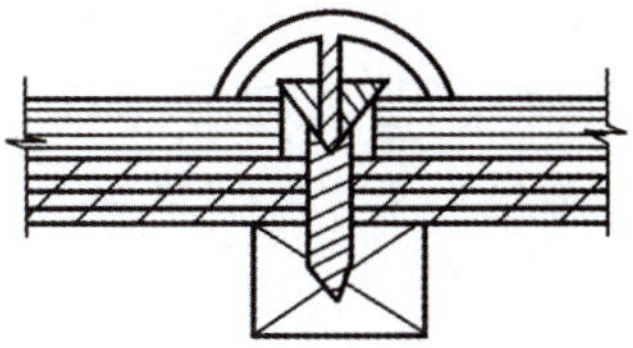
图7-30　玻璃钉固定示意图

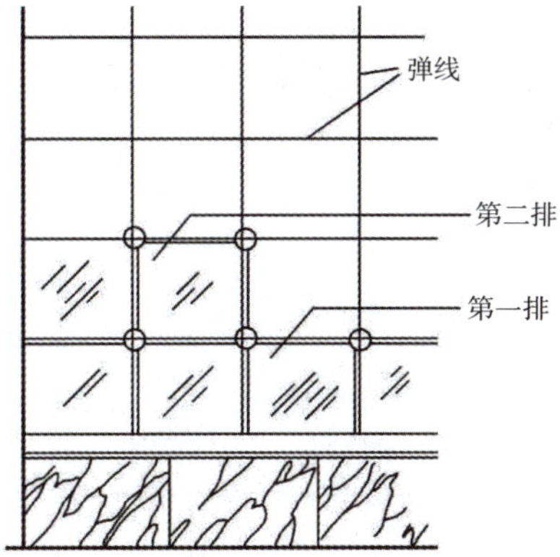

图7-31　嵌钉固定示意图

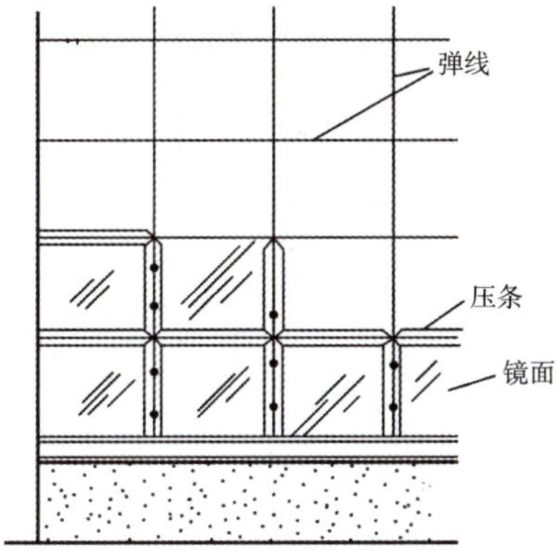

图7-32　托压固定示意图

应进行磨糙处理。镜面玻璃背面保护层上点涂胶处，也应清理干净，不得有任何不利于黏结之处，但不准采用打磨的处理方法。

④上胶（涂胶）。上胶即在镜面玻璃背面保护层上进行点式涂胶，也就是将大力胶点涂于玻璃背面。

⑤上墙胶贴。将镜面玻璃根据胶合板上的弹线位置，按照预先编号依次上墙就位，逐块进行粘贴。利用镜面玻璃背面中间的快干型大力胶及其他施工设备，使镜面玻璃临时固定，然后迅速将镜面玻璃与相邻玻璃进行调正、顺直，同时将镜面玻璃按压平整。待大力胶硬化后将固定设备拆除。

⑥清理嵌缝。待镜面玻璃全部安装和粘贴完毕后，将镜面玻璃的表面清理干净，玻璃之间是否留缝及留缝宽度，均应按具体设计办理。

⑦封边收口。镜面玻璃装饰面的封边与收口，应按具体设计施工。

无龙骨的做法与木龙骨的做法基本相同，只是玻璃直接粘贴在墙上或直接用压条、线脚固定，其余可按木龙骨的做法。

玻璃顶棚做法分两部分：一部分为吊顶龙骨，另一部分为安装玻璃板。吊顶龙骨的具体做法已在吊顶工程中详细叙述，这里不再重复。玻璃板安装同墙、柱面方法，有直接粘贴在龙骨上或找平层上两种。

二、激光玻璃内墙装饰施工

激光玻璃内墙装饰的做法，一般有铝合金龙骨贴墙做法、直接贴墙做法、离墙吊挂做法三种。因直接贴墙做法对基层平整度要求极高，如墙面出现问题很难保证装饰效果；离墙吊挂做法复杂，适用于具体设计中必须将玻璃装饰板离墙吊挂之处，如墙面凸出部分、凸出的腰线部分、凸出的造型面部分、墙内需加温部分等。因此，以下着重讲解铝合金龙骨贴墙做法。

（一）激光玻璃铝合金龙骨贴墙做法的构造

激光玻璃装饰板铝合金龙骨贴墙做法，是将铝合金龙骨直接粘贴于建筑墙体上，再将激光玻璃装饰板与龙骨黏牢固，如图7-33和图7-34所示。铝合金龙骨贴墙做法施工简便、快捷，造价也比较经济。

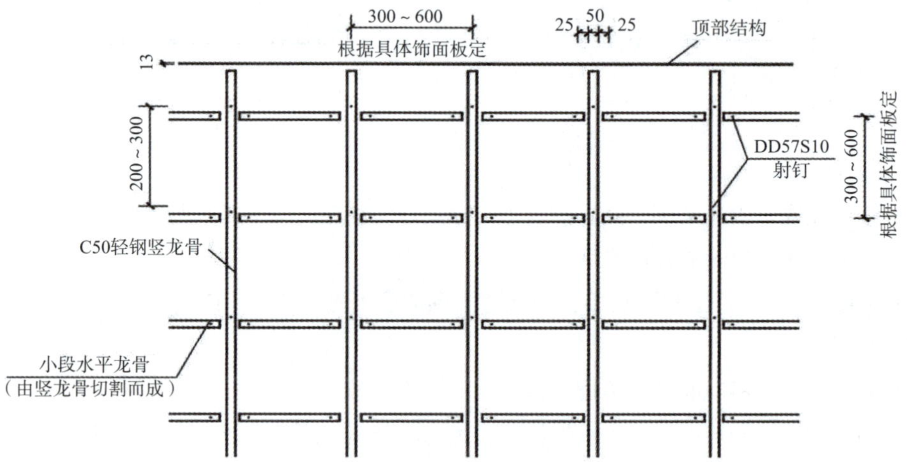

图7-33　龙骨贴墙做法示意图

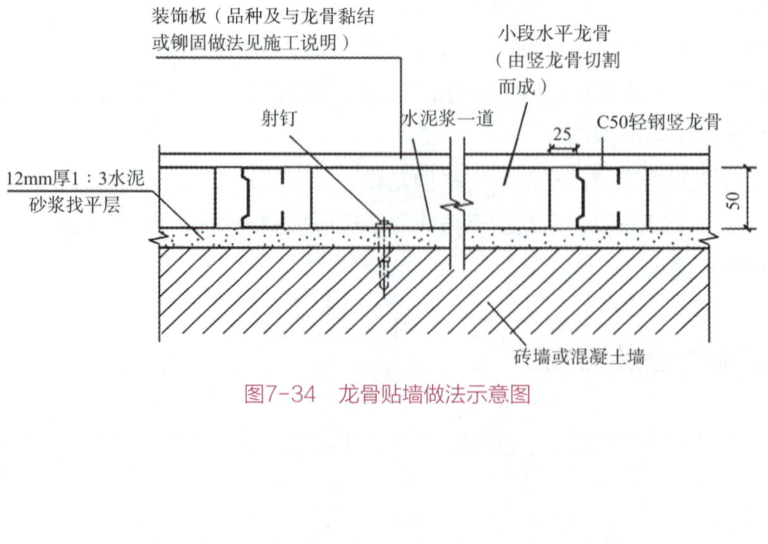

图7-34　龙骨贴墙做法示意图

（二）激光玻璃铝合金龙骨贴墙做法的材料及质量要求

1. 激光玻璃

激光玻璃装饰板的分类方法很多，从结构上分，可分为单片和夹层两种；从材质上分，有单层浮法玻璃、单层钢化玻璃、表层钢化底层浮法玻璃、表底层均为钢化玻璃、表底层均为浮法玻璃；从透明度上分，有反射不透明玻璃、反射半透明玻璃和全透明玻璃三种。

2. 铝合金龙骨

铝合金龙骨常用规格为C50铝合金龙骨。

3. 其他辅料

其他辅料主要有膨胀螺栓、射钉、玻璃胶、嵌缝胶等。

（三）激光玻璃铝合金龙骨贴墙做法的施工机具与工艺流程

1. 施工机具

施工机具主要有型材切割机、角磨机、冲击钻、手电钻、射钉枪、激光水准仪、水平尺、墨斗、胶枪等。

2. 施工工艺流程

激光玻璃铝合金龙骨贴墙做法的施工工艺流程：墙体表面处理→抹砂浆找平层→安装贴墙龙骨→激光玻璃装饰板试拼编号→上胶处打磨净、磨糙→调胶→涂胶→激光玻璃装饰板就位粘贴→加胶补强→清理嵌缝。

（四）激光玻璃铝合金龙骨贴墙做法的施工技术要点

1. 墙体表面处理

墙体表面处理比较简单，即将墙体表面的灰尘、污垢、油渍等清除干净，并洒水湿润。

2. 找平层施工

在砖墙的表面抹一层12mm厚1：3的水泥砂浆找平层，这是整个工程施工质量的基础，必须保证十分平整。

3. 安装贴墙龙骨

用射钉将龙骨与墙固定，射钉的间距一般为200～300mm，小段水平龙骨与竖直龙骨之间应留25mm的缝隙，竖龙骨顶端与顶层结构之间（如地面）均应留13mm缝隙，通风用。全部龙骨安装完成后，需进行抄平、修整。

4. 试拼、编号

按具体设计的规格、花色、几何图形等翻制施工大样图，排列编号，进行试拼，校正尺寸，四角套方。

5. 调胶

随调随用，超过施工时效的胶不得继续使用。

6. 涂胶

在激光玻璃装饰板背面沿竖向及横向龙骨位置，点涂胶，胶点厚3～4mm，各胶点面积总和按每50kg玻璃板面积为120cm^{2}掌握。

7. 激光玻璃装饰板就位、粘贴

按激光玻璃装饰板试拼的编号，顺序上墙就位，进行粘贴。必要时可加用快干型大力胶涂于板边，帮助定位。

8. 加胶补强

粘贴后，对黏合点详细检查，必要时需加胶补强。

9. 清理嵌缝

激光玻璃装饰板全部安装粘贴完毕后，将板面清理干净，板间是否留缝及留缝宽度应按具体设计处理。

此外，如果装饰板非方形或矩形板，则龙骨布置图应另出施工详图，安装应按照具体设计的龙骨布置详图进行施工。

内墙除可用铝合金龙骨外，还可用木龙骨和轻钢龙骨。木龙骨或轻钢龙骨胶粘激光玻璃装饰板分两种：一种是在木龙骨或轻钢龙骨上先钉一层胶合板，再将激光玻璃装饰板用胶黏剂贴于胶合板上；另一种是将激光玻璃装饰板用胶黏剂直接贴于木龙骨或轻钢龙骨上。前者称为龙骨加底板胶贴做法，后者称为龙骨无底板胶贴做法。

墙体在钉龙骨之前，必须涂5～10mm厚的防潮层一道，均匀找平，至少三遍成活，以兼作找平层用。木龙骨应用30mm×40mm的龙骨，正面刨光，满涂防腐剂一道，再满涂防火涂料三道。

木龙骨与墙的连接，可以预埋防腐木砖，也可用射钉固定。轻钢龙骨只能用射钉固定。激光玻璃装饰板与龙骨的固定，除采用粘贴之外，其与木龙骨的固定还可用玻璃钉锚固法，与轻钢龙骨的固定用自攻螺钉加玻璃钉锚固或采用紧固件镶钉做法。

三、玻璃饰面施工的质量验收标准和检验方法

本部分主要参考《建筑装饰装修工程质量验收标准》(GB 50210—2018)、《住宅装饰装修工程施工规范》(GB 50327—2001)、《建筑玻璃应用技术规程》(JGJ 113—2015)中装饰玻璃的有关规定。

课后练习

1. 室内装饰工程中，饰面装饰材料的种类有哪些？使用范围及施工机具有哪些？
2. 除了本项目讲解的石材干湿挂的方式以外，还有哪些安装石材的方式或方法？
3. 在室内装饰工程中，玻璃饰面常用的施工方法有哪些？
4. 木质护墙板的施工工艺流程与施工技术要点有哪些？
5. 饰面砖镶贴工程施工中，有哪些特别容易忽视的技术细节？如何完善这些细节以保证施工质量？

08

项目8

涂饰工程

知识目标

1 熟悉涂饰工程中常用的名词术语以及涂饰工程的施工环境条件。

2 掌握涂饰工程施工中常用材料的性能特点、规格、市场价格等信息。

3 熟悉涂饰工程中常用施工机具的使用与维护保养方法。

4 掌握水性涂料涂饰工程、溶剂型涂料涂饰工程、美术涂饰工程相关的施工工艺流程、质量验收标准以及质量检验方法。

技能目标

1 能够运用专业术语从实用性、技术性、经济性、艺术性等方面对不同类型的涂饰工程进行介绍。

2 能够运用本项目所学知识，对进行不同类型涂饰工程的一线施工人员进行技术交底，或指导施工人员进行涂饰施工作业。

3 能够编制室内装饰工程招投标文件中关于涂饰工程的工程量计算、工程预算、施工工艺流程等方面的文件资料。

思政
目标

在实际工程中，影响涂料饰面质量的因素往往比较复杂，所以对材料选用、基层处理、工艺技术等方面的要求特别严格，必须精心细致，不忽视任何环节，才能达到预期的设计目标，这也就要求施工人员在施工过程中认真把关每个环节，如材料验收、环境条件、基层处理等，严格按照设计要求及有关国家标准进行施工作业，并且做好详细的施工记录与隐蔽工程验收记录，养成严格遵守操作规程的工作习惯，发扬事无巨细的工匠精神，打造精品工程。

任务1
涂饰工程的基本知识

涂饰工程饰面是指将建筑涂料涂刷于构配件或结构的表面，并与之较好地黏结，以达到保护、装饰建筑物，并改善构件性能的装饰层。

施涂建筑涂料后形成不同质感、不同色彩和不同性能的涂膜，是一种十分便捷和非常经济的饰面做法。但在实际工程中，影响涂料饰面质量的因素往往较为复杂，所以对材料选用、基层处理、工艺技术等方面的要求也特别严格，必须精心细致，不忽视任何环节，方可达到预期目的。

一、涂饰工程施工的环境条件

建筑涂料的施涂及涂层固化和结膜等过程，均需要在一定的气温和湿度范围内进行。不同类型的涂料具有各自最佳的成膜条件，涂料产品的涂膜性能一般是指在室温（23±2）℃、相对湿度60%~70%条件下测试的指标。此外，光照、风力、污染性物质等因素也会影响施工后涂膜的装饰质量。

涂饰工程施工的环境条件，应注意以下几个方面：

（1）环境气温。水溶性和乳液型涂料施涂时的环境温度，应该按照产品说明书中要求的温度加以控制，一般要求其施工环境的温度为在10~35℃，最低温度不得低于5℃；冬季在室内进行涂料施工时，应当采取保温和采暖措施，室温要保持稳定，不得骤然变化。溶剂型涂料宜在5~35℃气温条件下施工，不能采用现场烘烤饰面的加温方式促使涂膜表干和固化。

（2）环境湿度。建筑涂料所适宜的施工环境相对湿度一般为60%~70%，在高湿度环境或降雨天气不宜施工，如氯乙烯-偏氯乙烯共聚乳液作地面罩面涂布时，在湿度大于85%时就难以干燥。但是如果施工环境湿度过低，空气过于干燥，会使溶剂型涂料的溶剂挥发过快，水溶性和乳液型涂料干固过快，从而会使涂层的结膜不够完全、固化不良，同样也不宜施工。

（3）太阳光照。建筑涂料一般不宜在阳光直接照射下进行施工，特别是夏季的强烈日光照射之下，会造成涂料的成膜不良，从而影响涂层质量。

（4）风力大小。在大风天气情况下不宜进行涂料涂饰施工，风力过大会加速涂料中的溶剂或水分的挥（蒸）发，致使涂层的成膜不良，并容易沾染灰尘，从而影响饰面的质量。

（5）污染性物质。汽车尾气及工业废气中的硫化氢、二氧化硫等物质，均具有较强的酸性，对于建筑涂料的性能会造成不良影响；飞扬的尘埃也会污染未干透的涂层，影响涂层表面的美观。因此，涂饰施工中如果有特殊气味或施工环境的空气不够洁净时，应暂时停止操作或采取有效措施。

二、涂饰工程的材料

1. 涂料的组成

涂料是一种能在物体表面涂饰，与基层材料能够很好黏结，并能够形成完整而坚固保护膜的物料，是一种常用的饰面材料，在建筑上主要起到装饰和保护的作用。涂料是油漆与一般材料的总称。

不同涂料的成分构成不同，但其基本组成成分主要有成膜物质、颜料（填充料）、溶剂以及其他辅助材料。

（1）成膜物质。成膜物质也称胶黏剂，作用是将涂料的其他组成成分黏结在一起，并且在被涂基层表面形成一层坚韧的保护膜，其有较高的化学稳定性和一定的机械强度。成膜物质主要有天然树脂或合成树脂。

（2）颜料。颜料也称填充料，是不溶于水、油、树脂的砂砾物或有机粉状物质。颜料可以使涂料具有必要的色彩和遮盖力，增强防护的能力；具有可以阻止紫外线穿透的能力；具有可以提高漆膜的耐久性和抗大气老化的作用。颜料分为很多品种，按化学组成可以分为无机和有机颜料；按来源可分为天然颜料和人造颜料；按作用可分为着色颜料、防锈颜料和体质颜料。

（3）溶剂。溶剂也称稀释剂，是一种能溶解油料、树脂，又比较容易挥发的有机物质。常用到的溶剂有松节油、松香水、酒精、汽油、苯、丙酮、乙醚等。

（4）辅助材料。为了改善涂料的某种性能，在涂料中还需要加入一定量的辅助材料，主要有催干剂、增塑剂、固化剂等。

2. 涂料的基本类型

（1）有机涂料。常用的有机涂料有溶剂型涂料、水性涂料等。

①溶剂型涂料。主要成膜物质是有机高分子合成树脂，稀释剂一般可以作为有机溶剂，还可加入适量颜料、填料和辅助材料，经过研磨而成的一类涂料。

②水性涂料。主要成膜物质是水溶性树脂，以水为稀释剂，并加入适量颜料、填料及辅助材料，经过研磨而成的一类涂料。

（2）无机涂料。无机涂料是以无机材料作为主要成膜物质的涂料，是全无机矿物涂料的简称，大多数用于建筑、绘画等日常生活。

3. 涂料的选择

在室内装饰工程中，首先要按照设计要求选用涂料，但在有些设计文件中，只是注明

“墙面涂料或内墙涂料”，并未注明涂料的品种，这就需要施工组织人员根据现场具体情况选择适当的涂料。

（1）按照建筑装饰部位选择。在公共场所，如酒店大堂、餐厅、走廊等部位的墙面和顶面，应选用抗老化、耐污性、耐水性、保色性、附着性较强的涂料；一般客房应选用防火、防霉、防污损、易刷洗的涂料。

（2）按基层材料选择

①混凝土和水泥基面。应选用耐碱性和遮盖性较强的涂料。

②石灰和石膏墙面。多数涂料都适用于石灰和石膏墙面，但也有例外，如JHN84-1耐擦洗内墙涂料。

③木质基层。应选用非碱性涂料，因为碱性涂料对木质基层有破坏性。

（3）按地理位置和气候特点选择。建筑物所处的地理位置不同，饰面经受的气候条件也会不同。

①炎热多雨的南方。所用涂料要有良好的耐水性、防霉性，否则会造成墙面起皮或霉变，使涂料失去装饰效果。

②严寒的北方。对涂料的耐冻性有较高的要求，即要求内墙涂料有良好的低温施工性能。

③雨季施工。应选择能迅速干燥且有较好耐水性的涂料。

（4）按装修标准选择涂料。根据工程预算选用装饰涂料、辅材和相应施工工艺。

4. 涂料的主要技术性能

（1）遮盖力。遮盖力是以每平方米所消耗涂料或原料的最少质量（g）表示，遮盖力好坏取决于颜料的品种与用量。

（2）黏度。辊涂、刷涂、喷涂、刮涂等不同的施工方法要求涂料有不同的黏度。

（3）细度。细度的大小影响着涂膜表面的平整性和光泽，涂料细度可以用刮板细度计测定，用μm表示。

（4）附着力。涂料的附着力表现在涂料与基层的黏结力上。

（5）耐碱性。建筑装饰涂料大多数以含水泥、石灰等碱性材料基层为装饰对象，墙面返碱会造成涂层剥离、变色、褪色等质量问题。

（6）耐温性。在涂料性能规定的温度范围内涂料性能变化，包括耐热性、耐寒性和高低温度交变性。

（7）耐冻融性。涂料中成膜物质的柔韧性好，能够有一定的延展性，则其耐冻融性也会较好。

（8）耐老化性。涂料中成膜物质受大气中光、热、臭氧等因素影响而发生分子降解，使涂层发黏、变脆，失去原有的强度和柔性，从而导致涂层出现开裂、脱落、粉化、变色、褪色等现象。

此外，最低成膜温度、抗冲击性与抗冲击强度、硬度、耐洗刷性、耐磨性、耐污染性也是涂料的主要技术性能。

5. 室内装饰常用涂料

（1）乳胶漆。乳胶漆又称合成树脂乳液涂料，是以合成树脂乳液为基料的薄型内墙涂料。其具备色彩丰富、透气性好、洗刷容易等优点。乳胶漆一般用于室内墙面装饰，不适宜厨房、卫生间、浴室等潮湿的墙面。

（2）多彩内墙涂料。多彩内墙涂料是将带色的溶剂型树脂涂料，掺入甲基纤维素的水溶液中搅拌而形成溶剂型油漆涂料的混合悬浊液。其具备有涂膜、有弹性、耐磨损、耐污染、耐洗刷和色彩鲜艳等特点。多彩内墙涂料适用于建筑物内墙和顶棚的装饰。

（3）底漆。底漆可以起到很好的封闭作用，能够有效阻止墙体内的有害物质对表层面漆的影响。乳胶漆的面漆与底漆应当配套使用。

（4）腻子。腻子主要由基料、填料、水和助剂等组成，可以用来填平、补齐基层表面的凹坑、气孔、麻面、擦伤等缺陷。涂料施工用的腻子应当具有良好的可塑性和易刮涂性；干燥以后应具备黏结牢固、不起皮、不龟裂和粉化、易于打磨等特点。常用的有大白水泥腻子、水性石膏腻子、油性石膏腻子等。针对耐擦洗乳胶漆涂料，适合选择成品大白水泥腻子来使用。

6. 地面涂料

地面涂料的主要功能是装饰和保护室内地面。

（1）地面涂料的要求：

①耐碱性良好。地面涂料主要涂布在水泥砂浆的基层上，要求涂料具有良好的耐碱性能。

②耐水性良好。

③耐磨性良好。

④抗冲击性良好。地面比较容易受到重物的撞击，要求地面涂层受到重物冲击以后，不会轻易地开裂和脱落。

⑤与水泥砂浆有好的黏结性。

⑥施工方便。为保持室内地面的装饰性，地面涂层磨损或受机械力局部被破坏后，需要进行重涂。

（2）常用地面涂料种类：

①用于木质地面，如聚氨酯漆、酚醛树脂地板漆和钙酯地板漆。

②用于地面装饰，形成无缝涂布地面等，如过氯乙烯地面涂料、聚氨酯地面涂料和环氧树脂厚质地面涂料等。

任务2
水性涂料饰面施工

水性涂料是以水溶性合成树脂为主要成膜物质，以水为稀释剂，加入适量的颜料及辅助材料，经研磨而成的涂料。水性涂料一般只用于室内装饰，本任务中以内墙乳胶漆饰面为例，讲解水性涂料的施工。

一、内墙乳胶漆饰面的基本构造

墙面乳胶漆饰面一般为“一底两面”，即一遍底漆，两遍面漆，如图8-1所示。

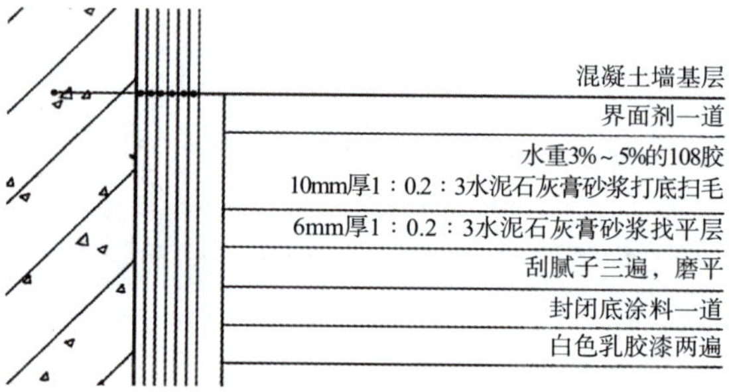

图8-1 内墙乳胶漆饰面构造示意图

底漆，直接涂刷在满刮腻子的找平层上，增加涂层与基层之间的黏结力，底漆具有基层封闭剂的作用，可以防止水泥砂浆抹灰层中的水分、可溶性盐等物质渗出表面，造成对涂饰面的破坏。

面漆，体现涂层的色彩与光感，因此面层涂料应耐久、耐磨、耐腐蚀、有光泽或有透明性，一般情况下面漆涂刷两遍。

二、内墙乳胶漆饰面的材料及质量要求

1. 乳胶漆

高级乳胶漆可配饰各种色彩、光泽，如亚光、高光、无光、丝光、石光等，部分高级乳胶漆还具有水洗功能。常用规格为5L、15L、18L三种。在室内装饰工程中，选用的乳胶漆和半成品均应有品名、种类、颜色、制作时间、储存有效期、使用说明和产品合格证书、性能检测报告及进场验收记录。

2. 腻子

腻子的塑性和易涂性能应满足施工要求，干燥后应坚固，无粉化、起皮和开裂，并按基

层、底漆和面漆性能配套使用。目前市场上的腻子有底层耐水腻子、面层腻子等多个品种，不同厂家产品有所不同，常用规格为10kg/袋。

3. 其他材料

内墙乳胶漆饰面施工中常用辅料有接缝纸带、阴阳角条、玻璃纤维网格布、白乳胶、石膏粉（可直接刮批在建筑基层找平用，也可和腻子调配成石膏腻子）等。

三、内墙乳胶漆饰面的施工机具

1. 喷涂施工机具

喷涂施工机具主要有无气喷涂机、喷枪、高压胶管、供料桶等。

2. 刷涂施工机具

刷涂施工机具主要有羊毛刷、排笔、塑料小桶等。

3. 滚涂施工机具

滚涂施工机具主要有长毛绒滚筒、短毛绒滚筒、伸缩杆、中号塑料桶。

四、内墙乳胶漆饰面的施工工艺流程

内墙乳胶漆饰面的施工工艺流程：基层处理→嵌、刮腻子和砂纸打磨（2~3遍）→涂刷封底涂料（底漆）→ 涂刷饰面涂料（面漆两遍）→清理。

五、内墙乳胶漆饰面的施工技术要点

1. 基层处理

基层表面的灰尘、污垢、溅沫、砂浆流痕等应清除干净；表面清扫后，最好用清水冲刷一遍，有油污处用火碱水、肥皂水擦净；将基体或基层上缺棱掉角处、脚手架孔洞修补完整，墙面开槽用水泥砂浆填平，电位插座暂时封堵，表面麻面、缝隙用建筑石膏腻子补齐填平。

2. 嵌、刮腻子和砂纸打磨

第一遍满刮腻子前再次清扫基层，先找直阴阳角，再用铁抹子满刮一遍，刮时要一板排一板，两板中间顺一板，既要刮严，又不得有明显接茬，凸处薄刮，凹处厚刮，大面找平。待第一遍腻子干透后，用0~2号砂纸打磨平整，并扫净。

第二遍用稀腻子找平，并严格控制阴阳角方正。磨平时宜用细砂纸，打磨后不显砂纹为准。处理好的底层应该平整光滑，阴阳角线通畅顺直，无裂痕、崩角和砂眼麻点。其平整度以在侧面光照下无明显凹凸和批刮痕迹、无粗糙感觉、表面光滑为合格。

（1）混凝土、水泥砂浆抹灰基层，可先刷底层封闭涂料，防止水泥返碱，再满刮腻子找平并打磨。

（2）石膏板基层，先用腻子填充板面缝隙，再贴玻璃纤维网格布和接缝带，处理石膏板上的缝隙；钉眼处先刷防锈涂料，再用腻子填平，然后满批腻子、打磨。

（3）木夹板基面，先嵌批木板的缝隙、钉眼处，并做防开裂处理，再找平大面，后用0~2号砂纸打磨平整。

第二遍腻子刮完磨平后，应对施工现场及涂刷面进行清理，打扫浮灰，进行降尘、吸尘处理。然后对门窗框、墙体饰面造型、软包、墙纸及踢脚线、墙裙、油漆面等与内墙涂料分界的地方，用纸胶带或粘贴废旧纸进行遮挡，已完工地面也应铺保护膜，确保涂刷涂料时不污染其他已装修好的成品。

3. 涂刷底层涂料（底漆一遍）

底层涂料主要起封闭、抗碱及与面漆连接的作用。其施工环境及用量应按照产品使用说明书要求进行。使用前应搅拌均匀，在规定时间内用完，做到涂刷均匀，厚薄一致。内墙乳胶漆常用施工方法如下：

（1）刷涂。刷子涂刷一般采用蘸刷法，也可边倒涂料边用刷子刷匀，施涂垂直面层的涂料时，最好采用蘸刷法。涂刷应均匀一致，倒料时要注意控制涂料均匀倒撒，不可在一处倒得过多，否则涂料难以刷开，造成涂膜厚薄不均匀现象。涂刷时不能将气泡裹进涂层中，如遇气泡应立即消除。涂刷必须按事先试验确定的量和次数进行，切不可为了省事、省力而一遍涂刷过厚。前一层涂料干燥后，方可进行下一层涂膜的涂刷。在前一层涂层干燥后，应将涂层上的灰尘、杂质清理干净再进行后一遍涂层的涂刷，后一遍施涂前应严格检查前一遍涂层是否有缺陷，如气泡、露底、漏刷、胎体增强材料皱翘边、杂物混入等现象，应先进行修补再施涂后一遍涂层。

（2）滚涂。滚涂采用滚筒施工，适合涂装较平整的墙面，施工步骤和刷涂相似。滚涂法适用于大面积施工，效率较高，选择刷毛长度适当的滚筒，不要让涂料堆积在滚筒末端。滚涂时，自上而下，再自下而上，按“W”形走线将乳胶漆滚在基层上，然后横向滚匀。为保证涂布均匀，节省乳胶漆，滚涂时滚筒刷两端用力一定要均匀，滚涂开始时含料较多，用力可稍轻一些，然后逐步加重；操作时，手和肩尽量不用力，只是借助滚筒的翻转进行涂布；滚筒回转速度不宜过快，以免涂料飞溅，影响涂装效果；收边时动作要轻，始终自上而下进行。

滚涂具有漆面厚、耐擦洗、易维修、修补方便、节约材料、施工方便、不需要特别的保护等优点，但也有漆面的均匀性比较差、边角位置难以涂刷到位等缺点。

（3）喷涂。喷涂是利用压缩空气将涂料制成雾状喷出，涂于被饰涂面的机械施工方法。其操作过程如下：

①将涂料调制成施工所需黏度，将其装入储料罐或压力供料筒中。

②打开空气压缩机，调节空气压力，使其达到施工压力，一般为0.4~0.8MPa。

③喷涂时，手握喷枪要稳，涂料出口应与被涂面保持垂直，喷枪移动应与喷涂面保持平行。喷距500mm左右为宜，喷枪运行速度应保持一致。

④喷枪移动范围不宜过大，一般直接喷涂700～800mm后折回，再喷涂下一行，也可选择横向或竖向往返喷涂。

⑤喷涂一般两遍成活，横向喷涂一遍，竖向喷涂一遍。两遍间隔时间由涂料品种及喷涂的厚度而定，要求涂膜应厚薄均匀、颜色一致、平整光滑，不出现露底、皱纹、流挂、钉孔、气泡和失光现象。

4. 涂刷面层涂料（面漆两遍）

（1）涂刷第一遍面漆。待修补的底层涂料干透后进行涂刷面层。第一遍面层涂料的稠度应加以控制，使其在放涂时不流坠，不显刷纹，施工过程中不得任意稀释。其施工环境及用量应按照产品使用说明书要求进行。使用前应搅拌均匀，在规定时间内用完。内墙涂料施工的顺序是先左后右、先上后下、先难后易、先边角后大面。涂刷时，每次蘸涂料后宜在匀料板上来回滚匀，涂刷的涂膜应充分盖底，不透虚影，表面均匀，不露底，不流坠，色泽均匀，确保涂层的厚度。对于干燥较快的涂饰材料，大面积涂刷时，应由多人配合操作，流水作业，顺同一方向涂刷，应处理好接茬部位，做到上下涂层接头无明显接茬，涂料干后颜色均匀一致。

（2）涂刷第二遍面漆。水性涂料的施工，后一遍涂料必须在前一遍涂料干燥后进行。涂刷面为垂直面时，最后一道涂料应由上向下刷。刷涂面为水平面时，最后一道涂料应按光线的照射方向刷。全部涂刷完毕，应再仔细检查是否全部刷匀刷到，有无流坠、起皮或皱纹，边角处有无积油问题，并应及时进行处理。做到无掉粉、起皮、漏刷、透底、泛碱、咬色、流坠和疙瘩。

5. 清理

第二遍涂料涂刷完毕后，将所有纸胶带、保护膜、废旧纸等遮挡物清理干净，特别是与涂料分界的遮挡物，揭纸时要小心，最好用裁刀顺直划一下，再揭纸或撕胶带，防止涂料膜撕成缺口，影响美观效果。

六、内墙乳胶漆饰面的质量验收标准与验收方法

本部分内墙乳胶漆饰面的质量验收标准与验收方法主要参考《建筑装饰装修工程质量验收规范》(GB 50210—2018)中有关水性涂料涂饰工程的相关规定。

1. 主控项目

（1）水性涂料涂饰工程所用涂料的品种、型号和性能应符合设计要求及国家现行标准的有关规定。检验方法：检查产品合格证书、性能检验报告、有害物质限量检验报告和进场验收记录。

（2）水性涂料涂饰工程的颜色、光泽、图案应符合设计要求。检验方法：观察。

（3）水性涂料涂饰工程应涂饰均匀、黏结牢固，不得漏涂、透底、开裂、起皮和掉粉。检验方法：观察；手摸检查。

（4）水性涂料涂饰工程的基层处理应符合涂饰工程的基层处理的规定。检验方法：观察；手摸检查；检查施工记录。

2. 一般项目

（1）薄涂料的涂饰质量和检验方法应符合表8-1的规定。

表8-1　　薄涂料的涂饰质量和检验方法

项次	项目	普通涂饰	高级涂饰	检验方法
1	颜色	均匀一致	均匀一致	观察
2	光泽、光滑	光泽基本均匀，光滑无挡手感	光泽均匀一致，光滑	
3	泛碱、咬色	允许少量、轻微	不允许	
4	流坠、疙瘩	允许少量、轻微	不允许	
5	砂眼、刷纹	允许少量轻微砂眼，刷纹通顺	无砂眼，无刷纹	

（2）厚涂料的涂饰质量和检验方法应符合表8-2的规定。

表8-2　　厚涂料的涂饰质量和检验方法

项次	项目	普通涂饰	高级涂饰	检验方法
1	颜色	均匀一致	均匀一致	观察
2	光泽	光泽基本均匀	光泽均匀一致	
3	泛碱、咬色	允许少量、轻微	不允许	
4	点状分布	—	疏密均匀	

（3）复层涂料的涂饰质量和检验方法应符合表8-3规定。

表8-3　　复层涂料的涂饰质量和检验方法

项次	项目	质量要求	检验方法
1	颜色	均匀一致	观察
2	光泽	光泽基本均匀	
3	泛碱、咬色	不允许	
4	喷点疏密程度	均匀，不允许连片	

（4）涂层与其他装修材料和设备衔接处应吻合，界面应清晰。检验方法：观察。

（5）墙面水性涂料涂饰工程的允许偏差和检验方法应符合表8-4的规定。

表8-4　　墙面水性涂料涂饰工程的允许偏差和检验方法

项次	项目	允许偏差/mm					检验方法
		薄涂料		厚涂料		复层涂料	
		普通涂饰	高级涂饰	普通涂饰	高级涂饰		
1	立面垂直度	3	2	4	3	5	用2m垂直检测尺检查
2	表面平整度	3	2	4	3	5	用2m垂直检测尺检查
3	阴阳角方正	3	2	4	3	4	用200mm直角检测尺检查
4	装饰线、分色线直线度	2	1	2	1	3	拉5m线，不足5m拉通线，用钢直尺检查
5	墙裙、勒脚上口直线度	2	1	2	1	3	拉5m线，不足5m拉通线，用钢直尺检查

任务3
溶剂型涂料施工

溶剂型涂料俗称油漆，是一种含颜料或不含颜料的胶体溶液。涂于物体表面后呈固体薄膜，有阻滞空气、水分、阳光、微生物、化学药品等物质侵蚀物体表面的性能，同时还具有填平造型、着色增光、保护被涂物件的作用。因此，溶剂型涂料被广泛应用于金属、木材等材料表面的涂层装饰。本任务中以内木饰面聚氨酯清漆施工、木饰面磁漆施工和金属面混色油漆施工为例，讲解溶剂型涂料的施工。

一、木饰面聚氨酯清漆施工

聚氨酯清漆漆膜丰满光亮、坚硬耐磨、附着力强，并且具有耐湿、耐潮、耐化学腐蚀等特点。其产品分亮光面漆、半亚光面漆、亚光面漆和透明底漆等，可广泛用于室内外家具、木材、铁艺表面的装饰和保护。

（一）木饰面聚氨酯清漆的材料及质量要求

1. 聚氨酯清漆

目前市场上聚氨酯清漆有单组分和双组分两种类型，不管选用哪种类型的产品，都应符合《民用建筑工程室内环境污染控制标准》（GB 50325—2020）中关于有害物质限量的规定，进场产品都应有产品合格证书、性能检验报告、有害物质限量检验报告和进场验收记录。

2. 辅料

辅料主要有石膏粉、熟桐油、松香水、清油等，调配腻子的辅料也应符合上述规定。

（二）木饰面聚氨酯清漆的施工机具与工艺流程

1. 施工机具

施工机具主要有油灰刀、羊毛刷、毛笔、油刷、方抹子、砂纸架、木砂纸、水砂纸、塑料小桶。

2. 施工工艺流程

木饰面聚氨酯清漆的施工工艺流程：基层处理→润色油粉→满刮油腻子→刷油色→刷第一遍清漆（刷清漆→修补腻子→修色→砂纸打磨）→刷第二遍清漆→刷第三遍清漆。

（三）木饰面聚氨酯清漆的施工技术要点

1. 基层处理

首先将木饰表面基层上的灰尘、油污、斑点、胶迹等用刮刀或灰刀刮除干净，注意，不可刮出毛刺，也不可破坏木饰面和周边墙面；然后用1号木砂纸顺木纹打磨，先磨木饰线角，后磨大面，直到表面光滑为止。

木饰面基层有小块翘皮时，可用小刀清除；重皮的地方应用小钉子钉牢固，如重皮较大或有较大疤痕，应由木工修补。

2. 润粉

用石膏粉60%、清油10%、松香水20%、煤油10%、颜料适量，按配比要求充分搅拌均匀，不能有结块现象；颜料的用量应使填孔料的色泽略浅于样板木纹表面或管孔内的颜色。用油刷蘸油粉，反复涂于木料表面，擦过木料鬃眼内，而后用麻布擦净，木饰线角处除去余粉。待油粉干后，用1号砂纸轻轻顺木纹打磨，先磨木饰线角、裁口，后磨平面，直到光滑为止。磨光后用湿抹布将粉末、灰尘擦净。

3. 满刮油腻子

石膏粉：熟桐油：松香水=5：1：（4～6），加入适量水，再加入熟桐油与松香水总重量的1%～2%液体催干剂。配制时，先将熟桐油、松香水和催干剂拌和，再加石膏粉，加入调和，并加颜料调成油色腻子，颜色浅于样板1～2色。要注意，腻子油性不可过大或过小，如油性大，刷时不易浸入木质内，如油性小，则易钻入木质内，这样刷的油色不易均匀，颜色不能一致。用油灰刀和钢皮抹子将腻子刮入钉孔、裂纹、鬃眼、缝隙内。刮抹时要横抹竖起，如遇接缝或节疤较大时，应用油灰刀将腻子挤入缝内，然后抹平。腻子一定要刮光，待腻子干透后，用1号砂纸轻轻顺木纹打磨，先磨木饰线角、裁口，后磨平面，注意保护棱角，来回打磨至光滑为止。磨完后用湿抹布将粉末擦净。

4. 刷油色

用氧化铁系颜料、氧化铁棕（哈巴粉）、锌钡白、石膏粉等调入松香水中，再加入清油或清漆等，调制成稀浆，倒在小油桶内，使用时经常搅拌，以免沉淀造成颜色不一致。刷油色时，应由外至内，从左至右，由上至下进行，顺木纹涂刷。因油色干燥较快，所以刷油色时应快而稳，要求无缕无节，横平竖直，刷油时刷子要轻飘，避免出刷绺。

油色涂刷后，要求木材色泽一致，而又不盖住木纹，所以每一个刷面一定要一次刷好，不留接头，两个刷面交接棱口不要互相沾油，沾油后要及时擦掉，达到颜色一致。

5. 刷第一遍清漆

刷法与刷油色相同，但刷第一遍用的清漆应略加一些稀料，便于快干。因清漆黏性较大，最好使用已用出刷口的旧刷子，刷时要注意不流、不坠，涂刷均匀。待清漆完全干透后，用1号木砂纸彻底打磨一遍，将头遍清漆面上的光亮基本打磨掉，再将粉尘擦净。

第一遍清漆涂刷完成后还应做以下工作：

（1）修补腻子。一般要求刷油色后不抹腻子，但特殊情况下，可以使用油性略大的带色石膏腻子，修补残缺处，操作时不得损伤漆膜，后补腻子要收刮干净，光滑无腻子疤。

（2）修色。木料表面的黑斑、节疤、腻子疤和材色不一致处，应用漆片、酒精加色调配（颜色同样板颜色），或用由浅到深清漆调和漆与稀释剂调配，进行修色；材色深的应修浅，浅的提深，将深浅色木料拼成一色，并绘出木纹。

（3）砂纸打磨。使用细砂纸轻轻往返打磨，然后擦净粉末。

6. 刷第二遍清漆

应使用原桶清漆不加稀释剂，如冬季可略加催干剂。刷油操作与上道工序一致，但刷油动作要敏捷，多刷多理，清漆涂刷饱满一致，不流、不坠，光亮均匀，刷完后再仔细检查一遍，有问题要及时修整。刷此遍清漆时，周围环境要整洁。

7. 刷第三遍清漆

待第二遍清漆干透后刷第三遍清漆。首先要进行磨光，最后刷第三遍清漆，刷法同前。

二、木饰面醇酸磁漆施工

磁漆又名瓷漆，是以清漆为基料，加入颜料研磨制成的，涂层干燥后呈磁光色彩，且涂膜坚硬，常用的有酚醛磁漆和醇酸磁漆。主要特点是具有良好的光泽、耐候性、耐水性，附着力强，能经受气候的强烈变化。磁漆主要用于木质及金属饰面的装饰。

（一）木饰面醇酸磁漆的材料及质量要求

1. 醇酸磁漆

所选产品应符合《民用建筑工程室内环境污染控制标准》（GB 50325—2020）中关于有害物质限量的规定，进场产品都应有产品合格证书、性能检验报告、有害物质限量检验报告和进场验收记录。

2. 辅料

辅料主要有腻子、砂蜡等。

（二）木饰面醇酸磁漆的施工机具与工艺流程

1. 施工机具

施工机具主要有油灰刀、羊毛刷、毛笔、油刷、方抹子、砂纸架、木砂纸、水砂纸、塑料小桶。

2. 施工工艺流程

木饰面醇酸磁漆的施工工艺流程：基层处理→涂底油（满刮石膏腻子两遍）→刷第一道醇酸磁漆→刷第二道醇酸磁漆→刷第三道醇酸磁漆→打砂蜡→刷第四道醇酸磁漆→打砂蜡→擦光蜡。

（三）木饰面醇酸磁漆的施工技术要点

1. 基层处理

首先用油灰刀将木料表面的油污、灰浆等清理干净；然后用砂纸打磨一遍，要磨光、磨平，木毛茬要磨掉，阳角要倒棱，磨小圆角，上下一致。

2. 涂底油

底油由光油、清油、汽油拌和而成，要涂刷均匀，不可漏刷。

满刮第一道腻子，拌和腻子时可加入适量醇酸磁漆，腻子要调稀一些；节疤处及小孔抹石膏腻子；干燥后砂纸打磨，清扫，并用湿布擦净。

满刮第二道腻子，大面用钢片刮板刮，要平整光滑，小面处用油灰刀刮，阳角要顺直；腻子干透后，用0号砂纸磨平、磨光，清扫，并用湿布擦净。

3. 刷第一道醇酸磁漆

头道漆可加入适量醇酸稀料，调稍稀一些，要注意横平竖直涂刷，不得漏刷和流坠，待漆干透后砂纸打磨，清扫，并用湿布擦净。如有不平之处，要及时复抹腻子，干燥后局部磨平、磨光，清扫，并用湿布擦净。刷每道漆间隔时间应根据当时气温而定，一般夏季约6h，春秋季约12h，冬季约24h。

4. 刷第二道醇酸磁漆

第二道漆可不加稀释料，注意不得漏刷和流坠，干透后用木砂纸打磨；如表面疙瘩多，可用280号水砂纸打磨；如局部有不光、不平处，应及时复补腻子，待腻子干透后，砂纸打磨，清扫，并用湿布擦净。

5. 刷第三道醇酸磁漆

刷法与第二道要求相同，漆面干燥后可用320号水砂纸打磨，但要注意不得磨破棱角和漆面，要求平整、光滑，打磨后应清扫，并用湿布擦净。

6. 刷第四道醇酸磁漆

涂刷方法与要求同上。刷完7天后应用320～400号水砂纸打磨，打磨时用力要均匀，应将刷纹基本磨平，并注意不得磨破棱角，打磨好后清扫，并用湿布擦净待干。

7. 打砂蜡

先将原砂蜡加入煤油化成粥状，然后用棉丝蘸上砂蜡来回揉擦，往返多次，揉擦时用力要均匀，擦至出现暗光，大小面上下一致为准，最后用棉丝蘸汽油将浮蜡擦洗干净。

8. 擦上光蜡

用干净棉丝蘸上光蜡，薄薄抹一层，注意要擦匀、擦净，达到光泽饱满为止。

三、金属面混色油漆施工

（一）金属面混色油漆材料及质量要求

防锈涂料、磷化底漆、厚漆、调和漆（磁漆、油性调和漆）、油性腻子（用酯胶清漆、颜料、催干剂和200号溶剂汽油混合研磨加工制成）等及其辅助材料，材料质量要求同上。

（二）金属面混色油漆的施工机具与工艺流程

1. 施工机具

施工机具主要有喷砂除锈机、钢丝刷、小锤、砂布、圆盘打磨机、油刷、开刀、牛角板、刮板等。

2. 施工工艺流程

金属面混色油漆的施工工艺流程：基层处理→打底刮腻子→刷第一遍油漆（刷铅油、抹腻子、磨砂纸）→刷第二遍油漆（刷铅油、磨砂纸）→刷最后一遍调和漆。

（三）金属面混色油漆的施工技术要点

1. 基层处理

基层处理主要有清扫、除锈、砂纸打磨。首先将金属表面浮土、砂浆等扫净。已刷防锈漆但出现锈斑的金属表面，用铲刀铲除底层防锈漆后，再用钢丝刷和砂布彻底打磨干净，补刷一道防锈漆。

2. 打底刮腻子

待防锈漆干透后，将金属表面的砂眼、凹坑、缺棱、拼缝等处，用油性腻子（用酯胶清漆、颜料、催干剂和200号溶剂汽油混合研磨加工制成）刮抹平整。待腻子干透后，用1号砂纸打磨，打磨后用湿布擦净金属表面。打磨时应注意保护棱角，要求达到表面光滑、线角平直。

3. 刷第一遍油漆

（1）刷铅油（或醇酸无光调和漆）。铅油用色铅油、光油、清油和汽油配制而成，经过搅拌后过箩，冬季宜加适量催干剂。稠度以达到盖底、不流淌、不显刷痕为宜，铅油的颜色要符合样板的色泽。刷铅油时，厚薄要均匀一致，刷纹必须通顺，全部刷完后，应立即检查有无遗漏，分色是否正确，要重点检查线角和阴阳角处有无流坠、漏刷、裹棱、透底等问题，若有则应及时修整，达到色泽一致。

（2）抹腻子。待油漆干透后，对于底腻子收缩或残缺处，再用腻子补抹一次，要求与做法同前。

（3）磨砂纸。待腻子干透后，用1号砂纸打磨，要求同前。打磨后用湿布将粉末擦净。

4. 刷第二遍油漆

（1）刷铅油。方法同前。

（2）磨砂纸。方法同前，砂纸轻磨一遍，但注意不要将底漆磨穿，要保护棱角。打磨完毕，用湿布将粉末擦干净。

5. 刷最后一遍调和漆

刷油方法同前。但由于调和漆黏度较大，涂刷时要多刷多理，刷油要饱满、不坠、光亮均匀、色泽一致。刷完油漆后，要立即仔细检查一遍，如发现问题，应及时修整。

四、溶剂型涂料涂饰工程的质量验收标准和检验方法

1. 主控项目

（1）溶剂型涂料涂饰工程所选用涂料的品种、型号和性能应符合设计要求及国家现行标准的有关规定。检验方法：检查产品合格证书、性能检验报告、有害物质限量检验报告和进场验收记录。

（2）溶剂型涂料涂饰工程的颜色、光泽、图案应符合设计要求。检验方法：观察。

（3）溶剂型涂料涂饰工程应涂饰均匀、黏结牢固，不得漏涂、透底、开裂、起皮和反锈。检验方法：观察；手摸检查。

（4）溶剂型涂料涂饰工程的基层处理应符合涂饰工程基层处理的规定。检验方法：观察；手摸检查；检查施工记录。

2. 一般项目

（1）色漆的涂饰质量和检验方法应符合表8-5的规定。

表8-5　色漆的涂饰质量和检验方法

项次	项目	普通涂饰	高级涂饰	检验方法
1	颜色	均匀一致	均匀一致	观察
2	光泽、光滑	光泽基本均匀，光滑无挡手感	光泽均匀一致，光滑	观察、手摸检查
3	刷纹	刷纹通顺	无刷纹	观察
4	裹棱、流坠、皱皮	明显处不允许	不允许	观察

（2）清漆的涂饰质量和检验方法应符合表8-6的规定。

表8-6　清漆的涂饰质量和检验方法

项次	项目	普通涂饰	高级涂饰	检验方法
1	颜色	均匀一致	均匀一致	观察
2	木纹	棕眼刮平、木纹清楚	棕眼刮平、木纹清楚	观察
3	光泽、光滑	光泽基本均匀，光滑无挡手感	光泽均匀一致，光滑	观察、手摸检查
4	刷纹	刷纹通顺	无刷纹	观察
5	裹棱、流坠、皱皮	明显处不允许	不允许	观察

（3）涂层与其他装修材料和设备衔接处应吻合，界面应清晰。检验方法：观察。

（4）墙面溶剂型涂料涂饰工程的允许偏差和检验方法应符合表8-7的规定。

表8-7　墙面溶剂型涂料涂饰工程的允许偏差和检验方法

项次	项目	允许偏差/mm				检验方法
		色漆		清漆		
		普通涂饰	高级涂饰	普通涂饰	高级涂饰	
1	立面垂直度	4	3	3	2	用2m垂直检测尺检查
2	表面平整度	4	3	3	2	用2m垂直检测尺检查
3	阴阳角方正	4	3	3	2	用200mm直角检测尺检查
4	装饰线、分色线直线度	2	1	2	1	拉5m线，不足5m拉通线，用钢直尺检查
5	墙裙、勒脚上口直线度	2	1	2	1	拉5m线，不足5m拉通线，用钢直尺检查

任务4

美术涂饰施工

美术涂饰是相对于透明涂饰和实色涂饰而言的，它是指利用特殊的油漆喷刷工艺，使墙面形成有特殊效果的涂膜，体现出不同的表面效果，如仿木纹、仿石纹、浮雕颗粒、浮雕压花、拉毛等图案或肌理效果。本任务以室内装饰常见的浮雕压花为例，讲解美术涂饰施工工艺。

一、内墙浮雕颗粒压花涂饰的材料及质量要求

1. 浮雕漆

浮雕漆也称肌理膏、质感灰泥、浮雕骨浆，是一种全新的装饰艺术涂料，在施工中可用弹涂喷枪、肌理辊或其他压花工具做出图案、纹路等各种肌理效果，干燥后可上金属漆或乳胶漆，用透明防尘面漆罩光后效果更好。目前市场上有袋装干粉状产品和桶装膏状产品两种类型产品，其中，干粉状产品加水搅拌，即配即用，桶装产品开桶即用。常用规格为20～25kg装，参考用量为0.5～1.5kg/m^2，常用颜色为白色。

2. 其他材料

其他材料主要有封闭底漆、面漆（乳胶漆）、腻子、接缝带等，与内墙乳胶漆饰面相同。

二、内墙浮雕颗粒压花涂饰的施工机具与工艺流程

1. 施工机具

施工机具主要有空压机、弹涂喷枪、光身滚筒、方头铁抹子、羊毛滚筒、拉毛滚筒、油灰刀等。

2. 施工工艺流程

内墙浮雕颗粒压花涂饰的施工工艺流程：基层处理→嵌、刮腻子和砂纸打磨（2～3遍）→涂刷封闭底漆（1～2遍）→喷涂浮雕漆→压光浮雕漆→喷涂面漆。

三、内墙浮雕颗粒压花涂饰的施工技术要点

1. 基层处理

嵌、刮腻子，砂纸打磨，涂刷封闭底漆等，与内墙乳胶漆饰面相同。

2. 喷涂浮雕漆

封闭底漆干燥后，使用弹涂喷枪将调配好的浮雕漆均匀地喷在墙上，形成1~3mm的圆状色点。喷涂时，弹涂器喷口应垂直于墙面，距离300~500mm，匀速自上而下，由左至右均匀喷涂，并根据所需喷点密度掌握喷涂次数。

3. 压光浮雕漆

喷涂完毕，5~10min后用光身滚筒压平浮雕漆颗粒；待表面完全干燥后，对浮雕颗粒进行修整、打磨、去尘。

4. 喷涂面漆

面漆可选用乳胶漆、金属漆、艺术手蜡等，喷涂、滚涂或擦色。

四、美术涂饰工程施工质量验收标准和检验方法

1. 主控项目

（1）美术涂饰工程所用材料的品种、型号和性能应符合设计要求及国家现行标准的有关规定。检验方法：观察；检查产品合格证书、性能检验报告、有害物质限量检验报告和进场验收记录。

（2）美术涂饰工程应涂饰均匀、黏结牢固，不得漏涂、透底、开裂、起皮、掉粉和反锈。检验方法：观察；手摸检查。

（3）美术涂饰工程的基层处理应符合涂饰工程的基层处理的规定。检验方法：观察；手摸检查；检查施工记录。

（4）美术涂饰工程的套色、花纹和图案应符合设计要求。检验方法：观察。

2. 一般项目

（1）美术涂饰表面应洁净，不得有流坠现象。检验方法：观察。

（2）仿花纹涂饰的饰面应具有被模仿材料的纹理。检验方法：观察。

（3）套色涂饰的图案不得移位，纹理和轮廓应清晰。检验方法：观察。

（4）墙面美术涂饰工程的允许偏差和检验方法应符合表8-8 的规定。

表8-8　　墙面美术涂饰工程的允许偏差和检验方法

项次	项目	允许偏差/mm	检验方法
1	立面垂直度	4	用2m垂直检测尺检查
2	表面平整度	4	用2m垂直检测尺检查
3	阴阳角方正	4	用200mm直角检测尺检查
4	装饰线、分色线直线度	2	拉5m线，不足5m拉通线，用钢直尺检查
5	墙裙、勒脚上口直线度	2	拉5m线，不足5m拉通线，用钢直尺检查

课后练习

1. 涂饰工程在施工中需要哪些环境条件?
2. 美术涂饰有哪些类型的艺术效果?
3. 在涂饰工程施工中，有哪些隐蔽工程需要特别注意?
4. 如何在内墙乳胶漆饰面施工中体现工匠精神?

09

项目9

裱糊与软包饰面工程

知识目标

1 熟悉裱糊饰面工程中常用的壁纸、壁布、胶黏剂等主材和辅材的种类、规格与材料特性。
2 熟悉裱糊与软包饰面工程中常用施工机具的使用与维护保养方法。
3 掌握裱糊与软包饰面工程中壁纸、壁布、软包饰面的施工作业条件、施工工艺流程、施工技术要点以及质量控制方法。
4 熟悉裱糊与软包饰面工程的质量验收标准及检验方法。

技能目标

1 能够运用专业术语从实用性、技术性、经济性、艺术性等方面对裱糊与软包饰面工程进行全面介绍。
2 能够运用所学理论知识，对裱糊与软包饰面工程施工进行施工技术交底；能指导一线施工人员进行裱糊与软包饰面工程的施工作业或担任施工监理人员。
3 能够编制室内装饰工程招投标文件中关于裱糊与软包饰面工程的工程算量、施工流程及施工工艺方面的技术资料。

思政
目标

裱糊与软包饰面工程构造简单，施工难度较小，但是其在室内装饰中往往占据着较大的装饰面积或处于视觉核心部位，其装饰细节处理水平的高低直接影响着室内装饰的总体效果。因此，本项目从裱糊与软包饰面工程的施工技术要点出发，着重研究施工中背景墙、柱面、窗台、阴阳角、电盒开关等特殊部位装饰细节的质量控制方法，培养学生在施工中注重细节、精益求精的工匠精神。

任务1

裱糊工程的基本知识

裱糊工程又称裱糊饰面工程，是指在室内平整、光洁的墙面、顶面、柱面和其他构件表面，用壁纸、壁布等软质材料进行裱糊的装饰工程。由于壁纸、壁布色泽和图案效果丰富，选用相应品种或采取适当的构造做法后，可使之具有一定的吸声、隔音、保温及防菌等功能，尤其适用于酒店、会议室、展览及居民住宅等，属于中高档建筑装饰。

一、裱糊工程所用材料及主要特点

常用裱糊材料是指卷材类裱糊材料，通过裱糊或铺钉等方式覆盖在墙体外表面而形成的一种内墙饰面。常用材料有壁纸、壁布、皮革及微薄木等。

在裱糊类饰面材料中，壁纸和墙布是使用较为广泛的装饰材料。壁纸的种类很多，常用种类主要有普通壁纸、发泡壁纸、麻草壁纸、纺织纤维壁纸及特种壁纸五种。壁布主要有玻璃纤维壁布、纯棉壁布、化纤壁布、无纺壁布四种。

（一）壁纸

1. 普通壁纸

普通壁纸（纯纸壁纸）是以优质木浆纸作为基层，表面涂以高分子乳液，经印花、压纹而制成。这种壁纸有单色压花、印花压花、有光印花、平光印花等很多花色品种多，使用广泛，价格低廉，耐光、耐老化、耐水擦洗，便于维护。

2. 发泡壁纸

发泡壁纸也称浮雕壁纸，是以纸作为基层，涂塑掺有发泡剂的聚丙乙烯糊状料，经印花或压花工艺，再经拉伸设备加热发泡而成。发泡壁纸主要有高发泡印花、低发泡印花、低发泡压花等品种。高发泡壁纸表面呈富有弹性的凹凸花纹，具有吸音和装饰双重功能。低发泡壁纸有拼花、仿木纹、仿瓷砖等多种花色。

3. 麻草壁纸

麻草壁纸是以纸为基层，以编织的天然麻草为面层，将预先染织的麻草面层与底纸复合加工而成。这种壁纸具有吸音、阻燃、散潮气、不吸尘、不变形等特点，并且具有古朴、粗犷、回归自然之感。

4. 纺织纤维壁纸

纺织纤维壁纸又称织物壁纸，它是用棉、麻、丝、草、毛等天然纤维或化学纤维制成各种色泽、花式的粗细纱或织物，再与基层纸复合而成的壁纸。这种壁纸材料质感强，立体感强，色调柔和、高雅，具有无毒、吸音、透气等功能。此外，纺织纤维壁纸还有普通型和阻燃型之分。

5. 特种壁纸

特种壁纸也称专用壁纸，是指具有特殊功能的壁纸，如耐水壁纸、防火壁纸、抗腐蚀壁纸、抗静电壁纸、金属面壁纸、彩色砂粒壁纸、防污壁纸、图景画壁纸等。

（二）壁布

1. 玻璃纤维壁布

玻璃纤维壁布也称海基布、石英壁布等。玻璃纤维壁布色泽鲜艳，布纹质感强，防火，防潮，在室内使用不褪色，不易老化，施工简单，清洗方便；但盖底性能差，涂层磨损后易散露出少量纤维。

2. 纯棉壁布

纯棉壁布是以纯棉平布经过处理、印花、涂层制作而成。其特点是强度大、静电小、不易变形，无光、吸音、无毒、无味；缺点是表面易起毛，不能擦洗。

3. 化纤壁布

化纤壁布又称为人造纤维装饰贴墙布。化纤壁布基材以化纤布为主，表面经树脂打造而成，上面印制花纹图案，其特点是新颖美观，无毒无味，而且拥有良好的透气性。后期保养时，不宜用力擦洗，因为基布制作比较疏松，若不慎沾染污渍就会比较明显。

4. 无纺壁布

无纺壁布是采用棉、麻等天然纤维或聚酯纤维、腈纶等合成纤维，经过无纺成型、涂覆树脂、印制彩色花纹而制成的一种贴墙材料。其特点是富有弹性，不易折断老化，表面光洁而有毛绒感，不易褪色，耐磨、耐晒、耐湿，具有一定的透气性，可擦洗。

（三）壁纸的外观要求

室内装饰工程中使用的壁纸应符合现行国家标准《壁纸》（GB/T 34844—2017）中的

规定，壁纸的外观质量要求应符合表9-1的规定；壁纸的性能指标应符合表9-2的规定或者合同要求。

表9-1　　壁纸的外观质量

项目	规定
色差	不应有明显差异
伤痕和皱褶	不应有
气泡	不应有
套印精度	偏差应不大于1.5mm
露底	不应有
漏印	不应有
污染点	不应有目测明显的污染点

表9-2　　壁纸的性能指标

<table>
<tr><th colspan="4">项目</th><th>规定</th></tr>
<tr><td colspan="4">褪色性（ΔE）　≤</td><td>1.5</td></tr>
<tr><td colspan="4">湿摩擦色牢度（ΔE）　≤</td><td>3.0</td></tr>
<tr><td colspan="4">遮蔽性（ΔE）　≤</td><td>1.5</td></tr>
<tr><td colspan="4">防霉性能/级　≤</td><td>0</td></tr>
<tr><td rowspan="3">伸缩性</td><td rowspan="3">≤</td><td colspan="2">纵向/%</td><td>0.4</td></tr>
<tr><td rowspan="2">横向</td><td>纯纸壁纸/%</td><td>1.8</td></tr>
<tr><td>其他壁纸/%</td><td>1.5</td></tr>
<tr><td rowspan="2">湿抗张强度</td><td rowspan="2">≥</td><td colspan="2">纵向/（kN/m）</td><td>0.70</td></tr>
<tr><td colspan="2">横向/（kN/m）</td><td>0.50</td></tr>
</table>

（四）壁纸的规格尺寸

室内装饰工程中使用的壁纸尺寸偏差应符合现行国家标准《壁纸》（GB/T 34844—2017）中的规定。每卷壁纸都应标明长度和宽度，且长、宽允许偏差均应不超过标准尺寸的11.5%。壁纸每卷段数和最小段长应符合表9-3的规定。

表9-3 每卷段数和最小段长

项目		规定
每卷段数/段	10m/卷	—
	15m/卷	2
	50m/卷	3
最小段长/m	3	

二、裱糊工程常用胶黏剂

壁纸胶黏剂的选择直接关系着居室的空气质量和壁纸的铺贴质量，应该考虑壁纸胶黏剂的环保性能。选择的胶黏剂应符合《室内装饰装修材料 胶黏剂中有害物质限量》（GB 18583—2008）的要求。裱糊工程中的胶黏剂主要分为粉末壁纸胶、湿胶和成品胶三大类。

1. 粉末壁纸胶

粉末壁纸胶主要以马铃薯淀粉、高性能植物纤维素为原料，产品为白色片状粉末，能溶于冷水，水溶液为乳白色黏稠胶液。粉末壁纸胶可生物降解，且不含甲醛，无毒、无害。淀粉胶一般由淀粉和胶浆双组分组成，使用时先将淀粉与水兑匀，再在其中加入胶浆混合均匀。淀粉胶是早期比较常见的一种壁纸胶，淀粉本身成分环保，所以淀粉胶的污染成分也主要集中在了胶浆组分中。

使用前将胶粉以1：17的比例与清水搅匀混合，搅拌10min后，形成糊状时即可使用，其施工黏度是普通胶粉的2倍，能有效提高墙纸黏结力，并防止墙纸产生发黄、发霉、开裂、翘边等缺陷。

2. 湿胶

湿胶是以糯米淀粉、玉米或小麦淀粉等为主要原料，这种胶使用时只需要直接加水稀释即可，环保，安全。

糯米胶也称江米胶，是以纯天然糯米为原料，经过净化、研磨、干燥等多道工序制成。其适用范围广，黏性大，且无毒、环保，无刺激性气味，几乎适用于所有的壁纸类型。

3. 成品胶

桶装成品胶也是室内装饰工程中使用十分普遍的一种墙纸粘贴材料。成品胶使用方便，粘贴力强，但市面上成品胶的质量良莠不齐，需谨慎采购。一般来说，在选购墙纸胶时，需要确定包装上的认证标志，确保是正规产品，再仔细检查产品性状，选择刺激性小、粘贴力强且足够温和的产品。

（1）聚乙烯醇缩甲醛胶。聚乙烯醇缩甲醛胶又称108胶，是以聚乙烯醇与甲醛在酸性介质中进行缩合反应而制得的一种透明水溶液。其无臭、无味、无毒，有良好的黏结性能，黏结强度可达0.9MPa。在常温下能长期储存，但在低温状态下易发生冻胶。聚乙烯醇缩甲醛胶可用于壁纸、壁布的裱糊。此外，在普通水泥砂浆内加入108胶后，能增加砂浆与基层的黏结力。

（2）聚醋酸乙烯胶黏剂。聚醋酸乙烯胶黏剂又称白乳胶，它是由醋酸乙烯经乳液聚合而制得的一种乳白色带酯类芳香的乳状胶液。白乳胶配制方便，常温下固化速度快，胶层的韧性及耐久性好，不易老化，无刺激性臭味，可作为壁纸、壁布的胶结材料。

（3）801胶。801胶是由聚乙烯醇与甲醛在酸性介质中经缩聚反应，再经氨基化后而制成的，其产品为微黄色或透明胶体。801胶具有无毒、不燃、无刺激性气味等特点，其耐磨性、剥离强度及其他性能均优于108胶，适合裱贴比较单薄且有轻微透底的壁纸，如玻璃纤维壁布等。

三、裱糊工程常用机具

1. 剪裁工具

（1）剪刀。对于较重型的壁纸或纤维壁布，宜采用长刃剪刀。剪裁时先依直尺用剪刀背划出印痕，再沿印痕将壁纸或壁布剪断。

（2）裁纸刀。裱糊材料处理中较多采用活动裁纸刀，即普通多用刀。另外，裁刀还有轮刀，分为齿形轮刀和刃形轮刀两种。齿形轮刀能在壁纸上需要裁割的部位压出连串小孔，能够沿孔线将壁纸很容易地整齐扯开；刃形轮刀通过对壁纸的滚压而直接将其切断，适宜用于质地较脆的壁纸和壁布的裁割。

2. 刮涂工具

（1）刮板。刮板主要用于刮抹基层腻子及刮压平整裱糊操作中的壁纸、壁布，可用薄钢片、塑料板或防火胶板自制，要求有较好的弹性，且不能有尖锐的刃角，以利于抹压操作，但不至于损伤壁纸、壁布表面。

（2）油灰铲刀。油灰铲刀主要用于修补基层表面的裂缝、孔洞及剥除旧裱糊面上的壁纸残留，如油漆涂料工程中的嵌批铲刀。

3. 刷具

用于涂刷裱糊胶黏剂的刷具，其刷毛可以是天然纤维或合成纤维，宽度一般为15～20mm；此外，涂刷胶黏剂较适宜的是排笔。

4. 滚压工具

滚压工具主要是指辊筒，其在裱糊工艺中有三种作用：一是使用绒毛辊筒，以滚涂胶黏剂、底胶或壁纸保护剂；二是采用橡胶辊筒，以滚压铺平、黏实、贴牢壁纸、壁布；三是使用小型橡胶轧辊或木质轧辊，通过滚压而迅速压平壁纸、壁布的接缝和边缘部位，滚压时在胶黏剂干燥前做短距离快速滚压，特别适用于重型壁纸、壁布的拼缝压平与贴严。

5. 不锈钢直尺

不锈钢直尺用于压裁壁纸，长900mm以上，宽40mm，厚10mm，尺面中线有凹槽，两边有刻度。

6. 其他工具及设备

壁纸工程的其他工具及设备有裁纸案台、钢卷尺、水平尺、砂纸机、粉线包、软布、毛巾、排笔及板刷等。

任务2
裱糊饰面工程

一、壁纸裱糊饰面的基本构造

裱糊类墙面对基层要求比较高，必须平整、光滑、干燥，无任何不实之处。裱糊类材料可以直接裱糊在墙面、吊顶面、柱面上，也可裱糊在木质基层、纸面石膏板基层上，如图9-1所示。

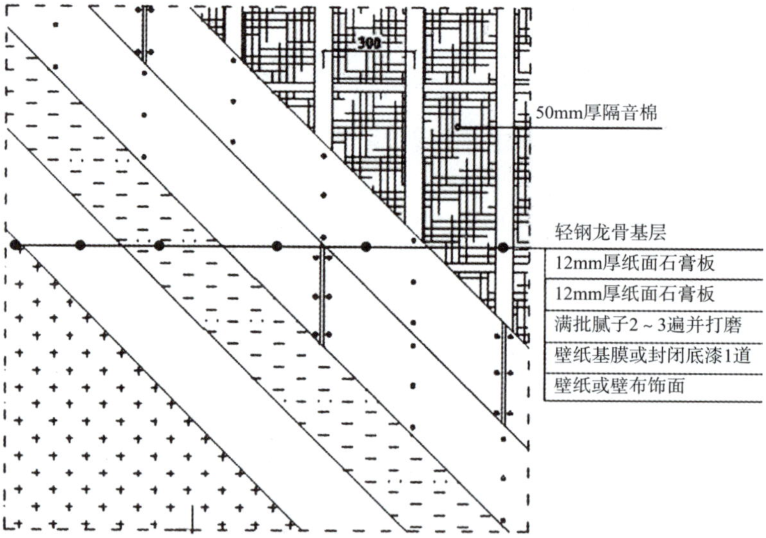

图9-1　壁纸裱糊构造示意图

壁纸与壁布的裱糊施工基本一致，因此，本任务中只以壁纸裱糊为例，讲解裱糊饰面工程的施工过程。

二、壁纸裱糊饰面的材料及质量要求

1. 壁纸

所选壁纸的种类、规格、颜色、图案、燃烧性能等级应符合设计要求及现行国家标准有关规定。壁纸样板应由业主方确认，规模较大的装饰工程应一次备足同批面材，避免因生产批次不同而有色差。进场材料应检查合格证书、性能检测报告，并做好进场验收记录。常用壁纸规格有：窄幅小卷：宽530～600mm，长10～12m，每卷5～6m^2；中幅中卷：宽760～900mm，长25～50m，每卷20～45m^2；宽幅大卷：宽920～1200mm，长50m，每卷40～90m^2。

2. 糯米胶

所选用糯米胶应符合有害物质限量《民用建筑工程室内环境污染控制标准》（GB 50325—2020）的相关要求，通常估算用量为1kg可完成9～10m^{2}施工。

3. 壁纸基膜

所选用壁纸基膜应符合有害物质限量《民用建筑工程室内环境污染控制标准》（GB 50325—2020）的相关要求，通常估算用量为1L（瓶装）可完成15～20m^{2}施工。

三、壁纸裱糊饰面的施工机具与工艺流程

1. 施工机具

施工机具主要有壁纸上胶机、壁纸刀、不锈钢直尺、塑料刮板、壁纸刷、压缝胶辊、墨斗、注射器等。

2. 施工工艺流程

壁纸裱糊饰面的施工工艺流程：交验、基层处理→涂刷壁纸基膜→弹线→预拼→测量、裁纸→润纸→刷胶→裱糊→修整→清理、保护。

四、壁纸裱糊饰面的施工技术要点

1. 交验、基层处理

裱糊饰面工程施工一般是在完成室内顶棚基面、门窗施工及地面装修施工后，并且电气及室内设备安装也基本结束后才能开始；影响裱糊操作及其饰面的临时设施或附件应全部拆除，并应确保后续工程的施工项目不会对被裱糊造成污染和损伤。

裱糊工程的作业条件主要是施工基层条件和施工环境条件两个方面，两者缺一不可，同等重要。

（1）作业条件。根据国家标准《建筑装饰装修工程质量验收标准》（GB 50210—2018）及《住宅装饰装修工程施工规范》（GB 50327—2001）等的规定，在裱糊之前，基层处理质量应达到下列要求：

①新建筑物的混凝土或水泥砂浆抹灰层在刮腻子前应先涂刷一道抗碱底漆。

②旧基层在裱糊前，应清除疏松的旧装饰层，并涂刷界面剂，以利于黏结牢固。

③混凝土或抹灰基层的含水率不得大于8%，木材基层的含水率不得大于12%。

④基层的表面应坚实、平整，不得有粉化、起皮、裂缝和凸出物，色泽应基本一致。有防潮要求的基体和基层，应事先进行防潮处理。

⑤基层批刮腻子应平整、坚实、牢固，无粉化、起皮和裂缝；腻子的黏结强度应符合《建筑室内用腻子》（JG/T 298—2010）中N型腻子的规定。

⑥裱糊基层的表面平整度、立面垂直度及阴阳角方正，应符合《建筑装饰装修工程质量验收标准》（GB 50210—2018）中对于高级抹灰的要求。

⑦裱糊前，应用封闭底胶涂刷基层。

（2）施工环境条件。进行裱糊工程的过程中以及裱糊饰面干燥时，需要避免室内出现对流风和气温的变化，否则会严重影响裱糊工程的质量。在冬季施工时应该注意保持室内的温度，施工环境温度一般情况下应该大于15℃，进行裱糊工程时空气中的湿度不宜过高，需要小于85%；在潮湿的环境下施工时，应该注重对裱糊饰面的防护，白天可以进行适度通风，晚上关闭门窗，防止潮湿气体入侵。

（3）基层处理。为达到上述规范规定的裱糊基层质量要求，在基层处理时还应注意以下几个方面：

①清理基层上的灰尘、油污、疏松和黏附物；安装于基层上的各种控制开关、插座、电气盒等凸出的设置，应先卸下扣盖等影响裱糊施工的部分。

②根据基层的实际情况，对基层进行有效嵌补，采取腻子批刮，并在每遍腻子干燥后均用砂纸磨平。

a. 混凝土及抹灰基层的处理，裱糊壁纸的基层是混凝土面、抹灰面（水泥砂浆、水泥混合砂浆、石灰砂浆等），满刮腻子一遍，砂纸打磨；如麻点、凹凸不平或孔洞较大时，应增加刮腻子和砂纸打磨的遍数。处理好的底层应该平整、光滑，阴阳角线通畅，顺直，无裂纹、崩角，无砂眼、麻点。

b. 木质基层的处理要求接缝不显接茬，接缝、钉眼应用腻子补平，并满刮腻子两遍，用砂纸磨平。

c. 对于纸面石膏板及其他轻质板材或胶合板基层的接缝处，必须采取其专用接缝技术措施处理合格，如粘贴牛皮纸带、玻璃纤维网格胶带等防裂处理。各种造型基面板上的钉眼，应用油性腻子填补，防止隐蔽的钉头生锈时锈斑渗出而影响裱糊的外观。

③基层处理经工序检验合格后，即采用喷涂或刷涂的方法施涂封底涂料或底胶，做基层封闭处理一般不少于两遍。封底涂刷不宜过厚，并要均匀一致。

2. 涂刷壁纸基膜

壁纸基膜（或抗碱底漆）的涂刷，可采用刷涂或滚涂等方式。在涂刷壁纸基膜时，墙面应洁净干燥，避免有打磨腻子造成的浮灰；壁纸基膜的涂刷应保持均匀，不宜太厚，不能有漏刷、流挂等现象。

3. 弹线

为使壁纸裱糊面横平竖直、图案端正、装饰美观，每个墙面第一幅壁纸都要挂垂线找直，作为裱糊施工的基准线；自第二幅开始，可先上端后下端依次对缝裱糊，以保证壁纸分幅一致，并防止出现累积误差。

对于图案形式鲜明的壁纸，为保证整体墙面图案对称，应在窗口横向中心部位弹好中心线，由中心线再向两侧弹分格线；如果窗口不在中间位置，为保证窗间墙的阳角处图案对称，可在窗间墙弹中心线，然后由此中心线向两侧分幅弹线。对于无窗口的墙面，可以选择一个距离窗口部位较近的阴角，按壁纸幅宽弹线。

墙面顶部边缘，如果有挂镜线或天花阴角装饰线时，即以此类线脚的下缘水平线为准，作为裱糊饰面上部的收口；如无此类顶部收口装饰，则应弹出水平线，以控制壁纸饰面的水平度。

4. 预拼

依据弹线的位置进行预拼、试贴，检验拼缝效果，以便准确确定裁纸的边缘尺寸及花纹、图案的拼接，同时删除不匹配的壁纸。

5. 测量裁纸

裁割前，先量出墙顶到墙脚的高度，两端各留出30～50mm，裁出第一段壁纸。有图案的壁纸，应将图案自墙的上部开始对花，由专人负责裁割，并编号，按顺序粘贴。

壁纸用量（卷）=房间周长×房间高度×（100+K）%，式中，K为壁纸的损耗率，一般为3%～10%。K值的大小与下列因素有关：

（1）大图案比小图案的利用率低，因而K值略大；需要对花的图案比不需要对花的图案利用率低，K值略大。

（2）裱糊面复杂的要比普通平面的需用壁纸多，K值高。

（3）拼暗缝壁纸利用率高，K值最小；重脊裁切拼缝壁纸利用率最低，K值最大。

6. 润纸

裱糊壁纸时，先湿润，传统称为闷水，即为湿贴法，这是针对纸胎的塑料壁纸的施工工序。对于玻璃纤维基材及无纺贴壁布类材料，遇水后无伸缩变形，所以不需要进行湿润；而复合纸质壁纸则严禁进行闷水处理。

（1）聚氯乙烯塑料壁纸遇水或胶液浸湿后即膨胀，需5～10min胀足，干燥后又自行收缩，掌握并利用这一特性是保证塑料壁纸裱糊质量的重要环节。

（2）对于金属壁纸，在裱糊前也需要进行适当的润纸处理，但闷水时间应当短些，即将其浸入水槽中1～2min取出，抖掉多余的水，再静置5～8min，然后进行裱糊操作。

（3）复合纸基壁纸的湿强度较差，严禁进行裱糊前的浸湿处理。为达到软化此类壁纸以利于裱糊的目的，可在壁纸背面均匀涂刷胶黏剂，然后将其胶面对胶面自然对折静置5～8min，即可上墙裱糊。

（4）带背胶的壁纸，应在水槽中浸泡数分钟后取出，并由底部开始图案朝外卷成一卷，待静置1min后，便可进行裱糊。

（5）纺织纤维壁纸不能在水中浸泡，可先用洁净的湿布在其背面稍作擦拭，然后即可进行裱糊操作。

在当下室内装饰工程中，壁纸的裱糊通常采用干贴法施工，即壁纸不经过润纸工序，而直接给壁纸刷胶，然后将壁纸叠起静置10min，让壁纸自身湿润，再进行裱糊施工。

7. 刷胶

墙面刷胶，要薄而匀，不得漏刷。阴角处应增刷1～2遍胶；纸背刷胶要均匀，不裹边、不起堆，以防溢出。现在壁纸一般直接采取干贴法，将壁纸胶用滚筒或毛刷刷涂到裁好的壁纸背面，特别注意四周边缘需要涂满胶水，以确保施工质量。

（1）聚氯乙烯塑料壁纸用于墙面裱糊时，其背面可以不涂胶黏剂，只在被裱糊基层上施涂胶黏剂。当塑料壁纸裱糊于顶棚时，基层和壁纸背面均应涂刷胶黏剂。

（2）纺织纤维壁纸、化纤壁布等品种，为了增强其裱贴黏结能力，材料背面及装饰基层表面均应涂刷胶黏剂。复合纸基壁纸采用于纸背涂胶进行静置软化后，裱糊时其基层也应涂刷胶黏剂。

（3）玻璃纤维壁布和无纺壁布，要求选用黏结强度较高的胶黏剂，只需将胶黏剂涂刷于裱贴面基层上，而不必同时在布的背面涂胶。

（4）金属壁纸质脆而薄，在其纸背涂刷胶黏剂之前，应准备一卷未开封的发泡壁纸或一个长度大于金属壁纸宽度的圆筒，然后一边在已经浸水后阴干的金属壁纸背面刷胶，一边将刷过胶的部分向上卷在发泡壁纸卷或圆筒上。

当然，是否需要在纸背和墙面同时涂刷胶黏剂，应根据施工现场实际情况和设计要求而定。

8. 裱糊

裱糊的基本顺序：先垂直面，后水平面；先细部，后大面；先保证垂直，后对花拼缝；垂直面先上后下，先长墙面，后短墙面；水平面先高后低。需要裱糊装饰墙面的大面，尤其是装饰的显著部位，应尽可能采用整幅壁纸，不足整幅者应裱贴在光线较暗或不明显处。与顶棚阴角线、挂镜线、门窗装饰包框等线脚或装饰构件交接处，均应衔接紧密，不得出现因亏纸而留下残余缝隙。

（1）根据分幅弹线和壁纸墙布的裱糊顺序编号，从距离窗口较近的一个阴角部位开始，依次到另一个阴角收口，如此顺序裱糊，其优点是不会在接缝处出现阴影而方便操作。

（2）无图案的壁纸、壁布，接缝处可采用搭接法裱糊。相邻的两幅在拼连处，后贴的一幅搭压前一幅，重叠30mm左右，然后用钢尺或铝合金直尺与裁纸刀在搭接重叠范围的中间将两层壁纸、壁布割透，随即将切掉的多余小条扯下。此后，用刮板从上向下均匀赶胶，排出气泡，并及时用洁净的湿布或海绵擦除溢出的胶液。对于质地较厚的壁纸、壁布，需用胶辊进行滚压赶平。但应注意，发泡壁纸及复合纸基壁纸不得采用刮板或辊筒一类的工具赶压，宜用毛巾、海绵或毛刷进行压敷，以避免将花型赶平或是使裱糊饰面出现死褶。

（3）对于有图案的壁纸、壁布，为确保图案的完整性及其整体的连续性，裱糊时可采用拼接法。先对花，后拼缝，从上至下图案吻合后，用刮板斜向刮平，将拼缝处赶压密实；拼缝处挤出的胶液及时用洁净的湿毛巾或海绵擦除。对于需要重叠对花的壁纸、壁布，可将相邻两幅对花搭叠，待胶黏剂干燥到一定程度时（约为裱糊后20～30min）用钢尺或其他工具在重叠处拍实，用刀从重叠搭口中间自上而下切断，随即除去切下的余纸，并用橡胶刮板将拼缝处刮压严密平实。注意用刀切割时下力要匀，应一次直落，避免出现刀痕或拼缝处起丝。

（4）为了防止在使用时由于被碰、划而造成壁纸、壁布开胶，裱糊时不可在阳角处甩缝，应包过阳角不小于20mm。阴角处搭接时，应先裱糊压在里面的壁纸或壁布，再裱贴搭在上面者，一般搭接宽度为20～30mm；搭接宽度不宜过大，否则其褶痕过宽会影响饰面美观。需要在装饰造型部位的阳角采用搭接时，应考虑采取其他包角、封口形式的配合装饰措施，具体形式由设计确定。与顶棚交接（或与挂镜线及天花阴角线条交接）处，应划出印痕，然后用刀、剪修齐，或用轮刀切齐；以同样的方法修齐下端与踢角板或墙裙等的衔接收口处边缘。

（5）遇有基层卸不下的设备或附件，裱糊时可在壁纸、壁布上剪口。方法是将壁纸或壁布轻糊于裱贴面凸出物件上，找到中心点，从中心点往外呈放射状剪裁（即所谓“星形剪切”），再使壁纸墙布舒平，用笔描出物件的外轮廓线，拉起多余的壁纸、壁布，剪去不需要的部分，如此沿轮廓线套割贴严，不留缝隙。

（6）顶棚裱糊时，宜沿房间的长度方向，先裱糊靠近主窗的部位。裱糊前先在顶棚与墙壁交接处弹一道粉线，基层涂胶后，将已刷好胶并保持折叠状态的壁纸、壁布托起，展开其顶褶部分，边缘靠齐粉线，先铺平一段，然后沿粉线铺平其他部分，直至整幅贴牢。按此顺序完成顶棚裱糊，分幅赶平铺实，剪除多余部分，并修齐各处边缘及衔接部位。

9. 修整

（1）局部皱纹、死褶。应趁壁纸未干，用湿毛巾抹湿纸面；壁纸湿润后，用手慢慢将壁纸舒平，待无褶皱时，用刮板赶平；若已干结，则撕下壁纸，清理基层，重新裱贴。

（2）局部空鼓。用壁纸刀切开，补涂胶液，重新压复贴牢；若有小气泡，可用注射器对其放气，后注入胶液，重新粘牢。

（3）翘边、翻角。翻起、卷边的壁纸应查明原因，若因基层有污物而导致黏结不牢，应立即将基层清理干净后，再补刷胶黏剂，重新贴牢；若是胶黏剂的黏结力不够，则要换用黏性大的胶黏剂。

（4）碰撞损坏的壁纸。采取挖空填补的方法，将损坏部分割去，后按形状大小，对好花纹补上，要求补后不留痕迹。

10. 清理、保护

（1）墙纸裱糊完的房间应及时清理干净，不准做料房或休息室，避免污染和损坏。

（2）在整个裱糊的施工过程中，严禁非操作人员随意触摸墙纸。

（3）电气和其他设备等在进行安装时，应注意保护墙纸，防止污染和损坏。

（4）铺贴壁纸时，必须严格按照规程施工，施工操作时要做到干净、利落，边缝要切割整齐，胶痕必须及时清擦干净。

（5）严禁在已裱糊好壁纸的顶、墙上剔眼打洞。若纯属设计变更，也应采取相应的措施，施工时要小心保护，施工后要及时认真修复，以保证壁纸的完整。

五、壁纸裱糊饰面施工的允许偏差和检验方法

壁纸裱糊饰面施工的允许偏差和检验方法主要参照《建筑装饰装修工程质量验收标准》（GB 50210—2018）。

1. 主控项目

（1）壁纸、壁布的种类、规格、图案、颜色和燃烧性能等级应符合设计要求及国家现行标准的有关规定。检验方法：观察；检查产品合格证书、进场验收记录和性能检验报告。

（2）裱糊工程基层处理质量应符合本标准中关于高级抹灰的要求。检验方法：检查隐蔽工程验收记录和施工记录。

（3）裱糊后各幅拼接应横平竖直，拼接处花纹、图案应吻合，应不离缝、不搭接、不显拼缝。检验方法：距离墙面1.5m处观察。

（4）壁纸、墙布应粘贴牢固，不得有漏贴、补贴、脱层、空鼓和翘边。检验方法：观察；手摸检查。

2. 一般项目

（1）裱糊后的壁纸、壁布表面应平整，不得有波纹起伏、气泡、裂缝、褶皱；表面色泽应一致，不得有斑污，斜视时应无胶痕。检验方法：观察；手摸检查。

（2）复合压花壁纸和发泡壁纸的压痕或发泡层应无损坏。检验方法：观察。

（3）壁纸、壁布与装饰线、踢脚板、门窗框的交接处应吻合、严密、顺直，与墙面上电气槽、盒的交接处套割应吻合，不得有缝隙。检验方法：观察。

（4）壁纸、壁布边缘应平直整齐，不得有纸毛、飞刺。检验方法：观察。

（5）壁纸、壁布阴角处应顺光搭接，阳角处应无接缝。检验方法：观察。

（6）裱糊工程的允许偏差和检验方法应符合表9-4的规定。

表9-4　裱糊工程的允许偏差和检验方法

项次	项目	允许偏差/mm	检验方法
1	表面平整度	3	用2m靠尺和塞尺检查
2	立面垂直度	3	用2m垂直检测尺检查
3	阴阳角方正	3	用200mm直角检测尺检查

任务3

软包饰面施工

软包是指一种在建筑内墙表面用柔性材料加以包装的墙面装饰方法。它所使用的材料质地柔软、色彩柔和，能够柔化整体空间氛围，其纵深的立体感能提升空间的档次；除了能美化空间外，更重要的是还具有吸音、隔音、防潮、防撞等实用功能。

软包多运用于公共建筑，如宾馆、会所等地。与软包对应的是硬包，硬包通常的做法是直接将基层的木工板或高密度纤维板做成所需的造型，然后将板材的边做成45°的斜边，再用布艺或皮革饰面；但硬包表面易破损。

一、软包饰面的基本构造

软包装饰工程的饰面有两种常用做法：一是固定式软包，二是活动式软包。

固定式软包做法一般采用木龙骨骨架或轻钢龙骨骨架，铺钉胶合板衬板，按设计要求选定包面材料钉装于衬板上，并填充矿棉、岩棉或玻璃棉等软质材料；也可将衬板、包面和填充材料分块、分件制作成单体，然后固定（钉接或粘接）于龙骨骨架，如图9-2至图9-4所示。

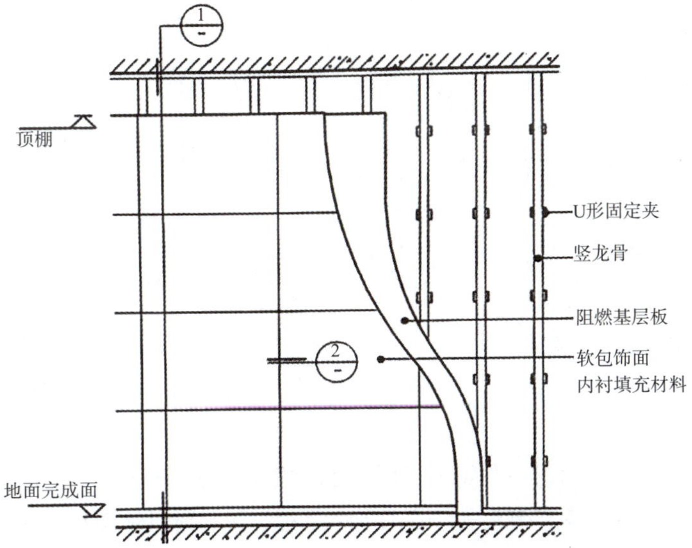

图9-2　固定式软包饰面构造示意图

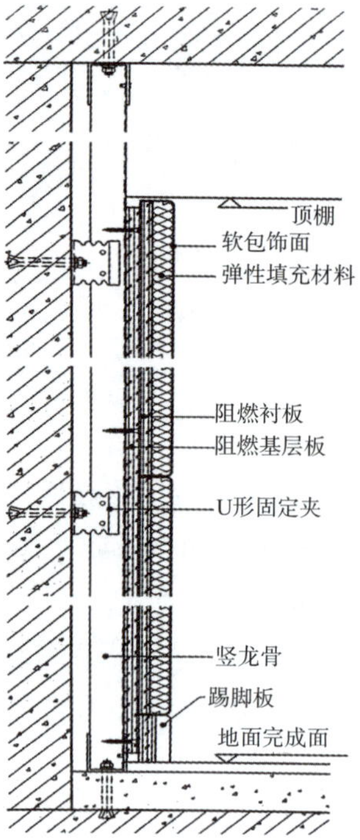

图9-3　固定式软包饰面构造节点详图

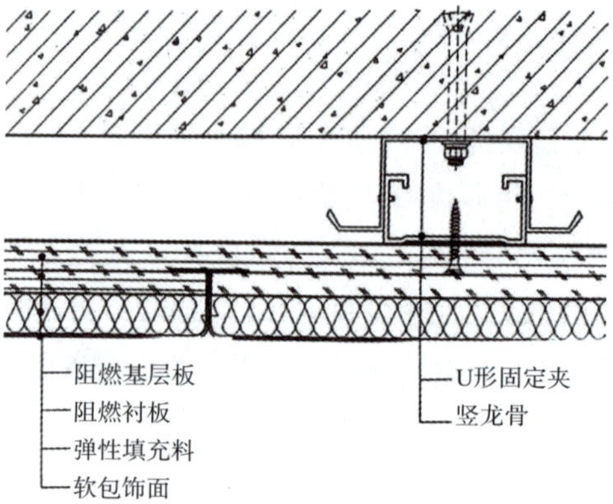

图9-4　固定式软包饰面构造节点详图

活动式软包做法通常是在建筑墙面固定上下单向或双向实木线脚，线脚带有凹槽，上下线脚或双向线脚的凹槽相互对应，软包饰件分块（件）事先做好，即采用规则的泡沫塑料、岩绵板块、海绵块等为填充芯材，外包装饰布之类的织物面料，可以整齐而准确地利用其弹性特点卡装于木线之间；另一种活动式做法是分件（块）采用胶合板衬板及软质填充材料分别包覆制作成单体，然后卡嵌于装饰线脚之间，如图9-5所示。

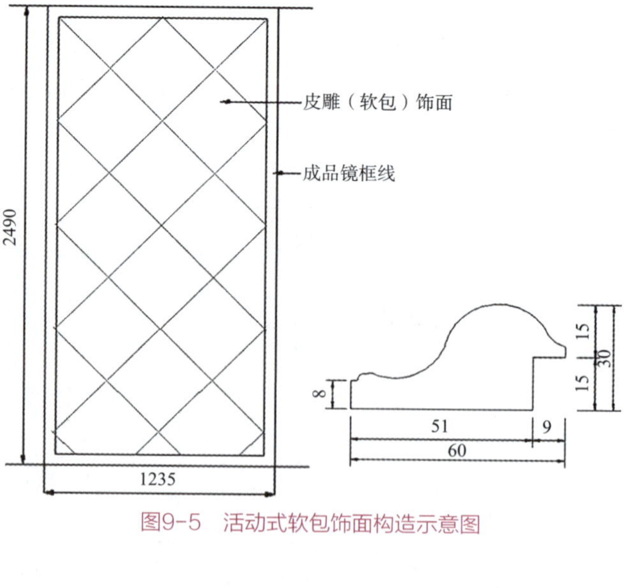

图9-5　活动式软包饰面构造示意图

固定式软包适用于较大面积的饰面工程，活动式软包适用于小空间的墙面装饰。不论采用何种软包做法，其装饰美感都侧重于造型艺术处理、包面材料外观及填充后的立体效果。

二、软包饰面的装饰材料及质量要求

1. 软包面料

常用软包面料有皮革、人造革、平绒布，软包饰面施工中所选面料的颜色图案均应符合设计要求及国家现行标准的有关规定。

2. 内衬材料

软包饰面一般选择高密度海绵作为内衬材料，采购时根据设计要求选择相应厚度的海绵，根据软包设计分格现场切割。

3. 边框材料

当前软包工程使用的边框材料多为成品装饰线，在采购时可根据设计要求或选择软包产品配套装饰线。

4. 型条（软包夹条）

型条有多种类型和规格，不同生产厂家产品编号不同，通常在成卷铺装时使用，多为软包配套。

三、软包饰面的施工机具与工艺流程

1. 施工机具

施工机具主要有激光水准仪、空气压缩机、直钉枪、码钉枪、角磨机、专用角度剪刀、专用海绵开孔器、专用塞刀、美工刀等。

2. 施工工艺流程

（1）人造革软包饰面施工工艺流程：基层处理→木龙骨架安装→面层固定→理边、修整。

（2）装饰布软包饰面施工工艺流程：基层处理→基面造型→框线设置→软包单体预制和单体嵌装。

四、软包饰面的施工技术要点

（一）人造革软包饰面的施工

皮革或人造革软包饰面，具有质地柔软、消声减震、保温性能好等特点，传统上常被用于健身房、练功房、幼儿园等防止碰撞损伤的房间的墙面或柱面。

按基底材料的不同，人造革可分为棉布基聚氯乙烯人造革和化纤基人造革；按其表面特征不同，可分为光面革、花纹革、套色印花革等；按其塑料层结构不同，可分为单面人造革、双面人造革、泡沫人造革和透气人造革等。人造革的新型品种是以无纺布为基材的微孔聚氨酯薄膜贴层合成革，具有重量轻、透气、弹性好等特点，其防虫、耐水、防腐和防霉变等性能优于天然皮革。

用人造革包覆进行凹凸立体处理的现代建筑室内局部造型饰面、墙裙、保温门、吧台或服务台立面、背景墙等，可发挥人造革的耐水、可刷洗及外观典雅、精美等优点，但应重视其色彩、质感和表面图案效果与装修空间的整体风格相协调。

1. 基层处理

软包饰面的基体应有足够的强度，要求其构造合理、基层牢固。对于建筑结构墙面或柱体表面，为防止结构内的潮气造成软包基面板、衬板的翘曲变形而影响使用质量，对于砌筑墙体应进行抹灰找平，但不管哪种类型的墙面都应根据设计要求进行防潮处理。

2. 龙骨架安装

软包饰面用一般采用30mm×50mm或50mm×50mm断面尺寸的木龙骨，木龙骨排布的间距尺寸可在400～600mm单向或双向布置范围调整，固定方式可采用木楔铁钉，如图9-6所示。

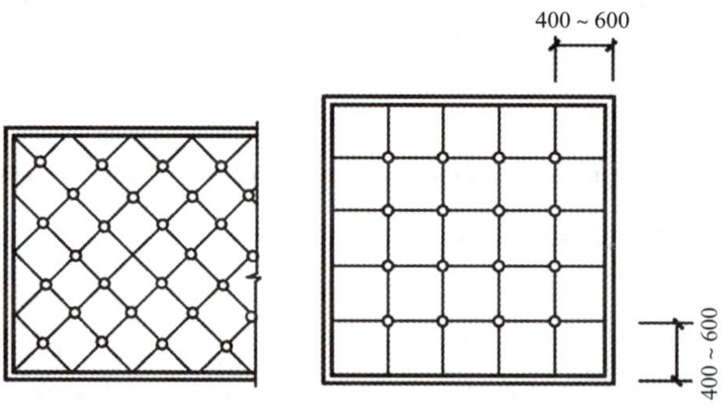

图9-6　面层分格示意图

木龙骨固定合格后，即可铺钉（衬板），基面板一般采用防火胶合板。根据设计要求的软包构造做法，当采用整体固定时，将基面板满铺钉于龙骨上，要求钉装牢固、表面平整。然后将高密度海绵、矿棉等填充材料规则地铺装于基面衬板上，采用黏结或暗钉方式进行固定，应形状正确，厚度符合设计要求。

3. 面层固定

皮革和人造革（或其他软包面料）软包饰面的固定式做法，可选择成卷铺装或分块固定等不同方式；此外，还有压条法、平铺泡钉压角法等其他做法，由设计选用确定。

（1）成卷铺装法。由于人造革可以成卷供应，当较大面积的软包施工时，可采用成卷铺装法。要求人造革卷材的幅面宽度大于横向龙骨间距尺寸60～80mm，并要保证基面胶合板的接缝必须固定于龙骨中线上，如图9-7所示。

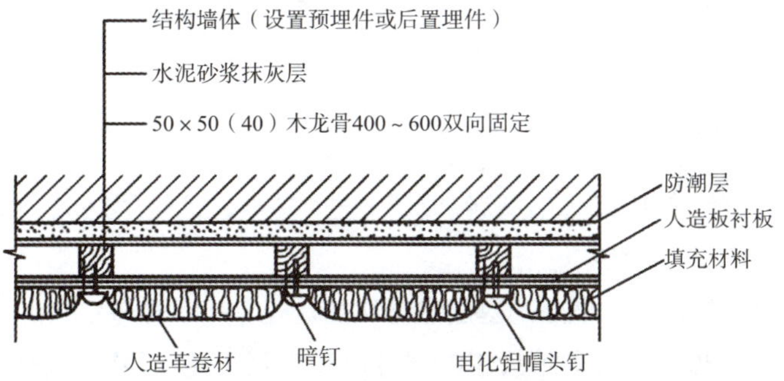

图9-7 面层整卷铺装示意图

（2）分块固定法。分块固定法是先将人造革与胶合板衬板按设计要求的分格、划块尺寸进行预裁，然后一并固定于龙骨上，如图9-8所示。安装时，从一端开始以胶合板压住人造革面层，压边20～30mm与龙骨钉固，同时塞入被包覆材料；另一端则不压人造革，而直接固定于龙骨，继续安装，即重复以上过程。要求胶合板的搭接必须置于龙骨中线。人造革剪裁时应注意必须大于装饰分格划块尺寸，并足以在下一条龙骨上剩余20～30mm的压边料头。

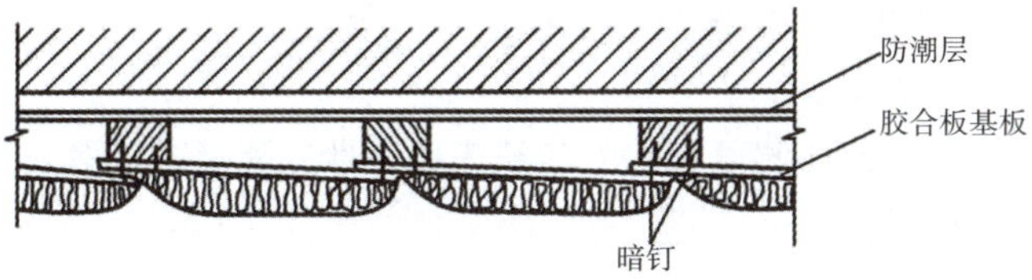

图9-8 分块固定安装

4. 理边、修整

清理接缝、边沿露出的人造革，调整接缝不顺直处。开设、修整各设备安装孔，安装镶边条，安装贴脸或装饰物，修补各压条上的钉眼，修刷压条、镶边条油漆，最后擦拭、清扫浮灰。

（二）装饰布软包饰面的施工

1. 装饰布的固定式软包

（1）平绒布软包饰面。作为棉织物中的高档产品，由于其表面被柔软厚实的平整绒毛所覆盖，故被称为平绒。平绒布的主要特点是绒毛丰满，绒面具有柔润、均匀的光泽和优良弹性及高耐磨性。

（2）家具布软包饰面。室内墙面装饰工程实践证明，选用各种颜色图案和不同质感的家具布料做软包饰面，可以满足建筑室内一定的声学要求。其固定式软包做法与人造革和平绒布饰面相同，但其填充层的泡沫塑料、矿棉、海绵等材料的铺设厚度，可根据设计或实际需要适当增大。

2. 装饰布活动式软包

装饰布活动式软包施工比固定式软包复杂一些，主要包括基层处理、基面造型、框线设置、软包单体预制和单体嵌装。

（1）基层处理。按照设计要求对基层进行认真处理，并涂刷防潮涂料。

（2）基面造型。根据设计图纸规定的尺寸进行实测实量、分格划块；或是按设计要求利用木龙骨、胶合板等进行护壁装修造型处理，按造型尺寸确定软包单体饰面的面积。

（3）框线设置。按设计图纸要求的方式固定带凹槽的装饰线脚，线脚的槽口尺寸和相互间的对应关系，应与软包单体的嵌入相适应。

（4）软包单体预制。按分格划块尺寸制作单体软包饰件，采用海绵块等规则的软包芯材，外面包上装饰布。表面装饰布的封口处理，必须保证在单体安装后不露其封口的接缝，以确保其美观。

（5）单体嵌装。将软包单体分块或分组嵌装于饰面框线之间，嵌装时注意尺寸要吻合，表面应平整，各块之间要协调。

五、软包饰面施工的允许偏差和检验方法

软包饰面施工的允许偏差和检验方法主要参照《建筑装饰装修工程质量验收标准》（GB 50210—2018）。

1. 主控项目

（1）软包工程的安装位置及构造做法应符合设计要求。检验方法：观察；尺量检查；检查施工记录。

（2）软包边框所选木材的材质、花纹、颜色和燃烧性能等级应符合设计要求及国家现行标准的有关规定。检验方法：观察；检查产品合格证书、进场验收记录、性能检验报告和复验报告。

（3）软包衬板材质、品种、规格、含水率应符合设计要求。面料及内衬材料的品种、规格、颜色、图案及燃烧性能等级应符合国家现行标准的有关规定。检验方法：观察；检查产品合格证书、进场验收记录、性能检验报告和复验报告。

（4）软包工程的龙骨、边框应安装牢固。检验方法：手扳检查。

（5）软包衬板与基层应连接牢固，无翘曲、变形，拼缝应平直，相邻板面接缝应符合设计要求，横向无错位拼接的分格应保持通缝。检验方法：观察；检查施工记录。

2. 一般项目

（1）单块软包面料不应有接缝，四周应绷压严密。需要拼花的，拼接处花纹、图案应吻合。软包饰面上电气槽、盒的开口位置、尺寸应正确，套割应吻合，槽、盒四周应镶硬边。检验方法：观察；手摸检查。

（2）软包工程的表面应平整、洁净、无污染、无凹凸不平及褶皱；图案应清晰、无色差，整体应协调美观、符合设计要求。检验方法：观察。

（3）软包工程的边框表面应平整、光滑、顺直，无色差、无钉眼；对缝、拼角应均匀对称、接缝吻合。清漆制品木纹、色泽应协调一致。其表面涂饰质量应符合本标准涂饰工程的有关规定。检验方法：观察；手摸检查。

（4）软包内衬应饱满，边缘应平齐。检验方法：观察；手摸检查。

（5）软包墙面与装饰线、踢脚板、门窗框的交接处应吻合、严密、顺直。交接（留缝）方式应符合设计要求。检验方法：观察。

（6）软包饰面施工的允许偏差和检验方法应符合表9-5的规定。

表9-5　软包饰面施工的允许偏差和检验方法

项次	项目	允许偏差/mm	检验方法
1	单块软包边框水平度	3	用1m水平尺和塞尺检查
2	单块软包边框垂直度	3	用1m垂直检测尺检查
3	单块软包对角线长度差	3	从框的裁口里角用钢尺检查
4	单块软包宽度、高度	0，-2	从框的裁口里角用钢尺检查
5	分格条（缝）直线度	3	拉5m线，不足5m拉通线，用钢直尺检查
6	裁口线条结合处高度差	1	用直尺和塞尺检查

课后练习

1. 简述裱糊饰面装饰材料的分类。
2. 裱糊饰面工程施工中常用胶黏剂和施工机具有哪些？
3. 简述裱糊饰面工程施工的主要施工工艺。
4. 在裱糊与软包工程施工中，为防止装饰面后期可能出现质量问题，有哪些隐蔽工程需要注意？
5. 在裱糊与软包工程施工中，从环保要求出发，有哪些需要注意的要点？

10 项目10

细部工程

知识目标

1 熟悉细部工程的主要内容及制作安装过程中常用的名词术语。
2 了解细部工程中木材的种类、性能与识别方法。
3 熟悉细木构件在制作和安装过程中施工机具的安全使用方法。
4 掌握木质窗帘盒、窗台板、筒子板、贴脸板、挂镜线、木楼梯、吊柜、壁柜、厨房台柜、室内线饰和墙面木饰等装饰构件的制作与安装方法。
5 熟悉细部工程施工的质量验收标准及检验方法。

技能目标

1 了解当下室内装饰行业中细部工程的发展现状，了解细部工程装饰材料和装饰构件在市场上的专业分类。
2 能够运用专业术语从实用性、技术性、经济性、艺术性等方面对细部工程进行准确描述。
3 能够运用所学知识，对细部工程一线施工作业人员进行技术交底；能够承担细部工程中相关施工质量检验工作。

思政目标

1 细部工程的主要内容是木制品的制作与安装工程，随着室内装饰材料行业的快速发展，在当下的室内装饰工程中，绝大多数的木制品是在工厂定制加工完成的，其成品质量通常可以达到设计要求，但是这些成品木质构件的安装仍然需要施工人员具有良好的专业技术水平，才能保证最后装饰面达到设计要求。

2 细木构件的制作工艺和安装并不复杂，但各种构件加工安装需要注意的要素较多。如基材挑选，细木制品所用木材要进行认真挑选，保证所用木材的树种、材质、规格符合设计要求，在施工中应避免大材小用、长材短用、优材劣用的现象发生，这就特别要求一线施工人员对细部工程具备严肃认真的态度和精益求精的精神。

在传统的装饰工程施工中，细部制品工程主要指室内的木质窗帘盒、窗台板、筒子板、贴脸板、挂镜线、木楼梯、吊柜、壁柜、厨房台柜、室内线饰和墙面木饰等一些木制品的制作与安装工程。在建筑室内装饰工程中，这些细木制品往往处于比较醒目的位置，有的还是能直接触摸到的，其质量对整个工程都有较大影响。因此，细木制品应选择优质木材，精心制作，仔细安装，使工程质量达到国家的质量标准。

任务1
细部工程的基本知识

一、木材的基本知识

（一）木材的种类

1. 软木材

用针叶树加工生产的木材称为软木材。其树干通直高大，纹理平顺，材质均匀，木质较软，易加工，强度高，密度、涨缩变形小，如红松、白松、落叶松、云杉、冷杉、柏木等。

2. 硬木材

用阔叶树加工生产的木材称为硬木材。其树干通直部分较短，密度比较大，木质比较硬，纹理不如软木材平顺，较难加工，易变形且变形较大，易开裂，但木材表面花纹自然美观，如樟树、水曲柳、桦树、椴树、胡桃木、榆木、榉木等。

（二）木材的性能指标

1. 含水率

木材中所含水的质量与木材干燥质量的百分比称为含水率。

2. 平衡含水率

木材的含水率与相对环境的湿度达到恒定时的含水率称为平衡含水率。

3. 纤维饱和点

木材细胞壁中的吸附水达到饱和时，细胞腔和细胞之间无自由水时的含水率称为纤维饱和点。

（三）湿涨干缩

木材体积随纤维细胞壁含水率的变化而变化，这是木材非常重要的物理性质。由于木材构造具有不均匀性，从而造成了在不同方向的湿涨干缩程度不同。根据试验充分证明：纵向干缩比较小，一般为0.1%~0.35%；径向干缩比较大，一般为3%~6%；弦向干缩最大，一般为6%~12%。

（四）强度

木材强度与木材的构造、受力方向、含水率、承受荷载持续时间以及其缺陷等因素有关。

木材的强度有抗拉、抗压、抗弯、抗剪强度，而这些强度又与木材的纹路有关，见表10-1。

表10-1 木材强度

抗压强度/MPa		抗拉强度/MPa		抗弯强度/MPa	抗剪强度/MPa	
顺纹	横纹	顺纹	横纹	150~200	顺纹	横纹
100	10~20	200~300	6~20		15~20	50~100

（五）木材识别

木材的树种不同，其纹理、花色、气味也各不相同，特别是在纹理方面比较明显，有直纹、斜纹和乱纹等。

1. 不同树种的识别

（1）根据年轮的状态识别不同树种的木材。年轮的宽窄反映树木生长的快慢。生长快的树种有泡桐、轻木、沙兰杨等，生长较慢的树种有云杉、黄杨木、侧柏等。生长快的树种，一个年轮的宽度达3~4cm；生长慢的树种，1cm宽度可以有5个以上的年轮。

（2）根据射线的状态识别不同树种的木材。

①宽木射线。在肉眼下极显著或明晰，宽度一般在0.2mm以上，如青岗栎、麻栎等。

②窄木射线。在横切面或径切面上能用肉眼看得见，宽度通常在0.1~0.2mm，如榆木、椴木等。

③极窄木射线。肉眼完全看不见，宽度在0.1mm以下，如杨木、桦木和针叶树木等。

（3）根据边材和心材的不同识别不同树种的木材。

①显心材树种。凡是心材、边材区别明显的树种称为显心材树种。属显心材类的针叶树材有落叶松、马尾松、红松、银杏、杉木、柳杉、水杉、紫杉、柏木等；阔叶树材有水曲柳、黄菠萝、山槐、榆木、核桃楸、麻栎等。

②隐心材树种。凡是心材、边材没有颜色上的区别，而有含水量区别的树种，称为隐心材树种。属隐心材类的针叶树材有云杉、鱼鳞云杉、臭冷杉、冷杉等；阔叶树材有极木、山

杨、水青冈等。

③边材树种。凡是从颜色或含水量上都看不出边材与心材界限的树种，称为边材树种。属边材类的有很多的阔叶树种，如桦木、杨木等。

（4）根据树皮的不同形态识别不同树种的木材。树皮的外部形态、颜色、气味、质地及剥落情况均为现场识别原木的主要特征。在现场识别原木时，主要抓住树皮的以下特点：

①看外皮。大部分常见树种根据树木的外皮即可确定其名称。外皮的颜色各异，如杉木的外皮为红褐色、白桦的外皮雪白、青榨槭为绿色。需要注意的是，年长的树皮不可辨别。

②看内皮。树木内皮的颜色、厚薄、质地都可作为识别树种的依据，如落叶松的内皮颜色为紫红色、黄菠萝的内皮颜色为鲜黄色等。

③看树皮厚度。树皮有厚有薄，如栓皮栎、黄菠萝的树皮很厚，木栓层发达，达1cm以上。

④看树皮开裂和剥离的形态。树皮的形态也是识别木材的重要依据。外皮形态一般分为两类：一类是不开裂的，另一类是开裂的。不开裂的又有粗糙、平滑、褶皱、瘤状凸出等特征，开裂的又可分为平行纵裂、交叉纵裂、深裂及条状剥离和块状剥离等。梧桐树不开裂，桦木横向开裂，不同树种的树皮都有其不同的外部形态。

2. 针叶树材的区别

树脂道大而多的木材在原木的端面有明显的树脂圈，这是识别针叶材树种的重要标志之一。同为针叶树材，可根据有无正常树脂道来鉴别针叶树材中的不同树种，主要从以下几个方面来进行区分：

（1）具有正常树脂道的针叶树种主要有六属，即松属、云杉属、落叶松属、银杉属、黄杉属和油杉属，其余的针叶树不具备正常树脂道。

（2）在常见的针叶树材中，无正常树脂道的有杉木、铁杉、冷杉、柳杉等。

（3）对于具有正常树脂道的树种，可进一步根据树脂道的大小、多少识别不同的针叶材树种。松属树种中的红松、马尾松、油松、华山松等树脂道大而多，非常明显；黄杉、云杉、落叶松等树材的树脂道小而少。

3. 阔叶树材的区别

导管是阔叶树独有的输导组织，在木材的横切面呈现出许多大小不同的孔眼，也称为管孔。根据在年轮内管孔的分布情况，阔叶树材分为环孔材、散孔材、半散孔材三类。

（1）环孔材。环孔材指在一个年轮内，早材管孔比晚材管孔大，沿着年轮呈环状排列，如水曲柳、黄菠萝、麻栎等阔叶树种。

（2）散孔材。散孔材指在一个年轮内，早、晚管孔的大小没有显著的区别，呈均匀或比较均匀地分布，如桦木、椴木、枫香等阔叶树种。

（3）半散孔材。半散孔材指在一个年轮内，管孔分布于环孔材和散孔材之间，即早材管孔较大，略呈环状排列，从早材到晚材管孔逐渐变小，界限不明显，如核桃木、楸木等阔叶树种。

二、木构件制作加工原则

1. 选择木料

根据所制作构件的形式和作用以及木材的性能，正确选择木料是木作的一个基本要求。首先是选择硬木还是软木，硬木因为变形大不宜作为重要的承重构件，但其有美丽的花纹，因此，硬木是饰面的好材料，可作为小型构件的骨架。软木变形小，强度较高，特别是顺纹强度，可作为承重构件，也可作为各类龙骨，但花纹平淡。其次，根据构件在结构中所在位置以及受力情况来选择使用边材还是芯材，是用树根部还是树中部、树头处。

2. 构件的位置、受力分析

构件在结构中位置不同受力也不同，所以要分清构件的受力情况，是轴心受压、受拉还是偏心受压、受拉等。常见的木构件有龙骨类、板材类，龙骨有隐蔽的和非隐蔽的。板材多数是作为面层或基层，受弯较多。通过受力分析，可进一步正确选材和用材，从而与木材的变形情况相协调，充分利用其性能。

3. 下料

根据选好的材料，进行配料和下料。

（1）充分利用，配套下料，不得大材小用，长材短用。

（2）留有合理余量。木作下料尺寸要大于设计尺寸，这是留有加工余量，余量的多少视加工构件的种类以及连接形式的不同而不同，如单面刨光留3mm，双面刨光留5mm。

（3）方形框料纵向通长，横向截断，其他形状与图样要吻合，但要注意受力分析。

4. 连接形式

连接的关键是要注意搭接长度满足受力要求。形式有钉接、榫接、胶接、专用五金配件连接。

5. 组装与就位

构件加工好后进行装配，装配的顺序应先里后外，先分部后总体进行。先临时固定，调整准确后再固定完全。

三、施工准备与材料选用

（一）施工准备

细木制品的安装工序并不复杂，一般是窗台板在窗框安装后进行；无吊顶的采用明窗帘盒的房间，明窗帘盒的安装应在安装好窗框、完成室内抹灰标筋后进行；有吊顶的暗窗帘盒的房间，窗帘盒安装与吊顶施工可同时进行；挂镜线、贴脸板的安装应在门窗框安装完、地面和墙面施工完毕后再进行；筒子板、木墙裙的龙骨安装，应在安装好门窗框与窗台板后进行。

细木制品在施工时，应当注意以下事项：

（1）细木制品制成后，应当立即刷一遍底油（干性油），以防止细木制品受潮或干燥发生变形。

（2）细木制品及配件在包装、运输、堆放和安装时，一定要轻拿轻放，不得曝晒和受潮，防止变形和开裂。

（3）细木制品必须按照设计要求，预埋好防腐木砖及配件，保证安装牢固。

（4）细木制品与砖石砌体、混凝土或抹灰层的接触处，埋入砌体或混凝土中的木砖应进行防腐处理。除木砖外，其他接触处应设置防潮层，金属配件应涂刷防锈漆。

（5）施工中所用的机具，应在使用前安装好，并进行认真检查，确认安装和机具完好后，接好电源并进行试运转。

（二）材料选用

1. 木质材料选用

（1）细木制品所用木材要进行认真挑选，保证所用木材的树种、材质、规格符合设计要求。在施工中，应避免大材小用、长材短用和优质劣用的现象。

（2）由木材加工厂制作的细木制品，在出厂时，应配套供应，并附有合格证明；进入现场后应验收，施工时要使用符合质量标准的成品或半成品。

（3）细木制品露明部位要选用优质材料，当做清漆油饰显露木纹时，应注意同一房间或同一部位选用颜色、木纹近似的相同树种。细木制品不得有腐朽、节疤、扭曲和劈裂等质量弊病。

（4）细木制品用材必须保证干燥，应提前进行干燥处理。重要的工程，应该根据设计要求做含水率的检测。

2. 胶黏剂与配件

（1）细木制品的拼接、连接处，必须加胶。可采用动物胶（鱼鳔胶，传统红木家具使用较多），还可用聚醋酸乙烯（乳胶）、脲醛树脂等化学胶。

（2）细木制品所用的金属配件、钉子、木螺丝的品种、规格、尺寸等应符合设计要求。

3. 防腐与防虫

采用马尾松、木麻黄、桦木、杨木等易腐朽、虫蛀的树种木材制作细木制品时，整个构件应用防腐、防虫药剂处理。

任务2
细木构件的制作安装

细木构件的制作与安装是指木质构件的制作安装，主要包括基层板、面板、家具、建筑细部木作及其他装饰木作的配合。细木构件的制作与安装，在我国有悠久的历史，具有独特的风格和技艺。随着科学发展、工艺改进，细木工程又增添了新的内容，如微薄木贴、雕刻、机制线条等。

一、木窗帘盒的制作安装

窗帘盒的基本造型多为长条形，也有弧形、异形；有整面墙通体造型，也有局部仅在窗口上面的部分造型；有的窗帘盒与墙面造型同时出现，但大多为单独出现的。

木窗帘盒有明盒和暗盒两种。明窗帘盒整个都暴露于外部，一般是先加工半成品，再在施工现场进行安装；暗窗帘盒的仰视部分露明，适用于有吊顶装饰的房间。窗帘盒里悬挂窗帘，窗帘轨道有单轨、双轨和三轨之分；启闭有手动和电动之分。

1. 窗帘盒的制作

窗帘盒的制作工艺流程：首先根据施工图或标准图的要求，认真选料、配料，先加工成半成品，再细致加工成型。加工时，将木料粗略进行刨光，再用线刨顺着木纹起线，线条光滑、顺直、深浅一致，线型力求清秀。然后根据设计图纸进行组装，组装时应当先抹胶，再用钉子钉牢，并将溢出的胶及时擦拭干净，不得有明榫，不得露钉帽。

2. 检查窗帘盒预埋件

为将窗帘盒安装牢固，位置正确，应先检查预埋件，如图10-1所示。但在当前的室内装饰工程中，窗帘盒的安装固定更多采用射钉枪或排钉枪固定。

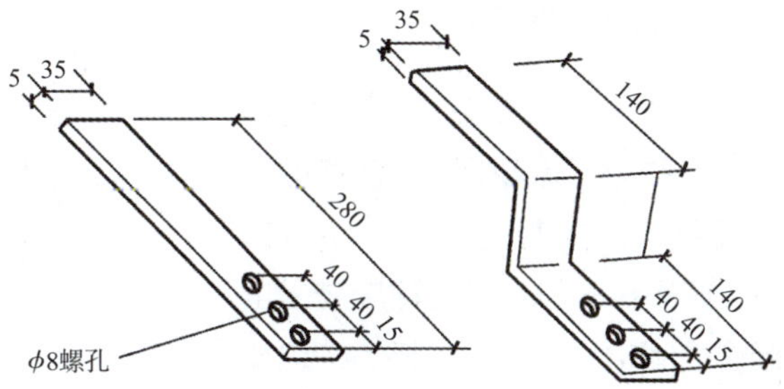

图10-1　常用预埋铁件示意图

3. 窗帘盒的安装

窗帘轨道在安装前，需先检查

其是否平直，如果预查出弯曲现象，要进行调直后再开始安装。明窗帘盒宜先安装轨道，暗窗帘盒可后安装轨道。当窗宽度大于1.2m时，窗帘轨中间应断开，断头处煨弯错开，弯曲应平缓，搭接长度不少于200mm，如图10-2所示。

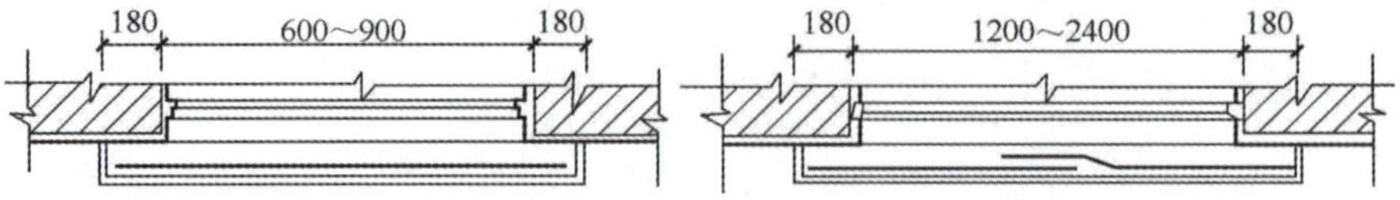

图10-2　单轨窗帘盒仰视平面图

根据室内50cm高的标准水平线确定窗帘盒安装的标高，同一墙面上的窗帘盒，安装时应拉通线，使其高度一致；窗帘盒靠墙部分应与墙面紧贴，不得有缝隙。

二、窗台板的安装

木窗台板的截面形状、尺寸、装钉方法，一般应按照设计施工图施工，常用施工方法如图10-3所示。

根据窗台的实际形状测量、下料；将窗台板刨光起线后，放在窗台墙顶上居中，与窗框之间留5mm缝隙，用密封胶填充。窗台板的长度一般比窗樘宽度长100～120mm，两端伸出的长度应一致。在同一房间内，同标高的窗台板应拉线找平、找齐，使其标高及凸出墙面尺寸一致。

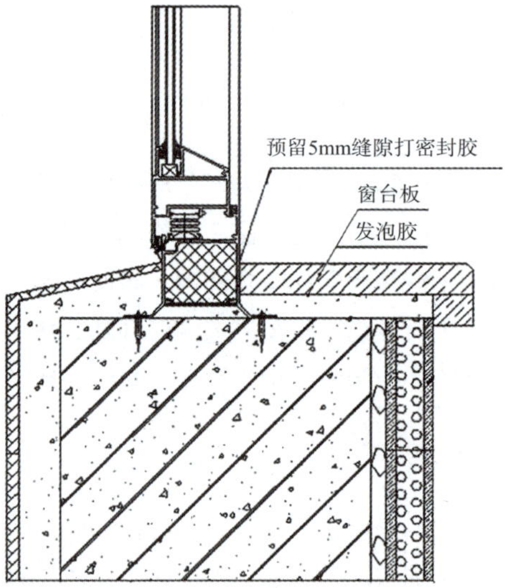

图10-3　木窗台板装钉示意图

三、筒子板的安装

1. 筒子板的构造

筒子板设置在室内门窗洞口处，也称为“堵头板”，其基层板一般用木工板制作并采用镶钉方法，筒子板一般采用发泡胶与基层板连接固定。门窗筒子板的构造如图10-4所示。

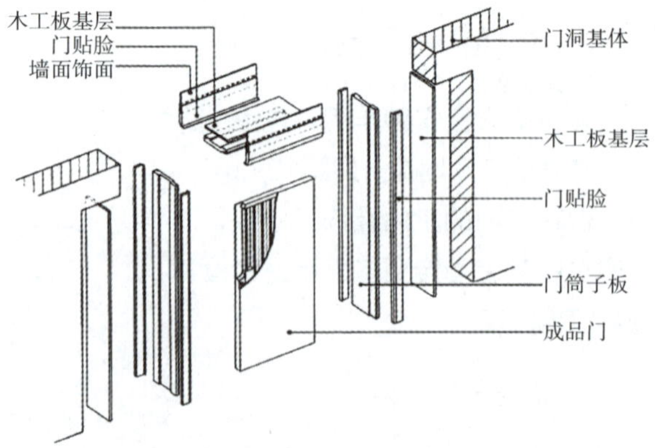

图10-4　门头贴脸、筒子板及其构造示意图

2. 筒子板的施工工艺流程

筒子板的施工工艺流程：检查门窗洞口及埋件→制作及安装木龙骨→装钉面板。

3. 筒子板的施工技术要点

木筒子板的安装，根据设计要求在砖或混凝土墙体中钻孔，打入防腐木楔，间距一般为500mm。采用木筒子板的门窗洞口应比门窗樘宽400mm，洞口比门窗樘高出25mm，便于安装筒子板。

（1）检查门窗洞口及埋件。首先检查门窗洞口尺寸是否符合要求，是否垂直方正，预埋木楔或连接铁件是否齐全，位置是否准确，如发现有不符合要求的地方，必须修理或校正。

（2）制作和安装木龙骨。根据门窗洞口的实际尺寸，用木方制备木龙骨，在其洞口上部和两侧各立两根竖龙骨，安装时竖龙骨与预埋木楔钉牢，并矫正垂直度和水平度；随后铺钉基层板，基层板固定完毕后，再次矫正垂直度和水平度。当筒子板宽度较大时，中间应当适当增加立杆。

（3）装钉面板。面板应精心挑选，木纹和颜色应尽量一致，尤其在同一房间内，更要仔细选用和比较。裁割面板时，要使其略大于龙骨架的实际尺寸，大面净光，小面刮直，木纹根部向下；长度方向需要对接时，木纹应当通顺，其接头位置应避开视线范围；当采用较厚板材时，板背应做卸力槽，以免板面产生弯曲，卸力槽一般间距100mm，宽度10mm，深度5～8mm；筒子板外侧要与墙面齐平，割角严密、方正。

四、贴脸板的安装

（一）贴脸板的构造

贴脸板也称门头线或窗头线，是装饰门窗洞口的一种木质装饰品。门窗贴脸板式样很多，尺寸各异，应按照设计施工。门窗贴脸板常用构造和安装形式，如图10-5所示。

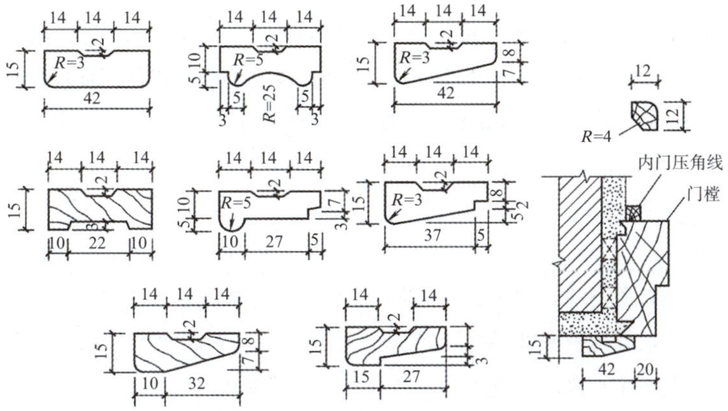

图10-5　门窗贴脸板的构造与安装

（二）贴脸板的施工工艺流程

1. 贴脸板的制作

（1）检查配料的规格、质量和数量，待符合要求后，先用粗刨子刮一遍，再用细刨子刨光。先刨大面，再刨小面，刨得平直、光滑，背面打凹槽。

（2）用线刨顺木纹起线，线条应清晰、挺秀，并且深浅一致。如果做圆形贴脸，必须先套出样板，然后根据样板划线刮料。

2. 贴脸板的装钉

门框与窗框安装完毕后，即可进行贴脸板的安装。贴脸板距门窗洞口边15～20mm。当贴脸板的宽度大于80mm时，其接头应做成暗榫；其四周与抹灰墙面应接触严密，搭盖墙的宽度一般为20mm，最少也不得小于10mm。

装钉贴脸板，一般是先钉横向的，后钉竖向的。先量出横向贴脸板所需要的长度，两端锯成45°斜角（即割角），紧贴在框的上坎上，其两端伸出的长度应一致。将钉帽砸扁，顺木纹冲入木板表面1～3mm，钉长宜为板厚的2倍，钉距不大于500mm。接着量出竖向贴脸板的长度，钉在边框上。

需要说明的是，在当下室内装饰工程中，门窗贴脸板的安装通常使用胶黏安装。

五、木楼梯的施工

从当前装饰工程的实际情况看，木楼梯主要适宜人流不大的场所或复式住宅之类的小型装饰性楼梯，而且主要是采用木质楼梯柱、立杆和扶手。当前室内装饰工程中，木质楼梯构件一般全部都由工厂定制，施工现场仅进行安装施工。

（一）木楼梯的组成

木楼梯由踏脚板、踢脚板、平台、斜梁、楼梯柱、栏杆和扶手等几部分组成。踏脚板是楼梯梯级上的踏脚平板；踢脚板是楼梯梯级的垂直板；平台是楼梯段中间平坦无踏步的地方，也称为休息平台；斜梁是支承楼梯踏步的大梁，承担着楼梯的全部荷载；楼梯柱是装置扶手的立柱；栏杆和扶手装置在梯级和平台临空的一边，高度一般为900～1100mm，起维护和上下依扶的作用。

1. 明步楼梯

明步楼梯是指侧面外观由踏脚板形成的齿状梯级效果明露。这种楼梯的宽度以800mm为限，当超过1000mm时，中间需要加设一根斜梁，在斜梁上钉三角木。三角木可根据楼梯坡度和踏步尺寸进行预制，在其上面铺钉踏脚板和踢脚板。

斜梁上应镶钉外护板，用以遮盖斜梁与三角木的接缝，而使楼梯外侧立面美观。斜梁的上下两端做吞肩榫，与楼格栅（或平台梁）及地格栅相结合，同时用铁件进一步加固。在底层斜梁的下端也可做凹槽，将其压在垫木（枕木）上。明步楼梯的构造与组成，如图10-6所示。

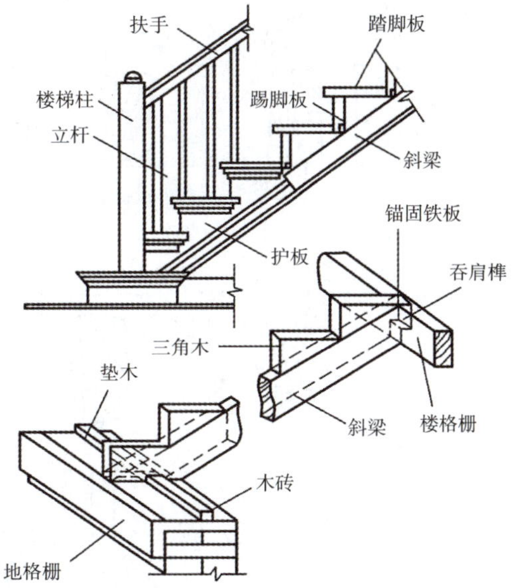

图10-6　明步楼梯的构造与组成

2. 暗步楼梯

暗步楼梯是指其踏步被斜梁遮掩，其侧立面外观梯级效果藏而不露。暗步楼梯的宽度一般可达1200mm，其结构特点是在安装踏脚板一面的斜梁上开凿凹槽，将踏脚板和踢脚板逐块镶入，然后与另一根斜梁合拢敲实。

踏脚板应挑出踢脚板的部分与上述明步楼梯相同；踏脚板应比斜梁稍有缩进。楼梯背面可做成板条抹灰，也可铺钉纤维板等，进而采用涂料涂饰或其他面层处理。暗步楼梯的构造，如图10-7所示。

3. 栏杆与扶手

楼梯栏杆是为了上下楼梯时的安全而设置的安全构件，同时也是装饰性很强的装饰构件。木栏杆之间的距离一般不超过150mm，有的还在立杆之间加设横档连接。

还有一种不露立杆的栏杆构造，称为实心栏杆，实际上是一种木质栏板。其构造做法是将板墙木筋钉在楼梯斜梁上，再以横撑加固，而后在骨架两面铺钉木质胶合板或纤维板，以装饰线条盖缝并加以装饰，最后做油漆涂饰。

楼梯木扶手作为上下楼梯时的倚扶构件，其类型主要有两种：一种是与楼梯组合安装的栏杆扶手；另一种是不设楼梯栏杆的靠墙扶手。传统木质扶手样式多变，用料非常考究，手感舒适。木扶手的形式如图10-8所示。

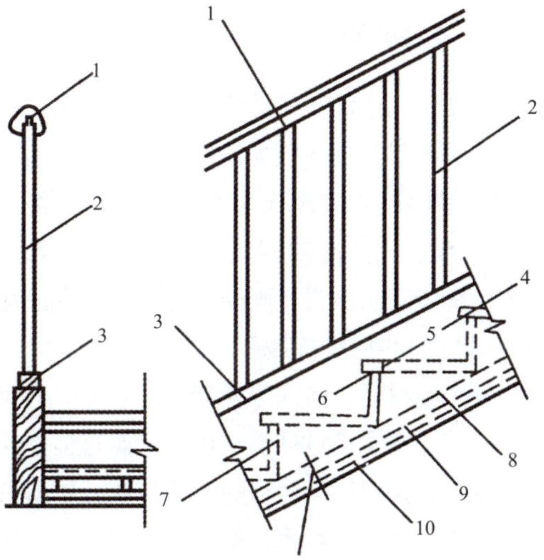

1—扶手；2—立杆；3—压条；4—斜梁；5—踏脚板；6—挑口线；7—踢脚板；8—板条筋；9—板条；10—粉刷。

图10-7　暗步木楼梯的构造

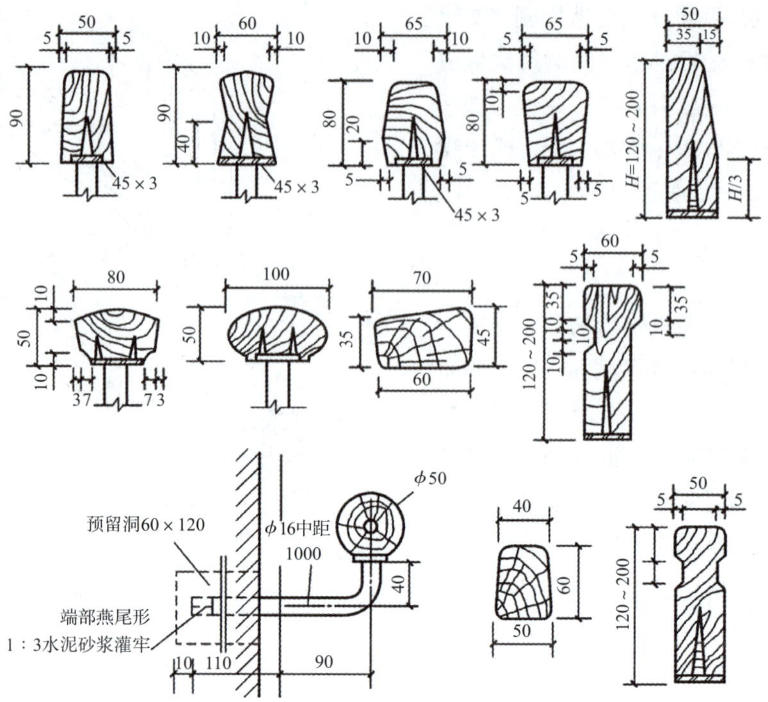

图10-8　不同截面形式的木楼梯扶手示例

（二）木楼梯的制作与安装

1．木楼梯的制作

木楼梯制作前，在铺好的木板或水泥地面上，根据施工图纸将楼梯的踏步高度、宽度、级数及平台尺寸放出尺寸大样；或者按图纸计算出各部分构件的构造尺寸，制作样板。其中，踏步三角按设计图一般都画成直角三角形，如图10-9中的虚线所示。

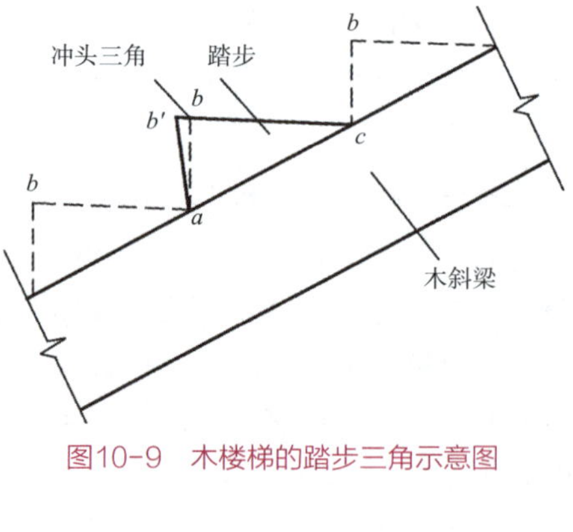

图10-9　木楼梯的踏步三角示意图

开始配料时，应注意楼梯斜梁长度，必须将其两端的榫头尺寸计算在内。踏脚板应使用整块木板，如果采用拼板时，须有防止错缝开裂的措施。制作三角木、踏脚板、斜梁、扶手和栏杆时，其尺寸和形状必须符合设计规定。

2．木楼梯的安装

安装前，先确定楼格栅和地格栅的中心线和标高，安装好楼格栅与地格栅之后再安装楼梯斜梁。三角木由下而上依次进行铺钉，它与楼梯肩的结合处应将钉子打入楼梯斜梁内60mm，每钉一级需加上临时踏板。钉好三角木后，需用水平尺将三角木的顶面校正，并拉线，同时校核各三角木顶端，使其在同一条直线上。安装踏脚板时应保持其水平度；安装踢脚板时应按图10-9中的实线要求，即上端向外倾斜10～20mm。

3. 扶手的制作与安装

楼梯的木质扶手及扶手弯头应选用经干燥处理的硬木，一般是水曲柳、柳桉木、柚木、樟木等。扶手的形式和尺寸由设计决定，按照设计图纸进行加工。对于采用金属栏杆的楼梯，其木扶手底部应开槽，槽深为3～4mm，嵌入扁铁内，扁铁宽度不应大于40mm，在扁铁上每隔300mm钻孔，用木螺钉与扶手固定，如图10-10所示。

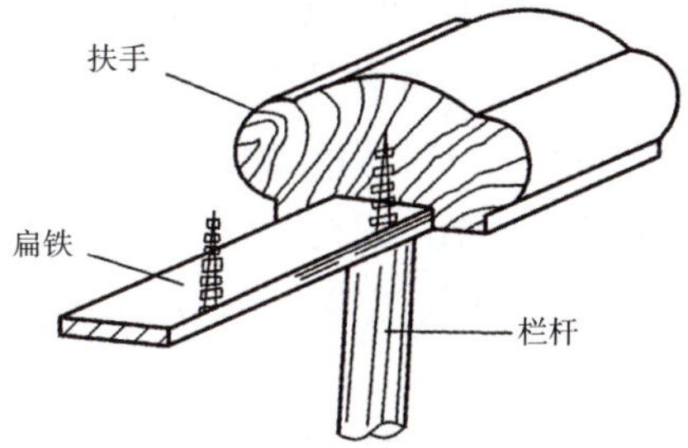

图10-10　采用金属栏杆的木扶手固定图

在制作木扶手前，应按设计要求做出扶手横断面的样板，先将扶手木料的底部刨削平直，然后画出中线，在木料两端对好样板，画出断面轮廓，然后刨出底部凹槽，再用线脚刨子按顶头断面轮廓线刨制成型，刨制时需留出半线的余量。

木楼梯扶手的弯头处，也应按照设计要求先做出样板，一般分水平式和鹅颈式两种弯头形式。先将整料斜纹出方，然后进行放线，再用小锯锯成毛坯，而后用斧具斩出扶手弯头的基本形状。将其底面做准确，将样板套在顶头处画线，用一字刨刨平成型，并注意留线。

弯头与扶手连接处应设在第一踏步的上半部或下半部之外。设在弯头内的接头，应是在扶手或弯头的顶头向里50mm处，在此处方可凿眼、钻孔进行连接，多采用$\phi 8\times$（130～150mm）的双头螺丝将弯头与扶手连接固定，而后将接头处修平、修光，如图10-11所示。

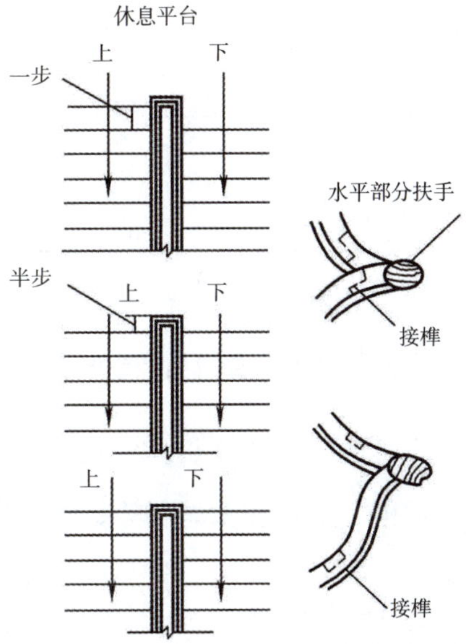

图10-11　扶手弯头处理示意

六、吊柜、壁柜的安装

（一）吊柜、壁柜的一般尺寸

一般情况下，吊柜与壁柜的尺寸应根据实际和用户的要求确定。如果用户无具体要求，其制作的一般尺寸为吊柜的深度不宜大于450mm，壁柜的深度不宜大于620mm。

（二）吊柜、壁柜制作的质量要求

（1）吊柜、壁柜应采取榫连接，立梃、横档、中梃、中档等拼接时，榫槽应严密嵌合，应用胶黏剂黏结，并用胶楔加紧，不得用钉子固定连接。

（2）吊柜、壁柜骨架拼装完毕后，应校正规方，并用斜拉条和横拉条临时固定。

（3）面板在骨架上铺贴应用胶黏剂黏结，位置正确，并用钉子固定，钉距为80～100mm，钉长为面板厚度的2～2.5倍。钉帽应敲扁，并进入面板0.5～1mm。钉眼用与板材同色的油性腻子抹平。

（4）吊柜、壁柜柜体及柜门的线型应符合设计要求，棱角整齐、光滑，拼缝严密、平整。

（5）吊柜、壁柜制作允许偏差应符合表10-2的规定。

表10-2　吊柜、壁柜制作允许偏差

项目	构件名称	允许偏差/mm
翘曲	柜体	3
	柜门	2
对角线长度	柜体、柜门	2
高、宽	柜体	0，-2
	柜门	+2，0

（三）吊柜、壁柜的制作安装

1. 吊柜、壁柜制作安装规定

吊柜、壁柜的柜体与柜门安装的缝隙宽度见表10-3。

表10-3　柜体与柜门安装的缝隙宽度

项目	缝隙宽度/mm
柜门对口缝	≤0.8
柜门与柜体上缝	≤0.5
柜门与柜体的下缝	≤1.0
柜门与柜体铰接缝	≤0.8

2. 吊柜、壁柜制作安装方法

吊柜、壁柜由旁板、顶板、搁板、底板、面板、门、隔板、抽屉组合而成。其安装方法如下：

（1）施工准备。材料、小五金、机具等工具齐备，墙面、地面湿作业已完成。

（2）施工工艺流程：弹线→框架制作→粘贴胶合板→粘贴木压条→装配底板、顶板与旁板→安装隔板、搁板→框架就位固定→安装背板、门、抽屉、五金件。

3. 吊柜、壁柜制作安装通病

吊柜、壁柜制作安装的质量通病主要包括以下几点：

（1）框板内木档间距错误。

（2）罩面板、胶合板出现崩裂。

（3）门扇出现翘曲，关闭比较困难。

（4）吊柜、壁柜出现发霉、腐烂质量问题。

（5）抽屉开启不灵活。

4. 吊柜、壁柜小五金安装

（1）小五金应安装齐全、位置适宜、固定可靠。

（2）柜门与柜体连接宜采用弹性连接件安装，用木螺钉固定，也可用合页连接。

（3）拉手应在柜门中点下安装。

（4）柜门锁应安装于柜门的中点处，位于拉手之上。

（5）吊柜宜用膨胀螺栓吊装。安装后应与墙及顶棚紧靠，无缝隙，安装牢固，无松动，安全可靠，位置正确，不变形。

（6）壁柜应用木螺钉对准木榫固定于墙面，接缝紧密，无缝隙。

（7）所有吊柜、壁柜安装后，必须垂直、水平，所有外角应用砂纸磨钝。

（8）凡是混凝土小型空心砌块墙、空心砖墙、多孔砖墙、轻质非承重墙，不允许用膨胀管木螺钉固定安装吊柜，应采取加固措施后，用膨胀螺栓安装吊柜。

七、厨房台柜的制作与安装

1. 厨房台柜的有关尺寸

台柜的台面宽度不应小于500mm，高度宜为800mm（包括台面铺贴材料厚度）。灶台高度不应大于700mm（包括台面铺贴材料厚度），宽度不应小于500mm。台柜底板距地面宜不小于100mm。

2. 厨房台柜制作质量要求

采用细木制作台柜及门扇或混合结构台柜的门框、门扇应以榫连接，并用胶黏剂黏结，用胶楔加紧。

砖砌支墩应平直，标高准确，与混凝土板连接牢固，支墩表面抹的水泥砂浆应平整、磨毛，待硬固后表面可铺贴饰面材料。

3. 厨房台柜制作安装

厨房台柜门框与门扇或柜体与门扇装配的偏差应符合表10-2的要求。厨房台柜门框与门扇或柜体与门扇装配的缝隙宽度应符合表10-3的要求。

八、墙面木饰的制作与安装

1. 墙面木饰一般形式

在住宅室内墙面装饰中，墙面木饰越来越强调居室功能要求，充分体现业主装饰风格。

（1）墙面木饰的形式。墙面木饰一般形式有护壁板、板筋墙、壁龛等。

（2）墙面木饰的组成。墙面木饰一般由木骨架、基层板、面层板、装饰线脚组成。

2. 墙面木饰一般尺寸规定

（1）护墙板高度宜为900~1200mm或满铺。

（2）横向主龙骨上宜开通气孔，孔间距宜900mm左右，立梃主龙骨间距应控制在350~600mm。

（3）木龙骨上宜用24mm×30mm方木，面板宜用夹板。

3. 墙面木饰质量要求

（1）施工前，地面基体应当处理平整，消除浮灰，对不平整的墙面应用腻子批刮平整。

（2）对于比较潮湿的地面，应涂刷防潮剂一道。

4. 墙面木饰安装

墙面木饰施工工艺流程：基层处理→弹线→主筋定位→横撑安装→横撑加固→基层面板安装→面板安装→盖木条→踢脚板安装。

墙面木饰施工技术要点如下：

（1）基层处理主要检查基层水泥砂浆层含水率不大于8%，潮湿部分做防潮处理，检查基层牢固度、垂直度和平整度，吊顶和地面分项工程的进度符合安装要求，水电、设备及其管线的铺设完成且进行了隐蔽验收。

（2）施工时，应在墙面上弹出护墙板的高度线，按龙骨设计布置方位及垫木位置，在墙上钻孔、下木榫，木榫入孔深度应离墙面10mm，沿龙骨方向的钻孔间距应为500mm。

（3）龙骨及垫木。应用钉子对木榫的位置固定，钉长应为龙骨或垫木厚度的2~2.5倍。也可以用射钉进行固定，射钉入砖深度宜为30~50mm，射钉钉入混凝土墙深度应为27~32mm，射钉尾部不得露出龙骨或垫木的表面。

（4）面板固定可采用胶粘的方法，并用钉子临时固定，待黏结牢固后，再起出钉子。面板固定也可以采用钉子，钉帽应敲扁，顺面板木纹敲进板0.5～1.0mm，钉眼用与面板同色的油性腻子抹平，钉子长度为面板厚度的2～2.5倍。

（5）护墙板面板的高差应小于0.5mm；板面间留缝宽度应均匀一致，尺寸偏差不大于2mm；单块面板对角线长度偏差不大于2mm；面板垂直度偏差不大于2mm。

（6）护墙板阴阳角必须垂直、水平，对缝拼接应为45°。

（7）踢脚板和压条应紧贴面板，不得留有缝隙。钉固踢脚板或压条的钉距不得大于300mm。钉帽应敲扁，顺木纹敲进，入表面深度0.5～1mm，钉眼用同色油性腻子抹平。

5. 墙面木饰质量通病

（1）骨架与结构固定不牢。

（2）墙面粗糙，接头处不平、不严。

（3）细部做法不规矩。

九、室内线饰的制作与安装

在住宅空间中，细木线条在室内装饰处于十分明显的位置，一般选择优质的硬木制作安装，达到良好的室内装饰效果。室内线饰主要有压边线、柱脚线、压角线、墙角线、墙腰线、覆盖线、封边线、镜框线等。

1. 室内线饰一般形式

（1）挂镜线形式，如图10-12所示。

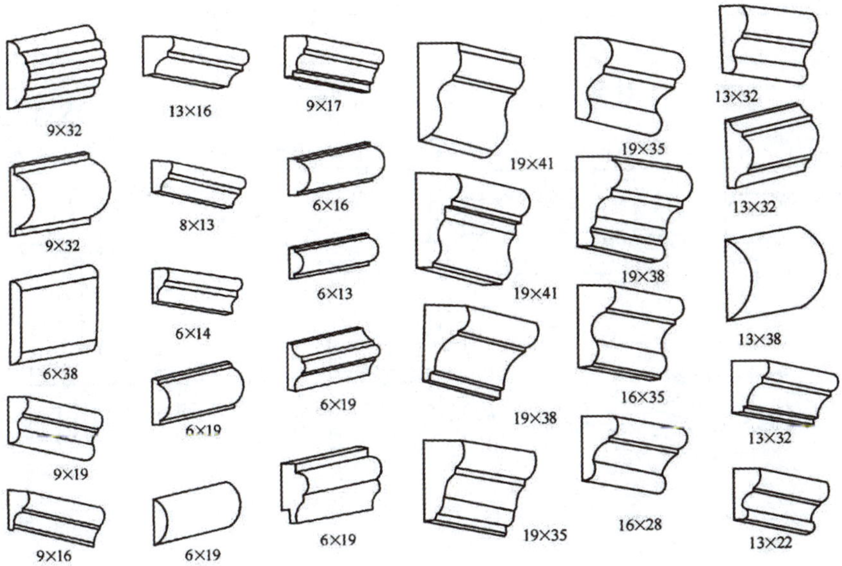

图10-12 各种挂镜线形式

（2）顶角线形式，如图10-13所示。

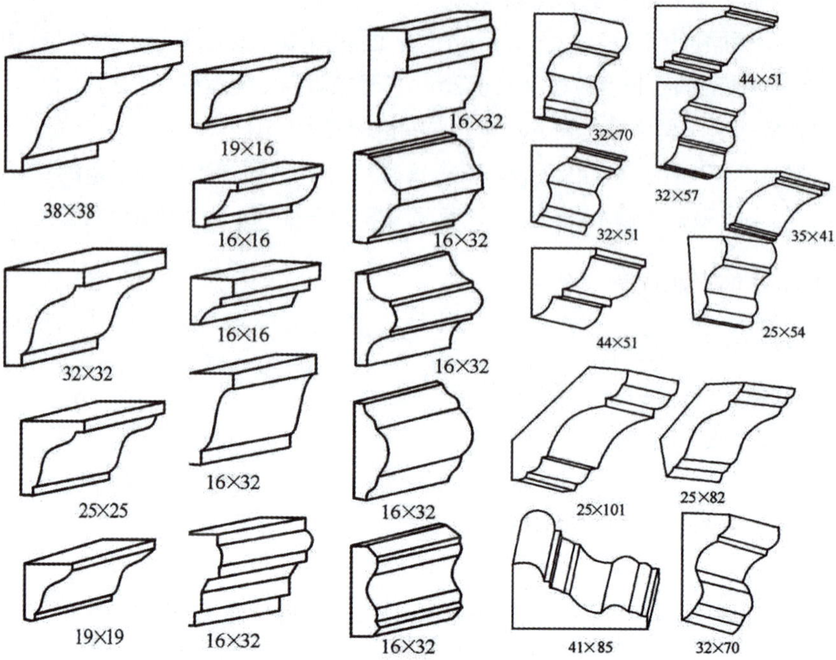

图10-13　各种顶角线形式

（3）木贴脸线形式，如图10-14所示。

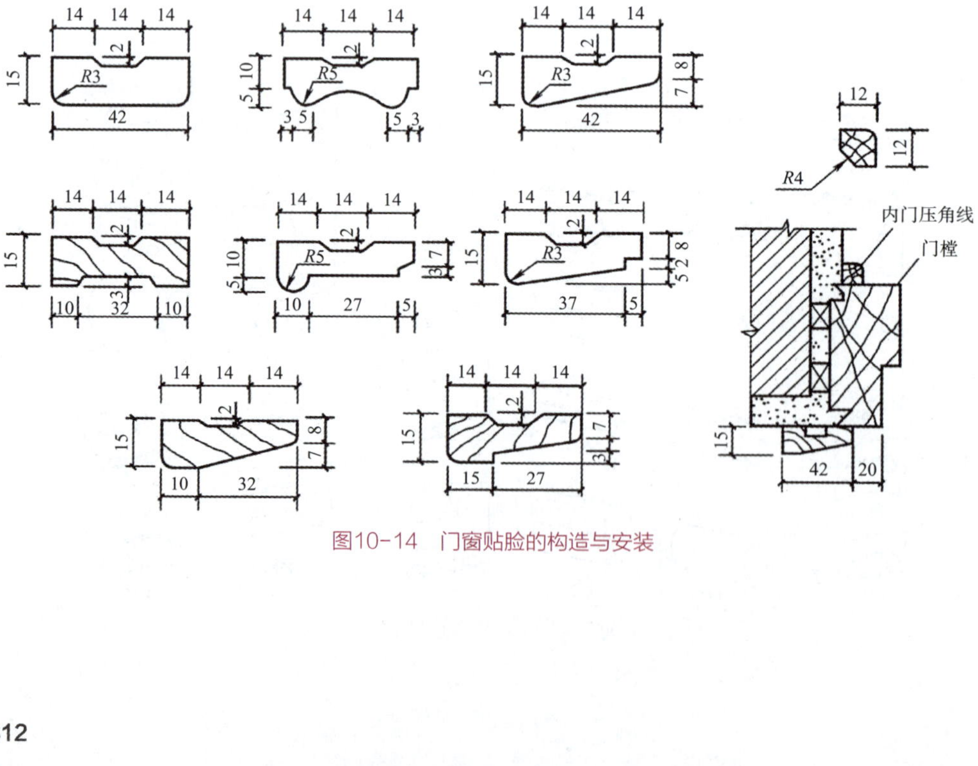

图10-14　门窗贴脸的构造与安装

（4）窗帘盒子形式，如图10-15和图10-16所示。

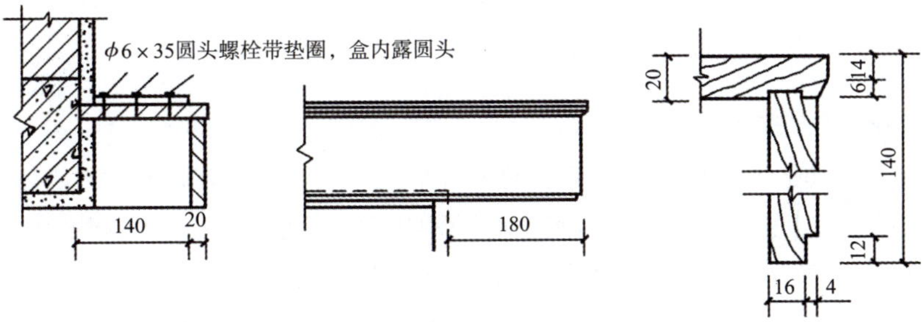

图10-15　单轨明窗帘盒示意图

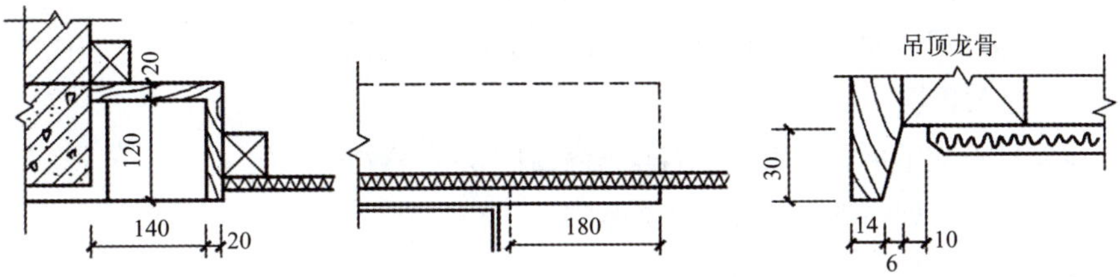

图10-16　单轨暗窗帘盒示意图

2. 室内线饰一般尺寸

（1）挂镜线、顶角线规格是指最大宽度与最大高度，一般为10～100mm，长度为2～5m。

（2）木贴脸搭盖墙的宽度一般为20mm，最小不应少于10mm。

（3）窗帘箱搭接长度不少于20mm，一般长度比窗洞口的宽度大300mm。

3. 挂镜线、顶角线制作安装技术要点

（1）应在墙面上弹出位置线，钻孔、下木榫，木榫应入墙面10mm，孔间距沿水平方向为500mm。

（2）挂镜线对接接长时的对接缝应为45°。

（3）挂镜线安装应用钉对准墙的木榫钉固，钉长应为线板厚度的2～2.5倍，钉帽应敲扁，顺木纹钉入表面0.5～1mm，钉眼用同色油性腻子抹平。

（4）挂镜线应与墙面紧贴，不得有缝隙，安装后与墙平直，全长水平高差不得大于3mm。

4. 木贴脸制作安装技术要点

（1）在门窗框及室内墙洞处装饰，应紧贴墙面，不得有缝隙，与窗框压接应紧密，棱角顺直。

（2）木贴脸在角部连接，对接缝应为45°。

（3）木贴脸安装应用钉对准墙的木榫钉固，钉长应为线板厚度的2～2.5倍，钉帽应敲扁，顺木纹钉入表面0.5～1mm，钉眼用同色油性腻子抹平。

5. 窗帘盒制作安装技术要点及质量通病

窗帘盒制作安装技术要点如下：

（1）窗帘盒面板上部与顶棚连接，通常可不设上盖板。若玻璃窗宽度占墙宽度3/5以上，窗帘盒可不设上盖板及端盖，直接固定于两侧墙面。面板高度宜为140mm，安装双轨时盒内净宽应为180mm，安装单轨时盒内净宽应为140mm。

（2）双扇窗窗帘盒长度应向窗洞宽度的两边延伸，每边延伸长度不小于180mm。

（3）窗帘盒安装应用钉对准墙内木榫钉固，钉长应为木档厚度的2～2.5倍。

（4）窗帘盒安装后，下沿应水平，全长高度偏差不得大于2mm。

（5）窗帘盒外观必须光洁，必要时可在面板上钉饰和雕刻花饰。

窗帘盒安装质量通病如下：

（1）窗帘盒安装不平。窗帘盒两端伸出窗口长度不一致。

（2）窗帘轨道出现脱落；对缝不严或开裂。

（3）接茬不平，颜色不匀，螺母不平等。

任务3

细部工程的质量验收

细部工程施工的允许偏差和检验方法主要参照《建筑装饰装修工程质量验收标准》（GB 50210—2018）。

一、一般规定

（1）本部分用于固定橱柜制作与安装、窗帘盒和窗台板制作与安装、门窗套制作与安装、护栏和扶手制作与安装、花饰制作与安装等分项工程的质量验收。

（2）细部工程验收时应检查下列文件和记录：

①施工图、设计说明及其他设计文件。

②材料的产品合格证书、性能检验报告、进场验收记录和复验报告。

③隐蔽工程验收记录。

④施工记录。

（3）细部工程应对花岗石的放射性和人造板的甲醛释放量进行复验。

（4）细部工程应对下列部位进行隐蔽工程验收：

①预埋件（或后置埋件）。

②护栏与预埋件的连接节点。

（5）各分项工程的检验批应按下列规定划分：

①同类制品每50间（处）应划分为一个检验批，不足50间（处）也应划分为一个检验批。

②每部楼梯应划分为一个检验批。

（6）橱柜、窗帘盒、窗台板、门窗套和室内花饰每个检验批应至少抽查3间（处），不足3间（处）时应全数检查；护栏、扶手和室外花饰每个检验批应全数检查。

二、橱柜制作安装工程

1. 主控项目

（1）橱柜制作与安装所用材料的材质、规格、性能、有害物质限量及木材的燃烧性能等级和含水率应符合设计要求及国家现行标准的有关规定。检验方法：观察；检查产品合格证书、进场验收记录、性能检验报告和复验报告。

（2）橱柜安装预埋件或后置埋件的数量、规格、位置应符合设计要求。检验方法：检查隐蔽工程验收记录和施工记录。

（3）橱柜的造型、尺寸、安装位置、制作和固定方法应符合设计要求。橱柜安装应牢固。检验方法：观察；尺量检查；手扳检查。

（4）橱柜配件的品种、规格应符合设计要求。配件应齐全，安装应牢固。检验方法：观察；手扳检查；检查进场验收记录。

（5）橱柜的抽屉和柜门应开关灵活、回位正确。检验方法：观察；开启和关闭检查。

2. 一般项目

（1）橱柜表面应平整、洁净、色泽一致，不得有裂缝、翘曲及损坏。检验方法：观察。

（2）橱柜裁口应顺直，拼缝应严密。检验方法：观察。

（3）橱柜安装的允许偏差和检验方法应符合表10-4的规定。

表10-4　　橱柜安装的允许偏差和检验方法

项次	项目	允许偏差/mm	检验方法
1	外形尺寸	3	用钢尺检查
2	立面垂直度	2	用1m垂直检测尺检查
3	门与框架的平行度	2	用钢尺检查

三、窗帘盒和窗台板制作与安装工程质量验收标准

1. 主控项目

（1）窗帘盒和窗台板制作与安装所使用材料的材质、规格、性能、有害物质限量及木材的燃烧性能等级和含水率应符合设计要求及国家现行标准的有关规定。检验方法：观察；检查产品合格证书、进场验收记录、性能检验报告和复验报告。

（2）窗帘盒和窗台板的造型、规格、尺寸、安装位置和固定方法应符合设计要求。窗帘盒和窗台板的安装应牢固。检验方法：观察；尺量检查；手扳检查。

（3）窗帘盒配件的品种、规格应符合设计要求，安装应牢固。检验方法：手扳检查；检查进场验收记录。

2. 一般项目

（1）窗帘盒和窗台板表面应平整、洁净、线条顺直、接缝严密、色泽一致，不得有裂缝、翘曲及损坏。检验方法：观察。

（2）窗帘盒和窗台板与墙、窗框的衔接应严密，密封胶缝应顺直、光滑。检验方法：观察。

（3）窗帘盒和窗台板安装的允许偏差和检验方法应符合表10-5的规定。

表10-5 窗帘盒和窗台板安装的允许偏差和检验方法

项次	项目	允许偏差/mm	检验方法
1	水平度	2	用1m水平尺和塞尺检查
2	上口、下口直线度	3	拉5m线，不足5m拉通线，用钢直尺检查
3	两端距窗洞口长度差	2	用钢直尺检查
4	两端出墙厚度差	3	用钢直尺检查

四、门窗套制作与安装工程质量验收标准

1. 主控项目

（1）门窗套制作与安装所使用材料的材质、规格、花纹、颜色、性能、有害物质限量及木材的燃烧性能等级和含水率应符合设计要求及国家现行标准的有关规定。检验方法：观察；检查产品合格证书、进场验收记录、性能检验报告和复验报告。

（2）门窗套的造型、尺寸和固定方法应符合设计要求，安装应牢固。检验方法：观察；尺量检查；手扳检查。

2. 一般项目

（1）门窗套表面应平整、洁净、线条顺直、接缝严密、色泽一致，不得有裂缝、翘曲及损坏。检验方法：观察。

（2）门窗套安装的允许偏差和检验方法应符合表10-6的规定。

表10-6 门窗套安装的允许偏差和检验方法

项次	项目	允许偏差/mm	检验方法
1	正、侧面垂直度	3	用1m垂直检测尺检查
2	门窗套上口水平度	1	用1m水平检测尺和塞尺检查
3	门窗套上口直线度	3	拉5m线，不足5m拉通线，用钢直尺检查

五、护栏和扶手制作与安装工程质量验收标准

1. 主控项目

（1）护栏和扶手制作与安装所使用材料的材质、规格、数量和木材、塑料的燃烧性能等级应符合设计要求。检验方法：观察；检查产品合格证书、进场验收记录和性能检验报告。

（2）护栏和扶手的造型、尺寸及安装位置应符合设计要求。检验方法：观察；尺量检查；检查进场验收记录。

（3）护栏和扶手安装预埋件的数量、规格、位置以及护栏与预埋件的连接节点应符合设计要求。检验方法：检查隐蔽工程验收记录和施工记录。

（4）护栏高度、栏杆间距、安装位置应符合设计要求。护栏安装应牢固。检验方法：观察；尺量检查；手扳检查。

（5）栏板玻璃的使用应符合设计要求和现行行业标准《建筑玻璃应用技术规程》（JGJ 113—2015）的规定。检验方法：观察；尺量检查；检查产品合格证书和进场验收记录。

2. 一般项目

（1）护栏和扶手转角弧度应符合设计要求，接缝应严密，表面应光滑，色泽应一致，不得有裂缝、翘曲及损坏。检验方法：观察；手摸检查。

（2）护栏和扶手安装的允许偏差和检验方法应符合表10-7的规定。

表10-7　　护栏和扶手安装的允许偏差和检验方法

项次	项目	允许偏差/mm	检验方法
1	护栏垂直度	3	用1m垂直检测尺检查
2	栏杆间距	0，–6	用钢尺检查
3	扶手直线度	4	拉通线，用钢直尺检查
4	扶手高度	+6，0	用钢尺检查

六、花饰制作与安装工程质量验收标准

1. 主控项目

（1）花饰制作与安装所使用材料的材质、规格、性能、有害物质限量及木材的燃烧性能等级和含水率应符合设计要求及国家现行标准的有关规定。检验方法：观察；检查产品合格证书、进场验收记录、性能检测报告和复验报告。

（2）花饰的造型、尺寸应符合设计要求。检验方法：观察；尺量检查。

（3）花饰的安装位置和固定方法应符合设计要求。安装应牢固。检验方法：观察；尺量检查；手扳检查。

2. 一般项目

（1）花饰表面应洁净，接缝应严密吻合，不得有歪斜、裂缝、翘曲及损坏。检验方法：观察。

（2）花饰安装的允许偏差和检验方法应符合表10-8的规定。

表10-8 花饰安装的允许偏差和检验方法

<table>
<tr><th rowspan="2">项次</th><th rowspan="2" colspan="2">项目</th><th colspan="2">允许偏差/mm</th><th rowspan="2">检验方法</th></tr>
<tr><th>室内</th><th>室外</th></tr>
<tr><td rowspan="2">1</td><td rowspan="2">条形花饰的水平度或垂直度</td><td>每米</td><td>1</td><td>3</td><td rowspan="2">拉线和用1m垂直检测尺检查</td></tr>
<tr><td>全长</td><td>3</td><td>6</td></tr>
<tr><td>2</td><td colspan="2">单独花饰中心位置偏移</td><td>10</td><td>15</td><td>拉线和用钢直尺检查</td></tr>
</table>

课后练习

1. 简述细木工程中所用木材的种类、性能和识别方法。
2. 木构件制作加工的原理是什么？如何做好施工准备与材料选用工作？
3. 除了传统的木窗帘盒、窗台板的制作与安装方法，你还了解哪些窗帘盒和窗台板的制作与施工方法？
4. 木楼梯的设计、制作与安装方法有哪些？
5. 当前室内装饰市场中，全屋定制的吊柜、壁柜、厨房台柜的安装方法有哪些？

参考文献

[1] 王艳红，李鹏．建筑装饰施工技术［M］．天津：天津科学技术出版社，2015.

[2] 蒋粤闽，蒙敏，刘国松．室内装饰材料与施工工艺［M］．沈阳：东北大学出版社，2017.

[3] 李斌，刘鹏．装饰装修工程施工［M］．哈尔滨：哈尔滨工业大学出版社，2019.

[4] 李继业，韩梅，张伟．门窗、隔断、隔墙工程施工与质量控制要点实例［M］．北京：化学工业出版社，2016.

[5] 吴闻超，李双喜．建筑装饰装修工程施工质量控制与验收［M］．北京：中国林业出版社，2018.

[6] 李峰，吴闻超．建筑装饰装修工程施工技术［M］．3版．北京：中国林业出版社，2019.

室内设计谈单技巧与表达（第二版）

AutoCAD 室内装饰施工图教程（第二版）

展示设计

3Dmax 模型与效果图制作

- 室内装饰施工技术

上架建议：装饰施工

了解更多...

轻工教学服务网二维码

ISBN 978-7-5184-4139-6

定价：59.80 元